梁·城

梁思成 著
林洙 编

群言出版社
QUNYAN PRESS
·北京·

图书在版编目（CIP）数据

梁·城 / 梁思成著. -- 北京：群言出版社，
2019.7

ISBN 978-7-5193-0317-4

Ⅰ. ①梁… Ⅱ. ①梁… Ⅲ. ①建筑学—文集 Ⅳ.
① TU-53

中国版本图书馆 CIP 数据核字（2017）第 196244 号

责任编辑：杨　青
封面设计：杨　丹

出版发行：群言出版社
地　　址：北京市东城区东厂胡同北巷 1 号（100006）
网　　址：www.qypublish.com（官网书城）
电子信箱：qunyancbs@126.com
联系电话：010-65267783　65263836
经　　销：全国新华书店

印　　刷：北京柏力行彩印有限公司
版　　次：2019 年 7 月第 1 版　2019 年 7 月第 1 次印刷
开　　本：710mm×1000mm　　1/16
印　　张：27.75　　插页 7
字　　数：321 千字
书　　号：ISBN 978-7-5193-0317-4
定　　价：88.00 元

梁思成旧照

▶ 1906 年，梁启超与梁
思成（左一）、梁思顺（右
一）、梁思永（右二）摄于
日本东京

◀ 在日本上小学时期的
梁思成

▶ 少年

▶ 青年

▶ 中年

▶ 壮年

▲ 1922 年，梁思成与林徽因、林母

▶ 梁思成与林徽因在赴美途中

▲ 梁思成考察赵州桥

▼ 梁思成在独乐寺

▲ 梁思成在四川考察

▲ 梁思成在李庄

▲ 梁思成在轮转藏殿檐下

◀ 梁思成在耶鲁讲学

▶ 梁思成等人在讨论联合国大厦设计方案

漢墓石闕

▶ 梁思成考察汉墓石阙

▼ 重建南昌滕王阁计划草图

山西應縣佛宮寺遼釋迦木塔

▲ 山西应县木塔梁思成手绘

出版说明

在梁思成先生去世近半个世纪后，他的名字仍不断被人提及，在众多怀念他的人中，到底有多少人真正地了解他？又有多少人知道他对中国近现代建筑史的贡献？一时很难说清。

《梁·城》一书无意遮蔽梁思成身上的诸多光环，而是力求从一个普通人的角度去还原他的个人形象。让更多人结识这位广博中西建筑精髓的建筑大师，了解这位秉笔直书、保护古城特色的文化名人，看见并且读懂他心中那座最完美的"城"。

全书从梁思成对中国建筑历史的介绍、对古建筑的考察与保护以及对城市的规划与建设等方面，客观反映了他对中国现代建筑所做的杰出贡献。通过他的考察纪略、工作笔记及手绘设计图等内容展现了他在生活和工作中不为人知的一面。

书中文章大多是作者在 20 世纪 30 年代至 50 年代的原稿，尤其是 20 世纪 50 年代，正是新中国文字改革的初始时期，当时出版物的汉字字形使用比较混乱，梁先生在文章中的遣词造句和标点使用与现在规范用法略有不同，为了更完整地保存作者当年设计图稿的原貌，本书对原稿中的图文予以了忠实地保留，梁先生的行文特点在编辑时也做了保留。为便于读者阅读，对建筑设计中使用的计量单位、原书稿中使用的编者注，本书出版时也做了编辑处理。

《梁·城》一书所收辑的内容尚不完整，材料取舍过程中或有不当之处，祈请读者朋友鉴谅并予以指正。本书在出版过程中得到了各界朋友的支持和帮助，在此一并表示诚挚的谢意！

编　者
2019 年 6 月

目录

为什么研究中国建筑 [1]

　　研究中国建筑可以说是逆时代的工作。近年来中国生活在剧烈变化中趋向两化，社会对于中国固有的建筑及其附艺多加以普遍的摧残。虽然对于新输入之西方工艺的鉴别还没有标准，对于本国的旧工艺已怀鄙弃厌恶心理。自"西式楼房"盛行于通商大埠以来，崇富商贾及中产之家无不深爱新异，以中国原有建筑为陈腐。他们虽不是蓄意将中国建筑完全毁灭，而在事实上，国内原有很精美的建筑物多被拙劣幼稚的所谓"西式楼房"或门面取而代之。主要城市今日已拆改逾半，芜杂可哂，充满非艺术之建筑。纯中国式之秀美或壮伟的旧市容，或破坏无遗，或仅余大略，市民毫不觉可惜。雄峙已数百年的古建筑（Historical Landmark），充沛艺术特殊趣味的街市（Local Color），一为民族文化之显著表现者，亦常在"改善"的旗帜之下完全牺牲。近如去年甘肃某县为扩宽街道，"整顿"市容，本无需拆除无数刻工精美的特殊市屋门楼，而负责者竟悉数加以摧毁，便是一例。这与在战争炮火下被毁者同样令人伤心，国人多熟视无睹。盖这种破坏，三十余年来已成为习惯也。

　　市政上的发展，建筑物之新陈代谢本是不可避免的事，但即在抗战之前，中国旧有建筑荒顿破坏之范围及速率，亦有甚于正常的趋势。这现

1　此文由梁思成于 1944 年完成。——编者注

象有三个明显的原因：一、在经济力量之凋敝，许多寺观衙署，已归官有者，地方任其自然倾圮，无力保护；二、在艺术标准之一时失掉指南，公私宅第园馆街楼，自西艺浸入后忽被轻视，拆毁剧烈；三、缺乏视建筑为文物遗产之认识，官民均少爱护旧建的热心。

在此时期中，也许没有力量能及时阻挡这破坏旧建的狂潮。在新建设方面，艺术的进步也还有培养知识及技术的时间问题。一切时代趋势是历史因果，似乎含着不可避免的因素。幸而同在这时代中，我国也产生了民族文化的自觉。搜集实物、考证过往，已是现代的治学精神。在传统的血流中另求新的发展，也成为今日应有的努力。中国建筑既是延续了两千余年的一种工程技术，本身也造成了一个艺术系统，许多建筑物便是我们文化的表现，艺术的大宗遗产。除非我们不知尊重这古国灿烂文化，如果有复兴国家民族的决心，对我国历代文物加以认真整理及保护时，我们便不能忽略中国建筑的研究。

以客观的学术调查与研究唤醒社会，助长保存趋势，即使破坏不能完全制止，亦可逐渐减少。这工作即使为逆时代的力量，它却与在大火之中抢救宝器、名画同样有急不容缓的性质，这是珍护我国可贵文物的一种神圣义务。

中国金石书画素得士大夫之重视。各朝代对它们的爱护欣赏，并不在文章诗词之下，实为吾国文化精神悠久不断之原因。独是建筑，数千年来，完全在技工匠师之手，其艺术表现大多数是不自觉的师承及演变之结果，这个同欧洲文艺复兴以前的建筑情形相似。这些无名匠师，虽在实物上为世界留下许多伟人奇迹，在理论上却未为自己或其创造留下解析或夸耀。因此一个时代过去，另一时代继起，多因主观上失掉兴趣，便将前代伟创加以摧毁，或同于摧毁之改造。亦因此，我国各代素无客观鉴赏前人建筑的习惯，在隋唐建设之际，没有对秦汉旧物加以重视或保护。北宋之对唐建，明清之对宋元遗构，亦并未知爱惜。重修古建，均以本时代手法，擅易其形式内容，不为古物原来面目着想。寺观均在名义上，保留其创始时代，其中殿宇实物，则多任意改观。这倾向与书画仿古之风大不相同，实足注意。自清末以后突来西式建筑之风，不但古物寿命更无保障，连整个城市都受打击了。

如果世界上艺术精华没有客观价值标准来保护，恐怕十之八九均会被后人在权势易主之时，或趣味改向之时，毁损无余。在欧美，古建实行的保存是比较晚近的进步。19 世纪以前，古代艺术的破坏，也是常事。幸存的多赖偶然的命运或工料之坚固。19 世纪中，艺术考古之风大炽，对任何时代及民族的艺术才有客观价值的研讨，保存古物之觉悟即由此而生。即如此次大战，盟国前线部队多附有专家，随军担任保护沦陷区或敌国古建筑之责。我国现时尚在毁弃旧物动态中，自然还未到他们冷静回顾的阶段。保护国内建筑及其附艺，如雕刻、壁画均须萌芽于社会人士客观的鉴赏，所以艺术研究是必不可少的。

今日中国保存古建之外，更重要的还有将来复兴建筑的创造问题。欣赏鉴别以往的艺术，与发展将来创造之间，关系如何我们尤不宜忽视。

西洋各国在文艺复兴以后，对于建筑早已超出中古匠人不自觉的创造阶段。他们研究建筑历史及理论，作为建筑艺术的基础。各国创立实地调查学院，他们颁发研究建筑的旅行奖金，他们有美术馆博物院的设备，又保护历史性的建筑物任人参观，派专家负责整理修葺，所以西洋近代建筑创造，同其他艺术，如雕刻、绘画、音乐或文学，并无二致，都是靠理解与经验，而加以新的理想，作新的表现的。

我国今后新表现的趋势又如何呢?

艺术创造不能完全脱离以往的传统基础而独立，这在注重画学的中国应该用不着解释，能发挥新创都是受过传统熏陶的。即使突然接受一种崭新的形式，根据外来思想的影响，也仍然能表现本国精神。如南北朝的佛教雕刻，或唐末的寺塔，都起源于印度，非中国本有的观念，但结果仍以中国风格造成成熟的中国特有艺术，驰名世界。艺术的进境是基于丰富的遗产上，今后的中国建筑自亦不能例外。

无疑的，将来中国将大量采用西洋现代建筑材料与技术。如何发扬光大我民族建筑技艺之特点，在以往都是无名匠师不自觉的贡献，今后却要成近代建筑师的责任了。如何接受新科学的材料方法而仍能表现中国特有的作风及意义，老树上发出新枝，则真是问题了。

欧美建筑以前有"古典"及"派别"的约束，现在因科学结构，又成新的姿态，但它们都是西洋系统的嫡裔。这种种建筑同各国多数城市环境毫不抵触。大量移植到中国来，在旧式城市中本来是过分唐突，今后又是否让其喧宾夺主，使所有中国城市都不留旧观？这问题可以设法解决，亦可以逃避。到现在为止，中国城市多在无知匠人手中改观。故一向的趋势是不顾历史及艺术的价值，舍去固有风格及固有建筑，成了不中不西乃至于滑稽的局面。

一个东方老国的城市，在建筑上，如果完全失掉自己的艺术特性，在文化表现及观瞻方面都是大为痛心的。因这事实明显地代表着我们文化衰落至于消灭的现象。四十年来，几个通商大埠，如上海、天津、广州、汉口等，曾不断地模仿欧美次等商业城市，实在是反映着外国人经济侵略时期。大部分建设本是属于租界里外国人的，中国市民只随声附和而已，这种建筑当然不含有丝毫中国复兴精神之迹象。

今后为适应科学动向，我们在建筑上虽仍同样必须采用西洋方法，但一切为自觉的建设。由有学识、有专门技术的建筑师担任指导，则在科学结构上有若干属于艺术范围的处置必有一种特殊的表现。为中国精神的复兴，他们会作美感同智力参合的努力。这种创造的火炬曾在抗战前燃起，所谓"宫殿式"新建筑就是一例。

但因为最近建筑工程的进步，在最清醒的建筑理论立场上看来，"宫殿式"的结构已不合于近代科学及艺术的理想。"宫殿式"的产生是由于欣赏中国建筑的外貌。建筑师想保留壮丽的琉璃屋瓦，更以新材料及技术将中国大殿轮廓约略模仿出来。在形式上它模仿清代宫衙，在结构及平面上它又仿西洋古典派的普通组织。在细项上窗子的比例多半属于西洋系统，大门栏杆又多模仿国粹。它是东西制度勉强的凑合，这两制度又大都属于过去的时代。它最像欧美所曾盛行的"仿古"建筑（Pehod Architecture）。因为靡费侈大，它不常适用于中国一般经济情形，所以也不能普遍。有一些"宫殿式"的尝试，在艺术上的失败可拿文章做比喻。它们堆砌文字，抄袭章句，整篇结构不出于自然，辞藻也欠雅驯，但这种努力是中国精神的抬头，实有无穷意义。

世界建筑工程对于钢铁及化学材料之结构愈有彻底的了解，近来应用愈趋简洁。形式为部署逻辑，部署又为实际问题最美最善的答案，已为建筑艺术的抽象理想，今后我们自不能同这种理想背道而驰。我们还要进一步重新检讨过去建筑结构中的逻辑，如同致力于新文学的人还要明了文言的结构文法一样。表现中国精神的途径尚有许多，"宫殿式"只是其中之一而已。

要能提炼旧建筑中所包含的中国质素，我们需增加对旧建筑结构系统及平面部署的认识，构架的纵横承托或联络，常是有机的组织，附带着才是轮廓的钝锐、彩画雕饰及门窗细项的分配诸点。这些工程上及美术上的措施常表现着中国的智慧及美感，值得我们研究。许多平面部署，大的到一城一市，小的到一宅一园，都是我们生活思想的答案，值得我们重新剖视。我们有传统习惯和趣味：家庭组织、生活程度、工作、游憩，以及烹饪、缝纫、室内的书画陈设、室外的庭院花木，都不与西人相同。这一切的总表现曾是我们的建筑，现在我们不必削足适履，将就欧美的部署，或张冠李戴，颠倒欧美建筑的作用，我们要创造适合于自己的建筑。

在城市街心如能保存古老堂皇的楼宇、夹道的树荫、衙署的前庭或优美的牌坊，比较用洋灰建造卑小简陋的外国式喷水池或纪念碑实在合乎中国的身份，壮美得多。且那些仿制的洋式点缀，同欧美大理石富于"雕刻美"的市中心建置相较起来，太像东施效颦，有伤尊严。因为一切有传统的精神，欧美街心伟大石造的纪念性雕刻物是由希腊而罗马而文艺复兴延续下来的血统，魄力极为雄厚，造诣极高，不是我们一朝一夕所能望其项背的。我们的建筑师在这方面所需要的是参考我们自己艺术藏库中的遗宝，我们应该研究汉阙、南北朝的石刻、唐末的经幢、明清的牌楼，以及零星碑亭、影壁、石桥、华表的部署及雕刻，加以聪明的应用。

艺术研究可以培养美感，用此驾驭材料，不论是木材、石块、化学混合物或钢铁，都同样可能创造有特殊富于风格趣味的建筑。世界各国在最新法结构原则下造成所谓"国际式"建筑，但每个国家民族仍有不同的表现。英、美、苏、法、荷、比、北欧或日本都曾造成他们本国特殊作风，适宜于他们个别的环境及意趣。以我国艺术背景的丰富，当然有更多可以发展的方面。新中国建筑及城市设计不但可能产生，且当有惊人的成绩。

在这样的期待中，我们所应做的准备当然是尽量搜集及整理值得参考的资料。

以测量、绘图、摄影各法将各种典型建筑实物做有系统秩序的记录是必须速做的。因为古物的命运在危险中，调查同破坏力量正好像在竞赛。多多采访实例，一方面可以做学术的研究，一方面也可以促社会保护。研究中还有一步不可少的工作，便是明了传统营造技术上的法则。这好比是在欣赏一国的文学之前，先学会那一国的文学及其文法结构一样。所以中国现存仅有的几部术书，如宋代李诫的《营造法式》、清代的《工部工程做法则例》，乃至坊间通行的《鲁班经》等等，都必须有人能明晰地用现代图解译释内中工程的要素及名称，给许多研究者以方便。研究实物的主要目的则是分析及比较冷静地探讨其工程艺术的价值，与历代作风手法的演变。知己知彼，温故知新，已有科学技术的建筑师增加了本国的学识及趣味，他们的创造力量自然会在不自觉中雄厚起来，这便是研究中国建筑的最大意义。

中国建筑发展的历史阶段 [1]

梁思成　林徽因 [2]　莫宗江 [3]

　　建筑是随着整个社会的发展而发展的，它和社会的经济结构、政治制度、思想意识与习俗风尚的发展有着密不可分的联系。经济的繁荣或衰落、对外战争或文化交流和敌人入侵等都会给当时建筑留下痕迹。因此我们不能脱离这一切，孤立地去研究建筑本身的发展演化，那样我们将无法了解建筑发展的真实内容，不能得出任何正确的结论。

　　中国建筑也是如此。它随着各个时代政治、经济的发展，也就是随着

1　本文原载《建筑学报》1954 年第 2 期。——左川注

2　林徽因（1904—1955），女，原名徽音，福建省闽侯人。1916 年入北京培华女子中学，1920
　　年随父林长民游历欧洲，并入伦敦圣玛利女校读书。1921 年回国后复入培华女中读书。1924
　　年留学美国宾夕法尼亚大学美术学院，进修建筑系课程。1929 年获美术学士学位，同年入美
　　国耶鲁大学戏剧学院学习舞台美术设计。1928 年 3 月与梁思成在加拿大渥太华结婚，1929 年
　　出任东北大学建筑系副教授，1931—1946 年在中国营造学社研究中国古建筑，1946 年后任
　　清华大学建筑系教授。

　　　　有关建筑学的主要论著有《论中国建筑之几个特征》、《平郊建筑杂志》、《清式营造则例》
　　第一章绪论、《中国建筑史》（辽、宋部分）。主要文学作品有《谁爱这不息的变幻》《笑》《情原》
　　《昼梦》《冥想》等诗篇几十首，散文《宙子以外》《一片阳光》等。天津百花文艺出版社出版有
　　《林徽因文集》（文学卷和建筑卷）。

3　莫宗江（1916—1999），广东新会人。1931 年入中国营造学社当梁思成助手。抗战前，随梁
　　思成赴华北、西北等地调研古建筑，1935 年任研究生。抗战期间，又随同梁思成、刘敦桢在
　　西南 40 余县进行建筑考察，1942 年参加王健墓发掘工作。1946 年后任清华大学建筑系讲师、
　　副教授、教授。已发表的主要论文有《山西榆次永寿寺雨花宫》和《涞源阁院寺文殊殿》等。

不同时代的生产力和生产关系，产生了不同的特点，但是同时还反映出这特点所产生的当时的社会思想意识、占统治地位的世界观。生产力的发展直接影响到建筑的工程技术，但建筑艺术却是直接受到当时思想意识的影响，只是间接地受到生产力和生产关系的影响。

现在我们试将中国 4000 年历史中建筑的发展分成为若干主要阶段，将各个阶段中最有代表性的现存实物和文史资料中的重要建筑与建筑活动的叙述加以分析，说明它们的特点，并从它们和整个社会发展状况相联系的观点上来了解观察这些特点。看它们是怎样被各个不同时代的劳动人民创造出来，解决了当时实际生活所提出来的什么样的复杂问题；在满足当时使用者的物质的和精神的许多不同的要求时，曾经创造过些什么进步传统，累积了些什么样的工程技术方面的经验，和取得了什么样的造型艺术方面的成就。

这些阶段彼此并不是没有联系的。相反的，它们都是互相衔接不可分割的，虽是许多环节，却组成了一根完整的链条。每一时代新的发展都离不开以前时期建筑技术和材料使用方面积累的经验，逃不掉传统艺术风格的影响，而这些经验和传统乃是新技术、新风格产生的必要基础。

各时代因生产力的发展，影响到社会生活的变化，而这些变化又都一定要向建筑提出一些新的问题、新的要求。这些社会生活的变化，一大部分是属于上层建筑的意识形态。因此这些新问题、新要求也有一大部分是属于思想意识的，不完全属于物质基础的。为了解决这些新问题，满足这些新要求，便必须尝试某些新的表现方法，渗入到原来已习惯的方法中，创造出某些新的艺术体形、新的艺术内容，产生出新的艺术风格，并且同时还不得不扬弃某些不再适用的作风和技术。这样，在前一时期原是十分普遍的建筑特点，在内容和形式上便都有了或多或少的改变，后一时期的建筑特点就开始萌芽，这就是建筑的传统与革新必定的过程。

在相当一个时期之内，最普遍的、已发展成熟且代表着数量较大、为当时主要类型的建筑物的风格特征，我们把它们概括地归纳在一个历史阶段之内。因此这个阶段中，前后期的实物必然是承上启下，有独特变化的一些范例。我们现在很不成熟地暂将几千年的中国建筑大略分成如下七个阶段，为的是能和大家将来做更细致的商榷和研究。

第一阶段——从远古到殷（公元前 1122 年以前）

考古学家在河北省房山县[1]周口店龙骨山发现的"北京人"遗址供给我们中国建筑史上最早的实物资料。它说明四五十万年前，华北平原上使用极粗的石器，已知用火的猿人解决居住问题的"建筑"是天然石灰岩洞穴。

在周口店猿人洞的山顶上又发现有约十万年前的人骨化石、石器和骨器，考古学家称这时期的文化为"山顶洞文化"。这时遗留的兽骨、鱼骨，证明这时的人过的是渔猎生活。遗物中有骨针，证明他们已有简单的缝纫。人骨化石旁散有染红的石珠，显示他们已有爱美、爱装饰的观念。

天然洞穴之外，还有人工挖掘的窖穴，许多是上小下大的"袋形穴"，这些大约是公元前 3000 年的遗迹，在华北黄土区削壁上也有掘进土壁的水平的洞。

中国境内一向居住着文化系统不同、祖先世系不同的各种族。他们各在所居住的土地上和自然界做斗争，发展自己的文化，也互相有冲突，互

1　今北京市房山区。

相影响，以至于融合，在地下遗物中留着不少痕迹。在河南渑池县仰韶村发现有较细的石器、石制农具、石制纺轮、石镞和彩色陶器等遗物的遗址。这些遗物证明居住在这里的人的生活情况是畜牧业和最原始的农业逐渐代替了渔猎，因而开始定居，并有了手工业，和它同系的文化散布在广大的中国西北地区，总称作"仰韶文化"。当时的人居住过的遗址多半在河谷里，大约为了取水方便，又可以利用岸边高地挖掘洞穴。在山西夏县遗址中所见，他们的住处是挖一长方形土坑，四面有壁，像小屋，屋屋相连，很像村落。仰韶文化是中国先民所创造的重要文化之一，考古学家推断为黄帝族的文化，比羌、夷、苗、黎等族有更高的成就，距今约有四五千年。这时期不但有较细致的石制骨制器物，而且纹饰复杂，色彩美丽，有犬、羊和人的形纹画在陶器上。遗迹中有许多地穴，虽然推测穴上也可能有树枝茅草构成的覆盖部分，但因木质实物丝毫无存，无法断定。

古代文献给我们最早的记录资料是春秋时人提到的尧、舜时期的房子：尧的"堂高三尺，茅茨土阶"。现在我们得到的最早的建筑实物是河南安阳殷时代的宫殿或家庙遗址：底下有高出地面的一个土台，上有排列的石础和烧剩的木柱的残炭，大体上它们是符合"堂高三尺"的说法的，但由于殷墟遗址上地穴仍然很多，一般人民居住的主要仍是穴居和半穴居方法，有茅茨和高出地面的土台的，可能是阶级社会开始时的产物，在尧时还没有出现。殷墟夯土台以下所发现比殷文化更早的穴居，它们是两两相套的圆形穴，状如葫芦，也像古代象形字里的"含"（"宫"）字，穴内墙面已用白灰涂抹。

阶级社会开始于夏。夏的第一代君主禹是原始灌溉的发明者，又因同黎族、苗族战争胜利，把俘虏做奴隶，用于生产，是生产力大大跃进的时代。

生产力的提高开始影响到生产关系。禹的儿子启继承父亲做酋长，开始了世袭制度，历史上称这一世系的统治者为夏朝，是中国历史上第一个朝代。由这个时期起开始破坏了原始公社制度，产生了阶级。社会中贵与贱、贫与富逐渐分化，向着奴隶制度国家发展。

夏的文化就是考古学家所称的黑陶或龙山文化，分布地区很广（河南、山东和江南都有遗物发现），农业知识和手工艺的水平高于仰韶文化，但夏时常迁都，主要遗址尚待发掘，传说夏有城廓叫作"邑"。财产私有才有了保卫的必要，有了奴隶的劳动，城池一类的大土方建筑也成了可能。在山东龙山镇城子崖发现一处有版筑城墙的遗址，墙高约6公尺[1]，厚约10公尺，南北长450公尺，东西390公尺，工程坚固，但是否是夏的实例，我们还不能得出结论。夏启袭位以后，召集各部落酋长在"钧台"大会，宣告自己继位。因为夷族不满意，启迁到汾浍流域的大夏，建都称作"安邑"。这两个作为地名的"台"和"邑"和这一类型的建筑物可能是有关系的，高出地面的和围起来的建筑物似乎都是在阶级社会形成的初期出现的。

夏启传到著名暴君桀是四百多年的时间，纺织业和陶器物都很发达，已用骨占卜，后半期也有铜的遗物，文化又有若干进展。奴隶主的残酷统治招致了灭亡，夏桀是被殷的祖先商汤所灭。

商是在东方的部落，在灭夏以前已有十几代，文化已有相当发展，农业知识比夏更高，手工业也更进步，并且已利用奴隶生产，增加货物的制造。和建筑技术有密切关系的造车技术也传说是汤的祖先相土和王亥等所发明的，尤其是王亥曾驾着牛车在部落间做买卖交易货物，这个事实和后

1　1公尺=1米，为旧计量单位。为保持梁思成文章原貌，未作改变，全书同。——编者注

代的殷民驾车经营商业的习惯有关。

商汤传了十代，迁都五次，到盘庚才迁移到现在河南安阳县的小屯村。这地方就是考古学家曾做科学发掘研究的殷墟遗址所在，内中有供我们参考的中国最早的地面建筑物的基址残迹。盘庚以后传到被周武王灭掉的纣，商朝文化又经过六百余年的发展。

在阶级剥削的基础上，商朝的文化比夏朝更有显著的进步。中国古代文化，包括文学、音乐、艺术、医药、天文、历法、历史等科学，在商朝都奠定了初基，建筑也不例外。

殷墟遗址的发掘给了我们一些关于殷代建筑的知识。遗址是一些土台，大致按东西和南北的方向排列着，每单位是长方形的，长面向前。发掘所见有夯土台基，柱下有础石，且用铜椃垫在柱下，间架分明，和后代建筑相同。因有东西向的和南北向的基址，可见平面上已有"院"的雏形。大建筑物之前还有距离相等的三座作为大门的建筑，韩非子所说的尧"堂高三尺，茅茨土阶"倒很像是描写殷代的宫殿或家庙的建筑。至于《史记》所说"南距朝歌，北据邯郸及沙丘，皆为离宫别馆"，形状如何，已不可见。殷亡后，封在朝鲜的殷贵族箕子来朝周王，路过殷墟，有"感宫室毁坏生禾黍"的话。我们知道这些建筑在周灭殷时就全部被焚毁了，考古学家断定殷墟所发掘的基址是"家庙"。这些基址的周围有许多坑穴，埋着大量的兽骨——祭祀时所杀的祭牛，乃至象、鹿等骨骼，也有埋着人骨的。另外经过发掘的是一些大型墓葬，内部用巨木横叠结构作墓室，规模庞大，不但殉葬器物数量大、珍品多，还杀了大量俘虏殉葬。这些资料所反映的情况是殷统治者残酷地对待奴隶，迷信鬼神，隆重地祭祀祖先，积聚珍品器物，驱使有专门技术的工奴为统治者制造铜器、玉器、陶器、骨器、纺织等和进行房屋建造，遗址中还有制造各种器物的工场。

第二阶段——西周到春秋、战国（公元前 1122 年至公元前 247 年）

周是注重农业生产而兴旺起来的小部落，对耕作的奴隶比较仁慈。周文王的祖父太王的时代，被戎狄所迫，不愿战争，率领一批人迁到岐山下（陕西岐山县），许多其他地方的人来依附他，人口增多。太王在周原上筑城廓家屋，让人居住，分给小块土地去开垦，和耕种者之间建立了一种新的关系，从此就开始了封建制度的萌芽，也成立了粗具规模的小国。

在我国古代的文学作品《诗经》里有一篇关于周初建筑的歌颂和描写，使我们知道，周初开始的新政治制度的建筑和殷末遗址中迷信鬼神、残酷对待奴隶的建筑内容是极不相同的。诗里先提到的是生活更美好，人们对这次建造有很高的情绪，例如说周祖先过去都是穴居的，"未有家室"，而迁到岐下时便先量了田亩，划出区域，找来管工程的"司空"和管理工役的"司徒"，带了木版、绳子和版筑用的工具来建造房子。他们打着鼓，兴奋地筑起许多堵用土夯筑的墙壁。接着又先建了顶部舒展如翼的宗庙，"作庙翼翼"，然后又立起很高的"皋门"和整齐的"应门"，然后筑集会用的"大社"的土台或广场。虽然当时的具体形象我们不得而知，可注意的是这时建筑已不是单纯解决实用问题而是具有了代表政治制度思想内容的作用，在写这章诗的年代，人们已经能意识到自己创造的建筑物所产生的令人愉悦和骄傲的感觉。

周文王反对殷统治者的残暴、贪财、奢侈、酗酒和嬉游无度、荒废耕地。他自己所行的是裕民政策，他的制度建立在首领奉行"代天保民"，后代称为行"仁政"的思想上。事实上，这就是征收较有节制的租税，不强迫残暴的劳役，让农家有些积蓄，产生力耕的兴趣，提高生产。关于这种政治情况的时代的建筑物，一定还很简单朴实，如《诗经》所载周文王著名的灵囿，囿中有灵台和灵沼。古代的囿是保留有飞禽走兽供君王游猎的树林区，内中的台和沼，就是供狩猎时瞭望的建筑和养禽鸟的池沼。这种供古代统治者以射猎集会、聚众游宴的台，或开始于更远古利用天然的土丘，到了春秋战国诸侯强盛的时候，才成为和宫室同样重要的台榭建筑。再发展而成为秦汉皇宫范围中一种主要建筑物，侈丽崇峻的台殿楼观，积渐成为中国建筑中"亭台楼阁"的传统。

《诗经》中有一篇以文王灵台为题材，描写人民为他筑台时的踊跃情形以反映政治良好气象的诗。足见封建初期征用劳动力还有限，劳动人民和统治者在利益上还没有大的矛盾，对于大建筑物的兴建，人民是有一定的热情和兴趣的，这正是周制度比商进步的证据。但是无可疑问的，这时周的工艺还很简陋，远不如代代有专门技术奴隶进行制造奢侈器物的商和殷。殷统治下的氏族百工，分工很细，有大量奴隶。周公灭殷时，分殷民六族给鲁，七族给卫，内中就有九种专工。殷的铜器和刻玉，不但在技术上达到高度发展，在艺术造型和纹样图案方面也到了精致无比的程度。周占有了殷的百工后，文化艺术才飞跃地向前发展了。

西周之初，曾建造过三次城，一次比一次规模大，反映出它的发展，且每次内容也都反映出当时政治经济情况的特点。第一次是他们农业发展到渭水流域，在沣水西边，文王建丰邑。第二次是武王建镐京，不但在沣水东边，而且由称"邑"到称"京"，在规模上必然是有区别的。第三次是周公在洛阳建王城，后来称东京，这次的营建是政治军事的措施。周灭东边的强国殷，俘虏了殷的贵族（大小奴隶主们），降为庶民，他们不服，周称他们作"顽民"，成了周政治上一个问题。为了防止叛乱，能控制这些"顽民"，周公选了洛阳，筑了成周，把他们迁到那里生产，并驻兵以便镇压。因此在成周之西三十余里，建造了中国最古的、有规划的、极方正的王城，这种王城的规模制度，便成了中国历代封建都市的范本。

一向威胁西周安全的是戎狄，反映在建筑上就有烽火台这种军事建筑物，它是战国时各国长城的先声。

到现在为止，我们对遗址从未做过科学发掘的西周建筑，没有一点具体实物资料。号称周文王陵的大坟墓也有待于考古学家发掘证实，过去有所谓文王丰宫的瓦当是极可怀疑的遗物。

周的政治制度，虽说是封建制度的萌芽，但是在建筑物上显然表现出当时是利用大量奴隶俘虏进行建造的，如高台、土城、陵墓都是需要大量劳动力的、有大量土方的工程，而主要的劳动力的来源是俘虏的奴隶。

西周被戎狄攻入，迁到洛阳称东周以后到春秋战国，王室衰微，诸侯各在自己势力范围内有最大权威，成立独立的大小国家。他们不严格遵守领主所有制：原来领主封得的土地可以自由买卖，产生了新兴的地主阶级。又因开始使用铁器，不但农业生产提高，并且大大影响到手工业和商业的发展。诸侯国的商业比周王国更发达，各处出现了大小都邑，如齐的临淄、赵的邯郸、郑的郑邑、卫的卫邑和晋的绛，后来还有秦的咸阳和楚的寿春等等。这些城邑，都是人口增多，成了大商业中心，临淄的人口增到了七万户。手工业者由奴隶的身份转变为自由职业的匠人，还有自己的"肆"，坐在肆中生产并营业。巧匠是很被推崇的人物，尤其是木匠和造车的，都留下闻名到后代的匠师，如鲁的公输班和轮匠扁这样的人物。

春秋战国时代，不但生产力和生产关系都起了变化，各国文化也因同非华夏族的民族不断战争和合并，有了蓬勃的发展。东方齐、鲁、卫早在商殷的基础上加了夷族的贡献，发展了华夏文化，最先使用铁器的就是夷

大 城 有 美

族。南方又有楚越开发长江流域的文化，吸收苗蛮的成就，如蚕业和漆器的卓越成就，不可能没有苗民的贡献。西方的秦在戎狄中称霸，开国千里，又经营巴蜀，一跃而成为诸侯国中最先进的国家。晋楚中间的小国郑，商业极其发达，用自己的经济特点维持在大国间自己一定的势力，近来新郑出土的铜器证明它的手工业也有自己极优秀的创造。这时北方的燕开始壮大，筑长城防东胡，发展中国北面的文化。韩、赵、魏三家分晋，各自独立发展，仍然都是强国。这样分布在全中国多民族的文化发展，后来归并成了七国，是统一中国的秦汉的雄厚基础，其中秦楚的贡献最大。

在建筑上，这时期最重要的是为农业所最需要的"邑"的组织形式：如有"十室之邑"和"千室之邑"等这种不同的单位。大都邑有时也称国，国有城池之设，外有乡民所需要的"郭"，内有商业所需要的"市"，卿士们所住的"里"，手工业生产者所需要的"肆"，诸侯的宫室、宗庙、路寝，招待各国使者的"馆"，王侯宴会作乐的"台榭陂池"，以及统治者的陵墓。人民所创造的财富愈大，技术愈精，艺术愈高，统治者愈会设法占有一切最高成就为他们的权利，乃至于不合理的享乐服务。宫室和台榭等在这个时代，很自然地开始有雕琢加工的处理出现。晋灵公"厚敛以雕墙，从台上弹人，而观其避丸"，文献就给了我们这样一个例子。

今天我们所能见的建筑实物只有基址坟墓。大陵也还没有系统地发掘，小墓过于简单，绝不能代表当时地面建筑所达到的造型或技艺的水平。从墓中出土的文物来看，战国时工艺实达到惊人的程度。东周诸侯各国器物都精工细作，造型变化生动活泼，如金银镶错的器物，工料和技艺都可称绝品。新郑的铜器，飞禽立雕手法鲜明，楚文物中木雕刻、漆器、琉璃珠等都是工艺中登峰造极的。当时有多少这样工艺用到建筑上，我们无法推测，它们之间必然有一定程度的联系则可以断言。

文献上"美宫室，高台榭"的记载很多：鲁庄公"丹桓宫之楹而刻其桷"，赵文子自营居室，"斫其椽而砻之"，是建筑上加工的证据。晋平公"铜鞮之宫数里"，吴王夫差的宫里"次有台榭陂池"，建筑规模是很大的。由于见了秦穆公的"宫室积聚"，曾说"使鬼为之则劳神矣！使人为之亦苦民矣！"这两句话正说出了工程技巧令人吃惊，而归根到底一切是人民血汗和智慧的意思。我们可以推测当时建筑规模、艺术加工，绝不会和当时其他手工艺完全不相称的。

在发掘方面，我们只有邯郸赵丛台和易县燕下都的不完整基址。这些基址证明当时诸侯确是纷纷"高台榭以明得志"，最具体的形象仅有战国猎壶上浮雕的一座建筑物。建筑物约略形状已近似汉画中所常见的，虽然表现技术是古拙的，所表现的结构部分却很明确，显然是写实的。根据它，我们确能知道战国寻常木结构房屋的大体。

没有西周到春秋战国这样一个多民族发展时期蓬勃的创造为基础，两汉灿烂的文化是不可能的。

第三阶段——秦、汉、三国（公元前 247 年至公元 264 年）

秦逐渐吞并六国，建立空前的封建极权皇朝，建筑也相应地发展到空前的规模。

秦的都城咸阳原是战国时七国之一的王城规模。秦每攻灭一个国家，就在咸阳的北面仿建这个国家的宫室。到秦统一六国，战国时期各国建筑方面的创造经验也就都随而集中到咸阳。战国以来各国高台榭、美宫室的各种风格在秦统一全国的过程中，发展出集珍式的咸阳宫室。这些宫殿又被"复道"和"周阁"连接起来，组合成复杂连续的组群，在总的数量以及艺术的内容上是远超出六国宫室之上。

公元前 221 年，全国统一之后，形成了新的政治经济形势，咸阳从前秦所建的王宫已经不能适应新情况的要求。到公元前 212 年开始兴建历史上著名的"阿房宫"，这座空前宏伟的宫是以全国统一的政治中心的规模建造的，位置在咸阳南面的渭水南岸。主要的"前殿"建在雄伟的高台上，根据记载是东西五百步，南北五十丈，上面可以坐万人，台下可以竖立高五丈的大旗，周回都有阁道，殿前有"驰道"，直达南山，并加筑南山的山顶，作为殿前的门阙；殿后加"复道"，跨过渭水与咸阳相连。这种带山跨河、长到几十里的布置手法以及咸阳附近二百里内建造了二百七十多处宫观和大量连属的"复道"的记录，可以看到秦代建筑惊人的规模。

极其夸张的宫室建筑之外，秦代建筑雄大的规模也表现在世界驰名的长城上。秦代的长城是西起临洮，东到辽东，藉战国各国旧有的长城为基础，用三十万士兵囚犯筑成的跨山越野蜿蜒数千里的军事工程。与长城相当的还兴筑了贯通全国重要城市的军用"驰道"，也是非常惊人的措施。

这些完全不顾民力的庞大建设工程，一方面表现了秦代残酷的军事统治，另一方面也说明了战国以来生产力的发展，在得到统一之后发挥出的力量，整个秦代的建筑在新的经济基础上的发展远超越以前各时代，开创了新的统一的封建王朝的规模。

秦代的宏伟建筑仍是以木材结构配合极大的夯土高台建成的。这些庞大的工役一部分由内战时代俘虏担任，另一部分是征召来的人民在暴力强迫下进行的。秦以胜利者的淫威，在不顾民力的大兴工役中横征暴敛，使人民流离死亡，更加深了阶级矛盾，促成了中国第一次大规模的农民起义。人民血汗和智慧所创造的咸阳壮丽的宫室只被人民认作残暴统治的象征，项羽领兵纵火全部烧毁它们以泄愤是可以理解的。但从此每次在易朝换代的争夺中，人民的艺术财富，累积在统治者的宫中纪念性建筑组群里的，都不可避免地遭到残酷的破坏。

秦代的建筑现在仅能从阿房宫遗址和骊山秦始皇陵庞大的土方工程上看到当时的规模。秦始皇陵内部原有豪华的建筑和陈设也遭到项羽入关时劫掠破坏，但这部分秦代人民的创造残余部分，无疑还埋藏在地下，等待考古科学家加以发掘整理。

西汉是秦末的农民斗争产生的封建统一王朝。这次起义所表现人民的力量，使汉初的统治者采用简化刑法和减轻剥削的政策，使人民得到休息，恢复了生产。

汉初的建筑是在战争没有结束时进行的，重要的建筑是在咸阳附近利用秦的离宫故基为基础修建的长乐宫。这座宫周围二十里，是一座具有高台大殿和许多附属殿屋的宫城。

接着建造的未央宫是西汉首创的一座宫。它的周围是二十八里，主持规划的是萧何，技术方面负责的是军匠出身的阳城延，刘邦曾因见到这座建筑的奢侈华丽而发怒。萧何说他主张建造未央宫的理由是"天子以四海为家，非壮丽无以重威"。这说明他认识到统治者可以使他的建筑作为巩固他政权的一种工具，认识到建筑艺术所可能有的政治作用。这个看法对以后历代每次建立王朝时对于都城和宫室等艺术规模的重视起了很大的影响。

未央宫的前殿是以龙首山作殿基，使这座大殿不必使用大量的土方工程，就很自然地高耸出附近的建筑之上。这是高台建筑创造性的处理，目的在避免秦代那样使用大量人力进行土方工程的经验。

长乐、未央两宫都在秦咸阳附近，都是独立完整成组的规模。后建的未央宫是据龙首山决定的位置，两宫东西之间虽距离很近，但不是很整齐并列的。到公元前187年筑长安城时，南面包括两宫在内，北面因发展到渭水岸边，因此汉长安城的平面图形南北都不是整齐的直线。但这座壮丽大城的城内是规划成方正整齐的坊里，贯以平直宽阔的街道组成的，它的规模也发展到周围六十五里。

汉初的政策使农业得到快速发展，到武帝时七十年间战乱较少，国家积累了大量的财富。随着经济的繁荣，西汉这时的国力和文化都超出附近国家。当时北方游牧的匈奴是最强悍的敌对民族，屡次侵入北方边境，中国甘肃以西的少数民族分成三十六国，都附属于匈奴。汉武帝想削弱匈奴，派张骞出使西域了解各国情况，并企图掌握与西方商业交通的干路。汉代因向西的发展而与优秀的古代小亚细亚和印度的文化接触，随着疆域的扩张和民族斗争的胜利，突破了以前局限的世界地理知识，形成大国的气派和自信。汉武帝时是早期封建社会的高峰，这时期的建筑，除增建已有的宫室之外，又新建了许多豪侈的建筑，其中如长安的建章宫和云阳的甘泉宫都是极其宏阔壮丽的庞大的建筑群。

建章宫在长安城西附廓，前殿更高于未央，宫内的建筑被称为"千门万户"，所连属的囿范围数十里；宫内开掘人工的太液池，并垒土作山，池中的渐台高二十余丈，高建筑如神明台、井干楼各高五十丈。神明台上有九室，又立起承露盘高二十丈，直径大有七围。井干楼是积叠横木构成的复杂木构建筑，中国最早的高层建筑在这时候产生了。

长安东南的上林苑周围三百余里，其中离宫七十多座，能容千骑万乘。

西汉的宫室园囿很多是就秦代所筑的高基崇台做基础的，一般建筑规模并不小于秦代。由于生产关系比秦代进步，整个国家在蓬勃发展中，因此许多游乐性质的建筑在工料上又超过了秦代。这个时期的建筑，是随着整个社会的发展而又向前迈进了一步。

西汉农业的发展走向自由兼并。随着土地集中，阶级分化，到西汉末引起的农民起义，又再次在混战中焚毁了长安的宫室。

东汉是倚靠地主阶级的官僚政权统治人民的，国家的财力比较分散，都城洛阳的宫室规模不及长安，但在规划上更发展了整齐的坊里制度，都城的部署比长安更整齐了。

这时期的建筑，是王侯、外戚、宦官的宅第非常兴盛，如桓帝时大将军梁冀大建宅第，其妻孙盛也对街兴建，互相争胜。建筑是连房洞户，台阁相通，互相临望。柱壁雕镂，窗用绮疏青琐，木料加以铜和漆，图画仙灵云气；又广开苑囿，垒土筑山；飞梁石磴，凌跨水道，布置成自然形势的深林绝涧。豪侈的建筑之外，宅第中的园林建筑也非常讲究。这些宅第的建筑记载超过了宫室，正反映着东汉社会的具体情况。

东汉洛阳的建筑也在末年的军阀战争中被董卓焚毁了。

这时期中可能是由于与西方交通的影响，用石材建造坟墓前纪念性建筑的风气逐渐兴盛。现在还留下少数坟墓前的石阙和石祠，其中如西康雅安的高颐阙、山东嘉祥的武氏石阙和石室都是比较著名的遗物。在雅安的高颐阙选用的式样和浮刻上是充分地应用了当时的木建筑形式，在这些比例谨严的石刻遗物上可以看到一些具体的汉代建筑艺术形象。

考古学家发现的明器中有许多陶制的建筑模型和画像砖，使我们具体地看到汉代建筑的形象，由殿宇、堂屋、楼阁、台榭、庭院、门阙、城楼、桥梁，到仓廪、厕厕等等。还有每次发掘所发现的汉代工艺美术品，其中如丝织、漆器、铜器之中，都有极其精美的作品，与汉代辉煌的物质文化发展情况相符合，而汉代建筑的精华则不是现存这些砖石坟墓的建筑或明器上表现出的内容所能代表的。在对大规模的遗址还没有作科学发掘工作的目前，我们仅能认识到汉代建筑的一些片段而已。

三国分裂的时期中，曹魏所据的中原地区有比较优越的人力和物质条件，建筑的规模也比较大。这时期中最突出的成就是曹操经营的邺城，从这座都城的文献记载上可以看到简单明确的分区规划和中轴对称的布局是发展到比东汉的洛阳更高的水平上。邺城的规划中如皇宫位置在城内中轴的北部，使皇宫面临城内纵横相交的主要干道；居民的坊里布置在城内南部，左右干道的交点布置成坊市的中心等先进的方式，都是隋唐长安的先型。

南方比较边远的地区，经吴和蜀两国的经营，经济文化都得到一定的发展。从考古学家发现的一些片段资料看到整个三国时期大致仍是汉代工程技术与艺术风格的继续，并没有显著的变化。

第四阶段——晋、南北朝、隋（公元 265 年至 618 年）

六朝的建筑是衔接中国历史上两个伟大文化时期——汉代与唐代的桥梁，也是这两时期建筑不同风格急剧转变的关键。它是由汉以来旧的、原有的生活习惯、思想意识和新的社会因素，精神上和物质上强烈的新要求由矛盾到统一过程中的产物。产生这种新转变的社会背景主要有三个因素：一是北方鲜卑、羌等胡族占据中原——所谓"五胡乱华"在中国政治、经济和文化上所起的各种复杂的变化。二是汉族的统治阶级士族豪门带了大量有先进技术的劳动人民大举南渡，促进了南方经济和文化的发展。三是在晋以前就传入的佛教这时在中国普遍的传播和盛行，全国上下的宗教热忱成了建筑艺术的动力。新的民族的渗入、新的宗教思想上的要求和随同佛教由西域进来的各种新的艺术影响，如中亚、北印度、波斯和希腊的各种艺术和各种作风，不但影响了当时中国艺术的风尚手法，还发展了许多新的、前所未有的建筑类型及其附属的工艺美术。刻佛像的摩崖石窟，有佛殿、经堂的寺院组群，多层的木造的和砖石造的佛塔，以及应用到世俗建筑上去的建筑雕刻，如陵墓前石柱和石兽和建筑上装饰纹样等，就都是这时期创造性的发展。

寺院组群和高耸的塔在中国城市和山林胜景中的出现，划时代地改变了中国地方的面貌。千余年来大小城市，名山胜景，其形象很少没有被一座寺院或一座塔的侧影所丰富了的，南北朝就是这种建筑物的创始时期。当时宗教艺术是带有很大群众性的，它们不同于宫廷艺术为少数人所独占，而是人人得以观赏的精神食粮，因此在人民中间推动了极大的创造性。

北魏统治者是鲜卑族，尊崇佛教的最早的表现方法之一是在有悬崖处开凿石窟寺。在第五世纪后半叶中，开凿了大同云冈大石窟寺。最初或有西域僧人参加，由刻像到花纹都带着浓重的西域或印度手法风格，但由石刻上看当时的建筑，显然完全是中国的结构体系，只是在装饰部分吸取了外来的新式样。北魏迁都到洛阳，又在洛阳开造龙门石窟。龙门石窟中不但建筑是原来中国体系的，就是雕刻佛像等等，也有强烈的汉代传统风格，表现的手法很明显是在汉朝刻石的基础上发展起来的。在敦煌石窟壁画上所见也证明在木构建筑方面，当时澎湃的外来的艺术影响并没有改变中国原有的结构方法和分配的规律。佛教建筑只是将中国原有的结构加以创造性的应用和发展来解决新问题，最明显的例子就是塔和佛殿。

当时的塔基本上是汉代的"重楼"，也就是多层的小楼阁，顶上加以佛教的象征物——即有"覆钵"和"相轮"等称作"刹"的部分，这原是个缩小的印度墓塔（中国译音称作"窣堵坡"或"塔婆"）。当时匠人只将它和多层的小楼相结合，作为象征物放在顶部。至于寺院里的佛殿，和其他非宗教的中国庭院殿堂的构造根本就没有分别。为了内容的需要，革新的部分只在殿堂内部的布置和寺院组群上的分配。

这时期最富有创造性而杰出的建筑物应提到嵩山嵩岳寺砖塔。在造型上，它是中国建筑第一次，也是唯一的一次试用十二角形的平面来代替印度"窣堵坡"的圆形平面，用高高的基座和一段塔身来代表"窣堵坡"的基座和"覆钵"（半球形的塔身），上面十五层密密的中国式出檐代表着"窣堵坡"顶上的"刹"。这不但是一个空前创作，而且在中国的建筑中，也是第一个砖造的高度达到近乎四十公尺的高层建筑，它标志着在砖石结构的工程技术上飞跃的向前跨进了一大步。

南北朝最通常的木塔现在国内已没有实物存在了，北魏杨炫之在《洛阳伽蓝记》中详尽地叙述了塔寺林立的洛阳城。一个城中，竟有大小一千余个寺庙组群和几十座高耸的佛塔，那景象是我们今天难以想象的。木塔中最突出的是永宁寺的胡太后塔：四角九层，每层有绘彩的柱子，金色的斗棋，朱红金钉的门扇，刹上有"宝瓶"和三十层金盘。全塔架木为之，连刹高"一千尺"，在"百里之外"已可看见，它在城市的艺术造型上无疑的是起着巨大作用的高耸建筑物。即使高度的数字是被夸大了或有错误，但它在木结构工程上的高度成就是无可置疑的。这种木塔的描写，和日本今天还保存着若干飞鸟时代（隋）的实物在许多地方极为相近。云冈石窟中雕刻的范本和这木构塔的描写基本上也是一致的。

当隋统一中国之前，南朝"金粉地"的建康，许多侈丽的宫殿，毁了又建，建了又毁，说明南朝更迭五个朝代，统治者内部政治局势的动荡不定，但统治阶级总是不断地驱使劳动人民为他们兴建豪华的宫殿。在艺术方面，虽在政治腐败的情况下，智慧的巧匠们仍获得很大的成就。统治者还掠夺人民以自己的热情投在宗教建筑上的艺术作品去充实他们华丽的宫苑。齐的宫殿本来已到"穷极绮丽"的程度，如"遍饰以金壁，窗间尽画神仙……椽桷之端悉垂铃佩……又凿金为莲花以帖地"等等，他们还嫌不足，又"剔取诸寺佛刹殿藻井、仙人、骑兽以充足之"。从今天所仅存的建筑附属艺术实物看，如南京齐、梁陵墓前面，劲强有力、富于创造性的石柱和石兽等，当时南朝在木构建筑上也不可能没有解决新问题的许多革新和创造。

到了隋统一全国后，宫廷就占有南北最优秀的工艺匠人。杨广（隋炀帝）大兴土木，建东京洛阳，营西苑时期，就有迹象证明在建筑上模仿了南朝的一些宫苑布局，南方的艺匠在其中也起了很大作用。凿运河通江南，建造大量华丽有楼殿的大船时，更利用了江南木工，尤其是造船方面的一切成就。在此之前，杨坚（文帝）曾诏天下诸州各立舍利塔，这种塔大约都是木造的，今虽不存，但可想见这必然刺激了当时全国各地方普遍的创造。

在石造建筑方面，北魏、北周、北齐都有大胆的创造，最丰富的是各个著名的石窟寺的附属部分，也就是在这时期一位天才石匠李春给我们留下了可称世界性艺术工程遗产的河北赵县的大石桥。中国建筑艺术经过这样一段新鲜活泼的路程，便为历史上文艺最辉煌的唐代准备了优越的条件。

第五阶段——唐、五代、辽（公元 618 年至 1125 年）

这个阶段的建筑艺术是以南北朝在宗教建筑方面和统一全国的隋代在城市建设方面所取得的成就为基础的。初唐建设雄宏魁伟的气魄和中唐雅致成熟的时代风格是比南北朝或隋代的宗教艺术更向前迈进了一大步的。唐将外来许多新因素汉化了，将陌生的、非中国的成分和典雅庄严对称的中国格局相结合，为中国的封建社会生活服务，如须弥座、莲瓣、柱础、砖塔、塔檐瓦饰、栏杆之类都改进成更接近于中国人民所习惯的风格。在砖塔式样上也经过一些成熟的变化，中国第一座八角塔就在这时期初次出现。唐建筑制度、技术手法和艺术作风的特点开始于初唐，盛于中唐前后，在中央政权削弱的晚唐和藩镇割据的五代时期仍在全国有经济条件的地区，风行颇长一个时期，而没有突出的改变。

唐政治经济的特点是唐初李渊父子统一了隋末暴政所引起的混战中的中国而保留了隋政治、经济、文物制度中的一些优点，在李世民在位的二十几年中，确使人民获得休养生息的机会。当时政治良好，而同时对外战争胜利，鼓励胡族、汉人杂居，不断和西域各民族有文化和商业的交流。农业生产提高，商业交通又特别发展，海路可直通波斯，社会经济从此一直向上发展了百余年。基础稳定的唐代中央专制集权的封建社会恢复了西汉的盛况，全国文学艺术便随着有了高度的发展。唐代在建筑上一切成就也就是中国封建社会的文学艺术到达一个特殊全盛时代的产物。唐中央政权的腐朽削弱开始于内部分裂，终于在与藩镇的矛盾和农民的反抗中灭亡，但是工商业在很大程度内未受中央政权强弱的影响。宗教建筑活动也普遍于民间，并不限于中央皇室的建造。

当隋初统一南北建国时期计划了后来成为唐长安的大兴城时，是有意识地要表现"皇王之邑"，因此建造的是都城、皇城、宫城、正朝、府寺、百司、公卿邸第、民坊、街市等，明明白白的是封建政权的秩序所需要的首都建设。它所反映的是统一封建专制国家机器的一个重要方面，也就是当时的统治阶级所制定的所谓文物制度的一种。唐初继承了这样一个首都，最主要的修建就是改大兴殿为太极殿，左右添了钟楼、鼓楼，使耸起的形象更能表现中央政权的庄严，再次就是另建一个雄伟的皇宫组群。新建的大明宫在一条南北中线上立了一系列的大殿，每殿是一组群，前面有门，最南面是丹凤门和含元殿。大殿就立在龙首山的东趾上，"殿陛高于平地四十余尺"，左右有"砌道盘上，谓之龙尾道"。殿左右有两阁，阁殿之间用"飞廊"相接。这样的形象魁伟、气魄雄宏的规模，是过去汉未央宫开国气概的传统，不过在建造上显然是以汉兴以来八百年里所取得的一切更优秀的成就来完成的，但在宗教建筑方面，初唐承继了隋代的创建，并不鼓励新建造，这方面显然不是当时主要的活动。

代表初唐以后到中叶的建筑活动有两个方面：宫廷权贵为了宴游享乐所建的侈丽宫苑建筑和邸第，以及宗教建筑活动。在这两个方面高度艺术性的各种创造都是当时熟练的工匠和对宗教投以自己的幻想和热忱的劳动人民集体智慧的结晶。代表前一种的，可以举宫廷最优秀的艺匠为唐玄宗在骊山建筑的华清宫，这样著名的艺术组群，据记载是"骊山上下，益置汤井为池，台殿环列山谷"，并且一切是"制作宏丽""雕镌巧妙""殆非人功"的艺术创造。有名的长安风景区的曲江上宫苑也在这时期开始了建筑，至于当时权贵和公主们所竞起的宅第则是"以侈丽相高，拟于宫掖，而精巧过之"。这样的事实说明当时建筑工程技术和艺术上最高成就已不被宫廷所独占，而是开始在有钱有势的阶层里普遍起来了。

唐代的皇室因为姓李，所以尊崇道教，因为道教奉李耳为始祖。然而佛教的势力毕竟深入到广大民间，今天存留的唐代建筑，除极少数摩崖造像外，全部都是佛教的，其中较早的，全是砖塔。

唐朝的砖塔大致可分为四个类型：（一）"重楼式"塔，如西安慈恩寺的大雁塔和兴教寺的玄奘塔等。它们的形式像层层叠起的四方形重楼，外表用砖砌成木结构的柱、枋、斗拱等形象。这两座塔都建于七世纪后半和八世纪初年，它们是砖造佛塔中最早砌出木构形式的范例。（二）"密檐式"塔，如西安荐福寺的小雁塔、河南嵩山永泰寺塔和云南大理崇圣寺的千寻塔等。这个类型都在较高的塔身上出十几层的密檐，一般没有木结构形式的表面处理。以上两个类型平面都是正方形的，全塔是一个封顶的"砖筒"，内部用木楼板和木楼梯。（三）八角形单层塔，嵩山会善寺净藏禅师塔是这类型的孤例，它是五代以后最通常的八角塔的萌芽。（四）群塔，山东历城九塔寺塔，在一个八角形塔座上建九个小塔，是明代以后常见的金刚宝座塔的先驱。自从嵩山嵩岳寺塔建成到玄奘塔出现的一百五十年间，没有任何其他砖塔存留到今天，更证明嵩岳寺塔是一次伟大的尝试。而唐代在数量上众多和类型上丰富的砖塔则说明造砖和用砖的技术在唐代是大大地发展了一步。

　　宗教建筑方面一次特殊的活动是武则天夺得政权后，在洛阳驱役数万人建造奇异的"明堂""天堂""天枢"等。这些建筑物不是属于佛教的，但是创造性地吸取了佛教艺术的手法，为这个特殊政权所要表现的宗教思想而服务。"明堂"称作"万象神宫"，内有"辟雍之像"，建筑物高到294尺，方300尺，一共三层。"下层法四时；中层法十二辰，上为圆盖，九龙捧之；最上层法二十四气，亦有圆盖。以木为瓦，夹纻漆之，上施铁凤高一丈，饰以黄金。"在结构方面是很大胆的，当中用巨木，"上下通贯、栭、栌、撑、榐，藉以为本"。"天堂"高五级，是比明堂更高的建筑，内放"夹纻"大像（"夹纻"是用麻布披泥胎上加漆，干了以后去掉泥胎成空心的器物的做法）。"天枢"是高百余尺的八角铜柱，径大十二尺，下为铁山，周七十尺，立在端门外。这些创造，虽然都是极特殊的，但显然有它们的技术基础和艺术上的良好条件的。佛教建造的有在龙门崖上凿造的巨大石像，和窟外的奉先寺（寺的木构部分已不存，但这组巨像是唐代雕刻得以保存到今天的最可珍贵的实物之一）。

自 7 世纪末叶以后到 8 世纪中叶，建造寺院的风气才大盛。原因是当时社会的需要。8 世纪中叶奢侈无度的中央政权遇到藩镇的叛变，长安被安禄山攻破，皇帝出走四川。唐中央政权从此盛极而衰，此后和地方长期战争，七八十年中，人民受尽内战的灾害搜括之苦，超度苦难的思想普遍起来。在宫廷方面，软弱的封建主，遇有变乱，也急求佛法保佑，建寺用费庞大，还拆了宫殿旧料来充数。宫廷特别纵容僧尼，京城内外良田多被僧寺占有。在五台山造金阁寺，全用涂金的铜瓦，施工用料的程度也可见一般。到了 9 世纪初叶，皇帝迎佛骨到京师，在宫中留三日，送各寺院里轮流供奉，王公士民敬礼布施，达到举国若狂的地步。宦官权臣和豪富施钱造寺院或佛殿、塔幢以求福的数目愈来愈多，为避重税求寺院庇荫的人民数目也愈来愈大。九世纪中叶宗教势力和政权间的矛盾便造成会昌五年（公元 845 年）的"灭法"。当时下诏毁掉官立佛寺四千六百余区，私立寺院四万余区，归俗僧尼二十六万五百人，财货田产入官，取寺屋材料修葺公廨，铜像钟磬改铸钱币。这些事实说明人民的财富和心血，在封建社会的矛盾中，不是受到不合理的浪费，就是受到残酷的破坏，卓越的艺术遗产得以保存到今天的真是不到万一！

唐代有高度艺术的、崇峻而宏丽的宗教建筑大组群的完整面貌，今天已无法从实物上见到。对于建筑结构和装饰的形象，我们只有在敦煌石窟寺壁上，许多以很写实的殿宇楼阁为背景的佛教画里，可以得到较真实的印象。敦煌著名的壁画《五台山图》中描绘了九十座寺院组群的位置，其中之一"大佛光之寺"，就是今天还存在五台山豆村镇的大佛光寺，更可宝贵的事实是寺内大殿竟是幸存到今天的一座唐代原物。我们从这座在会昌灭法后又建造起来的实物上，可以具体地见到唐代建筑艺术风格手法和它们所曾到达的多方面的成就，这座建筑遗产对于后代是有无法衡量的价值的。

总的说来，唐代在建筑方面的成就，首先是城市作有计划的布局，规模宏大，不但如长安、洛阳城，并且遍及于全国的州县，是全世界历史上所未有的。其次就是个别建筑组群在造型上是以艺术形态来完成的整体：雄宏壮丽的形象与华美细致的细节、雕塑、绘画和自然环境都密切有机地联系着。以世界各时代的建筑艺术所到达的程度来衡量，这时期的中国建筑也达到了艺术上卓越的水平。当然，无论是长安的宫廷建筑物还是各处名山胜地的宗教建筑物，还是一般城市中民用建筑物，都是和唐初期全国生产力的提高，和以后商业经济的繁荣、工艺技术的进步、西域文化的交流等等分不开的，但一个主要的方面还是当时宗教所促进的创造有全民性的意义。劳动人民投入自己的热情、理想和希望，在他们所创造的宗教艺术上：无论是雕刻、佛像或花纹；作大幅壁画，或装饰彩画；建造大寺，高塔或小龛，或是代表超度人类过苦海的桥，当时人民都发挥了他们最杰出、最蓬勃的创造力量。

中唐以后，中央政权和藩镇争夺的内战使黄河流域遭受破坏，经济中心转移到江淮流域。唐亡之后，统治中原的政权，在五十余年中，前后更换了五次，称作五代，其他藩镇各自成立了独立政权的称作十国。中原经济力衰弱，无法恢复，建筑发展没有可能。掌握政权者对于已破坏的长安完全放弃，修葺洛阳也缺乏力量。偶有兴建，匠人只是遵随唐木工规制，无所创造。山西平遥镇国寺大殿是五代木构建筑的罕贵的孤例，五代建筑在北方可说是唐的尾声。

十国在南方的情况则完全不同，个别政权不受战争拖累，又解除了对唐中央的负担，数十年中，经济得到新的发展而繁荣起来。建筑在吴越和南唐，就由于地理环境和新的社会因素，发展了自己的新风格，如南京栖霞寺塔以八角形平面出现，在造型方面和在雕刻装饰方面都有较唐朝更秀丽的新手法，在很大程度上是后来北宋建筑风格的先声。

辽是中国东北边境吸取并承继了唐文化的契丹族的政权。在关外发展成熟，进占关内河北和山西北部，所谓燕云十六州，包括幽州（今天的北京）在内。辽是一个独立的区域政权，不是一个朝代，在时间上大部虽和北宋同时，但在文化上是不折不扣的唐边疆文化。在进关以前，替辽建设城市、建筑寺庙的是唐代的汉族移民和汾、并、幽、蓟的熟练工匠，他们是以唐的规制手法为契丹族的特殊政权、宗教信仰和生活习惯服务的，结果在实践中创造了某一些属于辽的特殊风格和传统。后来这种风格又继续影响关内在辽境以内的建筑，北京天宁寺辽砖塔就是辽独创作风的典型例子，而木构建筑如著名的蓟县独乐寺观音阁和应县佛宫寺木塔却带着更多的唐风，而后者则是中国木造佛塔的最后一个实例。

基本上，唐、五代和辽的建筑是同属于一个风格的不同发展时期。关于这一阶段的中国建筑，更应该提到的是它对朝鲜、日本建筑重大的影响。研究日本和朝鲜建筑者不能不理解中国的隋唐建筑，就如同研究欧洲建筑者不能不理解古希腊和罗马建筑一样。不但如此，这时期的中国建筑也影响到越南、缅甸和新疆边境，并且唐和萨珊波斯的文化交流，并不亚于和印度及锡兰的。唐朝是中国建筑最辉煌的一大阶段。

第六阶段——两宋到金、元（公元 960 年至 1367 年）

这个大阶段以五代末的北周以武力得到淮南江北的经济力量，在汴梁的建设为序幕；北宋统一了南北是它的发展和全盛时期；南宋是北宋的成就脱离了原来政治经济基础，在江南的条件下的延续与转变；金和元都是在外族统治下宋的风格特点在北方和新的社会因素相结合的产物。

宋代建筑是在唐代已取得的辉煌成就的基础上发展起来的，但宋代建筑的特点与唐代的有着极大区别。

要理解宋建筑类型、手法风格和思想内容，我们必须理解宋代政治经济情况以下几个方面：（一）赵匡胤没有经过战争便取得了政权。五代末朝后周在汴梁因疏浚了运河和江淮通航所发展的工商业继续发展，中原农业生产或得到恢复，或更为提高。居于水陆交通要道的汴梁人口密集，是当时的政治中心兼商业中心。赵炅（太宗）以占领江淮门户的优越条件，进而征服了五代末期南方经济繁荣的独立小政权如南唐、吴越、后蜀，统一了中国。这一时期不但在经济上得到生产力较高的南方的供应，在文化上也汲取了南方所发展的一切文学艺术成就的精华，内中也包括建筑上的成就。（二）因内部矛盾，宋代军权集中于皇帝一人手中。无所事事，成为庞大消费阶层的军队全力防内，对外却软弱无能，在北方以屈辱性的条约和辽媾和，在西方则屡次受西夏侵扰。统治者抱有苟安思想，只顾眼前享乐生活。建设的规模，建筑物的性质、气魄，和唐代开国时期和晚唐信奉宗教的热烈情况都不相同。（三）建立了庞大的官僚机构，这个巨大的寄生阶层和大小地主商贾血肉相连，官僚们利用统治地位从事商业活动。在封建社会中滋长的"资本主义成分"的力量引起社会深刻的变化，全国中小消费阶层的扩大促进了这时期手工业生产的特殊繁荣。国内出现了手工艺市镇和较大的商业中心城市，特别突出的如京都汴梁、成都、兴元（汉中）和杭州等。城市中某些为工商业服务的新建筑类型，如密集的市楼、邸店、廊屋等的产生，都是这时期城市生活的要求所促成的。又因商业流动人口的需要，取消了都城"夜禁"的限制，在东京出现了夜市和各种公共娱乐场所，如看戏的瓦肆和豪华的酒楼，以后很普遍。（四）手工业的发展进入工场的组织形式，内部很细的分工使产品的质量和工艺美术水平普遍地提高，宋代瓷器、织锦、印刷、制纸等工业都超过了过去时代的水平。这一切细致精巧的倾向也影响了当时的建筑材料和细致加工的风格。

宋建筑的整体风格，初期的河北正定龙兴寺大阁残部所表现，仍保持魁伟的唐风，但作为首都和文化中心的汴梁是介于南北两种不同建筑风格中间，很快地同时受到五代南方的秀丽和唐代北方壮硕风格的影响，或多或少地已是南北作风的结合。山西太原晋祠圣母庙一组是这一作风的范例，虽然在地理上与汴梁有相当的距离。注重重楼飞阁较繁复的塑型，受到宫中不甚宽敞地址的限制，平面组合开始错落多变，宫廷中藏书的秘阁就是这种创造性的新型楼阁。它的结构是由南方吴越来的杰出的木工喻皓所设计，更说明了它成就的来源。公元1000年（真宗）以后，宫廷不断建筑侈丽的道观楼阁，最著名的如玉清昭应宫，苏州人丁谓领导工役，夜以继日施工了七年建成。每日用工多到三四万人，所用材料是从全国汇集而来的名产。瓦用绿色琉璃，彩画用精制颜料绘成织锦图案，加金色装饰。这个建筑构图是按画家刘文通所作画稿布置的，其中的七贤阁的设计也是在高台上更加"飞阁"，被当时认为全国最壮观的建筑物。

汴梁宫廷建筑的华丽倾向和因宫中代代兴建，缺乏建筑地址，平面布置上不得不用更紧凑的四合围拢方式或两旁用侧翼的楼和主楼相连，或前后以柱廊相连的格式。这些显然普遍地影响了宋一代权贵私人宅第和富豪商贾城市中建筑的风格。

原来是商业城市改建为首都的汴梁，其规模和先有计划的"皇王之

大 城 有 美

邑"的长安相去甚远，宫前既无宏大行政衙署区域，也无民坊门禁制度。除宫城外，前部中轴大路两旁，和横穿京城的汴河两岸，以及宫旁横街上，多半是商业性质建筑所组成的。人口密集之后，土地使用率加大，更促进了多层市楼的发展，因此豪华的店屋酒楼也常以重楼飞阁的姿态出现，例如《东京梦华录》中所描写的"三楼相高，五楼相向，各有飞阁栏槛，明暗相通"的酒店矾楼就最为典型。发展到了北宋末赵佶（徽宗）一代，连年奢侈营建，不但汴梁宫苑寺观"殿阁临水，云屋连移"，层楼的组群占重要位置，它们还发展到全国繁华之地，有好风景的区域。虽然实物都不存在，但今天我们还能从许多极写实的宋画中见到它们大略的风格形象。它们主要特征是歇山顶也可以用在向前向后的部分，上面屋脊可以十字相交，原来屋顶侧面的山花现在也可以向前，因此楼阁嶙峋，在形象上丰富了许多。宋画中最重要的如《黄鹤楼图》《滕王阁图》及《清明上河图》等，都是研究宋建筑的珍贵材料。日本镰仓时代的建筑受到我们这一时期建筑很大的影响，而他们实物保存得很好，也是极好的参考材料。总之，在城市经济繁荣的基础上所发展出来的，有高度实用价值，形象优美，立面有多样变化组合的楼阁是宋代在中国建筑发展中一个重大贡献。

其次如建筑进一步分工，充分利用各种手工业生产的成就到建筑上，如砖石建筑上用标准化琉璃瓦和面砖，并用了陶瓷业模制压花技术的成就，到今天我们还可以从开封琉璃铁塔这样难得的实物上见到。木构建筑上出现了木雕装饰方面的雕作和旋作。彩画方面采用了纺织的成就，用华丽的绫锦纹图案。因为造纸业的发展，门窗上可大量糊纸，出现了可以开关的毬文格子门和窗等。这些细致的改进不但改变了当时建筑面貌，且对于后代建筑有普遍影响。

因为宋代曾采用匠人木经编成中国唯一的一本建筑术书《营造法式》，

记录了各种建筑构件相互间关系及比例，以及斗拱砍削加工做法和彩画的一般则例，对后代官匠在技术上和艺术上有一定的影响。

南宋退到江南，建都临安（杭州），把统治阶级的生活习惯、思想意识都带到新的土壤上培植起来，建筑风格也不例外。但是在严重地受着侵略威胁的局面下和萎缩的经济基础上，南宋的宫廷建筑的内容性质改变了，全国性规模的建筑更不可能了。南宋重修的城市寺观起初仍极为奢华，结构逐渐纤弱造作，手法也改变了。这时期的重要贡献是建筑和自然山水花木相结合的庭园建筑在艺术上的成就，宫廷在临安造园的风气影响到苏州和太湖区的私家花园，一直延续到后代明、清的名园。

金的统治阶级是文化落后于汉族的女真族，金的建设意识上反映着模仿北宋制度的企图。从事创造的是汉族人民，在工艺技术上是依据他们自己的传统的。而当时北方一部分却是辽区域作风占重要位置，因此宋辽混合掺杂的手法发展是它的特点之一。有一些金代建筑实物在结构比例上完全和辽一致，常常使鉴别者误为辽的建筑。另有一些又较近宋代形制，如正定龙兴寺的摩尼殿和五台山佛光寺的文殊殿，一向都被认为是宋的遗物。第三种则是以不成熟的手法，有时形式地模仿北宋颓废的繁琐的形象，有时又作很大胆的新组合，前者如大同善化寺三圣殿，后者如正定广慧寺华塔，都是很突出的。像华塔那样的形式，可以说是一种紧凑的群塔，是一种富于想象力的创造。

金人改建了辽的南京（今天北京城西南广安门内外一带），扩大了城址，称作中都。这次的兴建是金海陵王特命工匠监官模仿北宋首都汴梁而布置的。因此中都吸取了宋的城市宫城格局的一切成就，保存了北宋宫前广场部署的优良传统。中都宫前的御河石桥，两侧的千步廊也就是元大都的蓝本，明清两代继续沿用这种布局。今天北京的天安门前和午门、端门前壮丽的广场，就是由这个传统发展而来的。

元代的蒙古游牧民族，用极强悍的骑兵，侵入邻近的国家，在短短的几十年中，建立了横跨欧亚两洲历史上空前庞大的帝国。

在元代统治中国的九十多年中，蒙古族采用了残酷的武力镇压手段，破坏着中国原来的农业基础，在残酷的民族斗争中，全国的经济空前地衰落了，因此元代一般的地方建筑也是空前地粗糙简陋的。这时期统治阶级的建筑是劫掳各先进民族的工匠建造的，因此有一些部分带有其他民族的风格，大体是继承了金和南宋后期细致纤丽的风格。

元代的京城大都（现北京）是蒙古族摧毁了金的中都之后创建的。这座在宽阔的平原上新创的城市，在平面上表现着整齐的几何图形观念，城的平面接近正方形，以高大的鼓楼安置在全城的几何中点上。皇宫的位置是在城内南面的中轴线上，这是参照周礼"面朝背市，左祖右社"的思想，综合金代中都所沿袭的宋汴京的规划，依照当时蒙古族的需要而创建的。这种以高大的鼓楼作全城中心的方式，现在在北方的一些中小城市中仍可以看到它的影响。

元大都的宫殿建筑是以豪华精致的中国木构式样为主。一般宫殿建筑组群的主殿是采用"工"字形平面，前殿是集会和行政的殿堂，用廊连接的后部就是寝殿。殿内的布置，是用贵重的毛皮或丝织品作壁幛，完全掩蔽了内部的墙壁和木构。这种的布置与汉族宫廷内分作前朝和后宫的方式不同，内部的处理仍旧保留着游牧民族毡帐生活的习惯。

元代宫殿的木构建筑方面进一步发展了琉璃，从宋代的褐、绿两种色彩发展成黄、绿、蓝、青、白各色，普遍地应用到宫殿和离宫上，更丰富了屋顶的色彩。

元代上都（内蒙古多伦附近）主要宫殿的遗址是砖石结构的建筑，这可能是西方工匠建造的。此外像大都宫中的"畏吾儿殿"应是维吾尔族的式样，还有相当多的"盝顶殿"和"棕毛殿"，也都是元以前中国传统所没有的其他民族风格。

元代的统治阶级以吐蕃（西藏）的喇嘛教作为国教，吐蕃的建筑和艺术在元代流传到华北一带，出现了很多西藏风格的喇嘛塔，矗立在北京的妙应寺白塔就是这时期最宏伟的遗物。从著名的居庸关过街塔残存的基座上和石雕刻纹样手法上也可以看到当时西藏艺术风格盛行的情况。

都城以外的建筑仍是汉族工匠建造的，继续保持着传统的中国风格。其中一种类型可能是地方的统治阶层兴建的，比较细致精巧，但带有显著的公式化倾向，工料也比较整齐，典型的代表例如正定的关帝庙、定兴的慈云阁。另一种是施工非常粗糙，木料贫乏到用天然的弯曲原木作主要的构架，其中的结构是煞费苦心拼凑成的。现存的这类建筑大多是当地人民信仰的祠庙或地方性的公共建筑，例如河北正定的阳和楼、曲阳北岳庙的德宁殿、安平的圣姑庙或山西赵城的广胜寺。后一种在困难的物质条件限制下表现了比较多的设计意匠，它们正是这段艰苦的时期中人民生活的反映，鲜明地刻画出元代一般建筑艺术衰落的情况。

第七阶段——明、清两朝（公元 1368 年至 1911 年）和民国时期（至 1949 年）

在这五百八十余年中，中国历史上发生了巨大的转变。（一）在汉族农民起义，摧毁并驱逐了蒙古族统治阶级以后，朱元璋建立了明朝，恢复了汉族的统治，恢复了久经破坏的经济，但自朱棣以后，宦官掌握朝政两百余年，统治阶级昏庸腐朽达到极点。（二）满族兴起，入关灭明，统治中国两百六十余年，阶级压迫与民族压迫合二为一。（三）西方新兴的资本主义的商人和传教士，由16世纪末开始来到中国，逐步导致19世纪中的鸦片战争和中国的半殖民地化。（四）人民革命经过一百零九年的英勇斗争，推翻了清朝，驱逐了帝国主义侵略者，肃清了封建统治阶级，建立了人民民主的中华人民共和国。

朱元璋是农民出身，看到异族压迫下农村破产的情形，亲身参加了民族解放战争，知道农业生产是恢复经济、巩固政权的基本所在，所以建立了均田、农贷等制度，解放了异族压迫，恢复了封建的生产关系，使经济很快恢复。在明朝建立之初，他已占有江淮全国最富庶的地区，国库充实起来，使他得以建设他的首都南京，作为巩固政权的工具之一。

明朝建立以后不久，官式建筑很快就在布局、结构和造型上出现了与前一阶段区别显著的转变，在一切建置中都表现了民族复兴和封建帝国中央集权的强烈力量。首都南京的营建，征发全国工匠二十余万人，其中许多是从蒙古半奴隶式的羁束下解放出来的北方世代的匠户。除了建造宫殿衙署之外，他特别强调恢复汉族文化和中国传统的礼仪，例如天子郊祀的坛庙和身后的陵寝，都以雄伟的气魄和庄严的姿态建置起来。

朱棣（成祖）迁都北京，在元大都城的基础上，重新建设宫殿、坛庙，都遵南京制度，而规模比南京更大。今天北京的故宫大体就是明初的建置。虽然大部分殿堂已是清代重建的，但明朝原物还保存若干完整的组群和个别的主要殿宇。社稷坛（今中山公园）、太庙（今劳动人民文化宫）和天坛，都是明代首创的宏丽的大组群，其中尤其是天坛在规模、气魄、总体布置和艺术造型上更是卓越的杰作。虽然祈年殿在光绪十五年曾被落雷焚毁，次年又照原样重修；皇穹宇一组则是明代最精美的原物，并且是明手法的典型。昌平县天寿山麓的长陵（朱棣墓），以庙宇的组群同陵墓本身的地面建筑物结合，再在陵前布置长达 8 公里的神道，这一切又与天寿山的自然环境结合为一整体。气魄之大，意匠之高，全国其他建筑组群很少能和它相比的。

明初两京的两次大建设将南北的高手匠工做了两次大规模调配，使南方北方建筑和工艺的特长都得以发挥出来，融合为一，创造出明代的特殊风格。西南的巨大楠木，大量在北京使用，这样的建筑所反映的正是民族复兴的统一封建大帝国的雄伟气概。

自从朱棣把宦官干涉朝政的恶劣传统培植起来以后，宦官成了明朝两百余年统治权的掌握者。在建筑方面，这事实反映在一切皇家的营建方面。每座明朝"敕建"的庙宇，都有监修或重修的太监的碑志，不然就在梁下、匾上留名。至于明代宫中 8 次大火灾（小火灾不计），史家认为是宦官故意放火，以便重建时贪污中饱。更不用说宦官为了回避宦官禁置私产的法律规定，多借建庙的名义，修建寺院，附置庭园、"僧舍"，作为自己休养享乐之用，如北京的智化寺（王振建）、碧云寺（魏忠贤建），就是其中突出的例子。明末魏忠贤的生祠在全国竟达五六百所，更是宦官政治的具体的物质表现。

明代官匠制度增加了熟练技术工人，大大地促进手工艺技术的水平。明代建筑使用大量楠木和质地优良的砖，工精料美，丝毫不苟。在建筑工程方面，榫卯准确，基础坚实，彩画精美，也是它的特色。琉璃瓦和琉璃面砖到了明朝也得到了极大的发展，太庙内墙前的琉璃花门上细部如陶制彩画额枋就精美无比。除北京许多琉璃牌坊和琉璃花门外，许多地方还出现了琉璃宝塔，其中如南京的报国寺七宝琉璃塔（太平天国战争中毁）和山西赵城广胜寺飞虹塔，都说明了在这方面当时普遍的成就。

在明中叶的初期，由印度传入"金刚宝座式"塔，在一个大塔座上建

大 城 有 美

造五座乃至七座的群塔，北京真觉寺（五塔寺）塔是这类型的最卓越的典型，这个塔形之传入使中国建筑的类型更丰富起来。在清代，这类型又得到一定的发展。

在"党祸"的斗争中退隐的地主官僚和行商致富的大贾，则多在家乡营造家祠或私园以逃避现实世界。明末私家园林得到极大发展，今天江南许多精致幽静的私园，如苏州的拙政园，就是当时林园的卓越一例，也是当时社会情况下的产物。最近在安徽歙县发现许多私家的宅第，厅堂用巨大楠木柱，规模宏大，可见当时商业发展，民间的财富可观。

明中叶以后，一方面由于工艺发展，砖陶窑业取得了极大的进步，一方面由于国内农民起义和东北新兴的满洲族的军事威胁，许多府县都大量用砖甃砌城堡，这方面最杰出的实例就是北京城和万里长城。这两个城虽然各在不同的地方和不同的地形上建造起来，但都以它们雄健简朴的庞大身体各自表现了卓越的艺术效果。

明代砖陶业之进步所产生的另一类型就是砖造发券的殿堂，如各地的"无梁殿"，乃至北京的大明门（今中华门）一类的砖券建筑就是其中的实例。这些建筑一般都用砖石琉璃做出木结构的样式。

明朝末年，随同欧洲资本家之寻找东方市场，西洋传教士到了中国，带来了西洋的自然科学、各种艺术和建筑，这对于后来的中国建筑也有一定的影响。

清朝以一个文化比较落后的民族入主中国。由于他们入关以前已有相当长的期间吸收汉族的先进文化，入关时又大量利用明官吏，战争不太猛烈，许多城市和建筑没有受到过甚的破坏，例如北京这样辉煌的首都和宫殿苑园，就是相当完整地被满洲统治者承缮了的。故宫之中，主要建筑仅太和殿和武英殿一组受到破坏。清朝初期尚未完全征服全中国，所以像康熙年间重建太和殿，就放弃了官式用料的惯例，不用楠木而改用东北松木建造，在材料的使用上，反映了当时的军事政治局势，南方产木区还在不断反抗。

清朝统治者承继了明朝统治者的全部财产，包括统治和压迫人民的整套"文物制度"。为了适应当时情况，在康熙、雍正、乾隆三朝进行了各种制度和法律之制定，在这些制度之中也包括了"工部工程做法则例"七十二卷。这虽是一部约束性的书，将清代的官造建筑在制度和样式上固定下来，但是它对于今天清代建筑的研究却是一部可贵的技术书。这书对于当时的匠师虽然有极大的约束性，但掌握在劳动人民手中的建筑技术和艺术的创造性是封建制度所约束不住的。在"工程做法"的限制下，劳动人民仍然取得无穷辉煌的变化。

史家认为清代皇朝闭关自守是封建经济停滞时代，一般地说，这也在建筑上反映出来，但在这整个停滞的时代里，它仍有它一定限度内经济比较发展的高峰和低潮。清朝建筑的高峰和一定的创造性主要表现在乾隆时期，那是清朝两百六十余年间的"太平盛世"。弘历几度南巡，带来江南风格，大举营建圆明园、热河行宫，修清漪园（颐和园），在故宫内增建宁寿宫（"乾隆花园"），给许多艺匠名师以创造的机会。各园都有工艺精绝的建筑细部，尤其值得注意的是这时代的宫廷大量吸收了江南的民间建筑风格来建造园苑。乾隆以后，清代的建筑就比较消沉下来。即使如清末重修颐和园，也只是高潮以后一个波浪而已。

鸦片战争开始了中国的半殖民地化时代，赓续了一百零九年。在这一个世纪中，中国的经济完全依附于帝国主义资本主义，中国社会中产生了官僚资本家和买办阶级。帝国主义的外国资本家把欧洲资本主义城市的阶级对立和自由主义的混乱状态移植到中国城市中来，中国的官僚买办则大盖"洋房"，以表达他们的崇洋思想，更助长了这混乱状态。侵略者是无视被侵略者的民族和文化的，中国建筑和它的传统受到了鄙视和摧残。中国知识分子建筑师之出现，在初期更助长了这趋势。"五四"以后很短的一个时期曾做过恢复中国传统和新的工程技术相结合的尝试，但在反动政府的破碎支离殖民地性质的统治下和经济基础上没有得到、也不可能得到发展，而宣传帝国主义的、世界主义的各种建筑理论和流派逐渐盛行起来。以"革命"姿态出现于欧洲的这个反动的艺术理论猖狂地攻击欧洲古典建筑传统，在美国繁殖起来，迷惑了许许多多欧美建筑师，以"符合现代要求"为名，到处建造光秃秃的玻璃方盒子式建筑。中国的建筑界也曾堕入这个旋涡中。

中国历史中这一个波动剧烈的世纪，也反映在我们的建筑上。

总的来说，这个时期的洋房、玻璃方盒子似乎给我们带来新的工程技术，有许多房子是可以满足一定的物质需求的。但是，建筑是一个社会生活中最高度综合性的艺术，作为能满足物质和精神双重要求的建筑物来衡量这些洋式和半洋式建筑，它们是没有艺术价值的，而且应受到批判。无可讳言的，这一百年中蔑视祖国传统，割断历史，硬搬进来的西洋各国资本主义国家的建筑形式对于祖国建筑是摧残而不是发展。历史上割建的建筑物虽已不能适应我们今天生活的新要求，但它们的优良传统、艺术造型上的成就却仍是我们新创造的最宝贵的源泉。而殖民地建筑在精神上则起到摧毁民族自信心的作用，阻碍了我们自己建筑的发展，在物质上曾是破坏摧毁我们可珍贵的建筑遗产的凶猛势力。它们仅有的一点实用性，在今天面向社会主义生活的面前，也已经很不够了。

结论

回顾我们几千年来建筑的发展，我们看见了每一个大阶段在不同的政治、经济条件下，在新的技术、材料的进步和发明的条件下，历代的匠师都不断地有所发明、有所创造。肯定的是：各朝代的匠师都能运用自己的传统，加以革新，创造新的类型，来解决生活和思想意识中所提出的不相同的新问题。由于这种新的创造，每朝每代都推动着中国的建筑不断地向前发展，取得光辉的成就。每当新的技术、新的材料出现时，古代匠师们也都能灵活自如地掌握这些新的技术和材料，使它们服从于艺术造型的要求，创造出革新的而又是从传统上发展出来的手法和风格。在这一点上，建筑历史上卓越的实例是值得我们学习的。

中国建筑的新阶段已经开始了，新的社会给新中国的建筑师提出了崭新的任务。我们新中国的建筑是为生产服务、为劳动人民服务的，建筑必须满足人民不断增长的物质和文化的需要。劳动人民得到了适用、愉快而合乎卫生的工作和居住、游息的环境，就可提高生产的量和质，就可帮助国家的社会主义改造。我们还要求新中国的建筑，作为一种艺术，必须发挥鼓舞人民前进的作用。建筑已成为全民的任务，成为国家总路线执行中的必要工具了。

过去的匠师在当时的社会、材料、技术的局限性下尚且能为自己时代社会的需要，灵活地运用遗产，解决各式各样的问题，今天的中国所给予建筑师的条件是远远超过过去任何一个时代的。我们有中国共产党和中央人民政府的英明正确的领导，有全国人民的支持，有马克思列宁主义、毛泽东思想的思想武器，有苏联社会主义建设的先进范本，有最现代化的技

大 城 有 美

术科学和材料，有无比丰富的遗产和传统。在这样优越的条件下，我们有信心创造出超越过去任何时代的建筑。

作者校对后记

在编纂建筑史的学习过程中，我们不断地发现我们对伟大祖国建筑艺术遗产的研究还有待提高；由于受到理论水平的限制，距全面的、正确的认识总还有一段距离。例如对于我们所掌握的各历史时期的资料，还不能做出很好的分析，从科学的观点指出各时代劳动人民在创造上的成就。有时因为对当时的社会思想意识与它的物质基础之间的关系，认识也比较模糊，没有能更好地举出反映当时的社会内容的典型性建筑物的艺术形象和它们的特征，更深刻地指出它们在祖国建筑发展中有积极进步的意义，相反地只有消极保守，局限了创造和发明的方面等。此稿付印以后，我们在继续学习中，经过多次讨论，觉得这稿子应加以提高的地方很多。但是已在排印中，已不可能作大量修改，只好在下一篇《中国建筑各时代实物举例》一文的分析中来弥补或纠正本文中没有足够认识的和不明确的地方。

我们这篇稿子是不成熟的，希望读者——特别是建筑师们和史学家们——帮助我们，指出我们的错误，予以纠正。

1954 年 12 月 8 日

我国伟大的建筑传统与遗产 [1]

世界上最古、最长寿、最有新生力的建筑体系

历史上每一个民族的文化都产生了它自己的建筑，随着文化而兴盛衰亡。世界上现存的文化中，除去我们的邻邦印度的文化可算是约略同时诞生的弟兄外，中华民族的文化是最古老、最长寿的，我们的建筑也同样是最古老、最长寿的体系。在历史上，其他与中华文化约略同时，或先或后形成的文化，如埃及、巴比伦，稍后一点儿的古波斯、古希腊，及更晚的古罗马，都已成为历史陈迹。而我们的中华文化则血脉相承，蓬勃地滋长发展五千余年，一气呵成。到了今天，我们所承继的是一份极丰富的遗产，而我们的新生力量正在发育兴盛。我们在这文化建设高潮的前夕，好好再认识一下这伟大光辉的建筑传统是必要的。

我们自古以来就不断地建造，起初是为了解决我们的住宿、工作、休息与行路所需要的空间，解决风雨寒暑对我们的压迫，便利我们日常生活和生产劳动，但在有了高度文化的时代，建筑便担任了精神上、物质上更多方面的任务。我们祖国的人民是在我们自己所创造出来的建筑环境里成长起来的，我们会意识地或潜意识地爱我们建筑的传统类型以及它们和我

---

1 本文原连载于《人民日报》1951 年 2 月 19—20 日。——左川注

们数千年来生活相结合的社会意义，如我们的街市、民居、村镇、院落、市楼、桥梁、庙宇、寺塔、城垣、钟楼等等都是。我们也会意识地或直觉地爱我们的建筑客观上的造型艺术价值，如它们的壮丽或它们的朴实，它们的工艺与大胆的结构，或它们的亲切部署与简单的秩序。它们是我们民族经过代代相承，在劳动的实践中和实际使用相结合而成熟、而提高的传统。它是一个伟大民族的工匠和人民在生活实践中集体的创造。

因此，我们家乡的一角城楼、几处院落、一座牌坊、一条街市、一列店铺，以及我们近郊的桥、山前的塔、村中的古坟石碑、村里的短墙与三五茅屋，对于我们都是那么可爱、那么有意义。它们都曾丰富过我们的生活和思想，成为与我们不可分离的情感的内容。

我们中华民族的人民从古以来就不断地热爱着我们的建筑。历代的文章诗赋和歌谣小说里都不断有精彩的叙述与描写，表示建筑的美丽或它同我们生活的密切。有许多不朽的文学作品更是特地为了颂扬或纪念我们建筑的伟大而作的。

最近在"解放了的中国"的镜头中，就有许多令人肃然起敬、令人骄傲、令人看着就愉快的建筑，那样光辉灿烂的建筑同我国伟大的天然环境结合在一起，代表着我们的历史、我们的艺术、我们祖国光荣的文化。我们热爱我们的祖国，我们就不可能不被它们所激动、所启发、所鼓励。

但我们光是盲目地爱我们的文化传统与遗产还是不够的，我们还要进一步地认识它。我们的许多伟大的匠工在被压迫的时代里，名字已不被人记着，结构工程也不详于文字记载。我们现在必须搞清楚我们建筑在工程和艺术方面的成就，它的发展、它的优点与它成功的原因，来丰富我们对祖国文化的认识。我们更要懂得怎样去重视和爱护我们建筑的优良传统，以促进我们今后承继中国血统的新创造。

我们祖先的穴居

我们伟大的祖先在中华文化初放曙光的时代是"穴居"的，他们利用地形和土质的隔热性能，开出洞穴作为居住的地方。这方法，就在后来文化进步过程中也没有完全舍弃，而是不断地加以改进。从考古学家所发现的周口店山洞、安阳的"袋"形穴……到今天华北、西北都还普遍的窑洞，都是进步到不同水平的穴居的实例，砖筑的窑洞已是很成熟的建筑工程。

我们的祖先创造了骨架结构法——一个伟大的传统

在地形、地质和气候都比较不适宜于穴居的地方，我们智慧的祖先很早就利用天然材料——主要的是木料、土与石——稍微加工制作，构成了最早的房屋。这种结构的基本原则，至迟在公元前一千四五百年间大概就形成了的，一直到今天还沿用着。《诗经》《易经》都同样提到这样的屋子，它们起了遮蔽风雨的作用。古文字流露出前人对于屋顶像鸟翼开展的形状特别表示满意，以"作庙翼翼""如鸟斯革，如翚斯飞"等句子来形容屋顶的美。一直到后来的"飞甍""飞檐"的说法也都指示着瓦部"翼翼"的印象，使我们有"瞻栋宇而兴慕"之概。其次，早期文字里提到的很多都是木构部分，大部分都是为了承托梁栋和屋顶的结构。

这个骨架结构大致说来就是：先在地上筑土为台，台上安石础，立木柱，柱上安置梁架，梁架和梁架之间以枋将它们牵连，上面架檩，檩上安椽，作成一个骨架，如动物之有骨架一样，以承托上面的重量。在这构架之上，主要的重量是屋顶与瓦檐，有时也加增上层的楼板和栏杆。柱与柱之间则依照实际的需要，安装门窗。屋上部的重量完全由骨架担负，墙壁只作间隔之用。这样使门窗绝对自由，大小有无，都可以灵活处理。所以同样的立这样一个骨架，可以使它四面开敞，做成凉亭之类，也可以垒砌墙壁作为掩蔽周密的仓库之类。而寻常房屋厅堂的门窗墙壁及内部的间隔等，则都可以按其特殊需要而定。

从安阳发掘出来的殷墟坟宫遗址，一直到今天的天安门、太和殿，以及千千万万的庙宇、民居、农舍，基本上都是用这种骨架结构方法的。因为这样的结构方法能灵活适应于各种用途，所以南至越南，北至黑龙江，西至新疆，东至朝鲜、日本，凡是中华文化所及的地区，在极端不同的气候之下，这种建筑系统都能满足每个地方人民的各种不同的需要。这骨架结构的方法实为中国将来的采用钢架或钢筋混凝土的建筑具备了适当的基础和有利条件。我们知道，欧洲古典系统的建筑是采取垒石制度的。墙的安全限制了窗的面积，窗的宽大会削弱了负重墙的坚固。到了应用钢架和钢筋混凝土时，这个基本矛盾才告统一，开窗的困难才彻底克服了。我们建筑上历来窗的部分与位置同近代所需要的相同，就是因为骨架结构早就有了灵活的条件。

中国建筑制定了自己特有的"文法"

一个民族或文化体系的建筑，如同语言一样，是有它自己的特殊的"文法"与"语汇"的。它们一旦形成，则成为被大家所接受遵守的纲领。在语言中如此，在建筑中也如此。中国建筑的"文法"和"语汇"据不成熟的研究，是经由这样酝酿发展而形成的。

我们的祖先在选择了木料之后逐渐了解木料的特长，创建了骨架结构初步方法——中国系统的"梁架"。在这以后，经验使他们也发现了木料性能上的弱点。那就是当水平的梁枋将重量转移到垂直的立柱时，在交接的地方会发生极强的剪力，那里梁就容易折断。于是他们就使用一种缓冲的结构来纠正这种可以避免的危险。他们用许多斗形木块的"斗"和臂形的短木"拱"[1]，在柱头上重[2]而上，愈上一层的拱就愈长，将上面梁枋托住，把它们重量一层层递减的集中到柱头上来。这个梁柱间过度部分的结构减少了剪力，消除了梁折断的危机。这种斗和拱组合而成的组合物，近代叫作"斗拱"。见于古文字中的，如栌、栾等等，我们虽不能完全指出它们是斗拱初期的哪一类型，但由描写的专词与句子和古铜器上图画看来，这种结构组合的方法早就大体成立，所以说是一种"文法"。而斗、拱、梁、枋、椽、檩、楹柱、棂窗等，也就是我们主要的"语汇"了。

　　至迟在春秋时代，斗拱已很普遍地应用，它不唯可以承托梁枋，而且可以承托出檐，可以增加檐向外挑出的宽度。《孟子》里就有"榱题数尺"之句，意思说檐头出去之远。这种结构同时也成为梁间檐下极美的装饰，由古文不断地将它描写出来，也是没有问题的。唐以前宝物，以汉代石阙，与崖墓上石刻的木构部分为最可靠的研究资料。唐时木建还有保存到今天的，但主要的还要借图画上的形象。可能在唐以前，斗拱本身各部已有标准化的比例尺度，但要到宋代，我们才确实知道斗拱结构各种标准的规定。全座建筑物中无数构成材料的比例尺度就都以一个拱的宽度作度量单位，以它的倍数或分数来计算的。宋时且把每一构材的做法，把天然材

1　原文中"棋"字均印作"拱"。——左川注

2　原文此处缺一字。——左川注

料修整加工到什么程度的曲线，榫卯如何衔接等都规格化了，形成类似文法的规矩。至于在实物上运用起来，却是千变万化，少见有两个相同的结构。惊心动魄的例子，如蓟县独乐寺观音阁三层大阁和高二十丈的应州木塔的结构，都是近于一千年的木构，当在下文建筑遗物中叙述。

在这"文法"中各种"语汇"因时代而改变，"文法"亦略更动了，因而决定了各时代的特征。但在基本上，中国建筑同中国语言文字一样，是血脉相承，赓续演变，反映各种影响及所吸取养料，从没有中断过的。

内部斗拱梁架和檐柱上部斗拱组织是中国建筑工程的精华。由观察分析它们的作用和变化，才真真认识我们祖先在掌握材料的性能、结构的功能上有多么伟大的成绩。至于建造简单的民居，劳动人民多会立柱上梁，技术由于规格化的简便更为普遍。梁架和斗拱都是中国建筑所独具的特征，在工匠的术书中将这部分称它作"大木作做法"。

中国建筑的"文法"中还包括关于砖石、墙壁、门窗、油饰、屋瓦等方面，称作"石作做法"、"小木作做法"、"彩画作做法"和"瓦作做法"等。屋顶属于"瓦作做法"，它是中国建筑中最显著、最重要，庄严无比美丽无比的一部分。但瓦坡的曲面、翼状翘起的檐角，檐前部的"飞椽"和承托出檐的斗拱，给予中国建筑以特殊风格和无可比拟的杰出姿态，都是内中木构所使然，是我们木工的绝大功绩。因为坡的曲面和檐的曲线，都是由于结构中的"举架法"的逐渐垒进升高而成，不是由于矫揉造作，或歪曲木料而来。盖顶的瓦，每一种都有它的任务，有一些是结构上必需部分而略加处理，便同时成为优美的瓦饰，如瓦脊、脊吻、垂脊、脊兽等。

油饰本是为保护木材而用的，在这方面中国工匠充分地表现出创造性。他们敢于使用各种颜色在梁枋上作妍丽繁复的彩绘，但主要的却用属于青绿系统的"冷色"而以金为点缀，所谓"青绿点金"，各种格式。柱和门窗则限制到只用纯色的朱红或黑色的漆料，这样建筑物直接受光面同檐下阴影中彩绘斑斓的梁枋斗拱更多了反衬的作用，加强了檐下的艺术效果。彩画制度充分地表现了我们匠师使用颜色的聪明。

其他门窗即"小木作"部分墙壁台基"石作"部分的做法也一样由于积累的经验有了谨严的规制，也有无穷的变化，如门窗的刻镂、石座的雕饰，各个方面都有特殊的成就。工程上虽也有不可免的缺点，但中国一座建筑物的整体组合，绝无问题的，是高度成功的艺术。

至于建筑物同建筑物间的组合，即对于空间的处理，我们的祖先更是表现了无比的智慧，我们的平面部署是任何其他建筑所不可及的。院落组织是我们在平面上的特征，无论是住宅、官署、寺院、宫廷、商店、作坊，都是由若干主要建筑物，如殿堂、厅舍，加以附属建筑物，如厢耳、廊庑、院门、围墙等周绕联络而成一院，或若干相连的院落。这种庭院，事实上，是将一部分户外空间组织到建筑范围以内。这样便适应了居住者对于阳光、空气、花木的自然要求，供给生活上更多方面的使用，增加了建筑的活泼和功能。一座单座庞大的建筑物将它内中的空间分划使用，无论是如何的周廊复室，建筑物以内同建筑物以外是隔绝的，断然划分的。在外的觉得同内中隔绝，可望而不可即，在内的觉得像被囚禁，欲出而不得出，使生活有某种程度的不自然。直到最近欧美建筑师才注意这个缺点，才强调内外联系打成一片的新观点。我们数千年来则无论贫富，在村镇或城市的房屋没有不是组成院落的。它们很自然的给了我们生活许多的愉快，而我们在习惯中，有时反不会觉察到。一样在一个城市部署方面，我们祖国的空间处理同欧洲系统的不同，主要也是在这种庭院的应用上，今天我们把许多市镇中衙署或寺观前的庭院改成广场是很自然的。公共建筑物前面的院子，就可以成护卫的草地区，也很合乎近代需要。

我们的建筑有着种种优良的传统，我们对于这些要深深理解，向过去虚心学习。我们要巩固我们传统的优点，加以发扬光大，在将来创造中灵活运用，基本保存我们的特征：尤其是在被帝国主义文化侵略数十年之后，我们对文化传统或有些隔膜，今天必须多观摩认识，才会更丰富的体验到，享受到我们祖国文化特殊的、光荣的果实。

千年屹立的木构杰作

几千年来，中华民族的建筑绝大部分是木构的，但因新陈代谢，现在已很难看到唐宋时期完整的建筑群，所见大多是硕果仅存的单座建筑物。

国内现存五百年以上的木构建筑虽还不少；七八百年以上，已经为建筑史家所调查研究过的只有三四十处；千年左右的，除去敦煌石窟的廊檐外，在华北的仅有两处依然完整的健在。[1] 我们在这里要首先提到现存木构中最古的一个殿。

五台佛光寺山西五台山豆村镇佛光寺的大殿是唐末会昌年间毁灭佛法以后，在857年重建的。它已是中国现存最古的木构[2]，它依据地形，屹立在靠山坡筑成的高台上。柱头上有雄大的斗拱，在外面挑着屋檐，在内部承托梁架，充分地发挥了中国建筑的特长。它屹立1100年，至今完整如初，证明了它的结构工程是如何的科学、合理，这个建筑如何的珍贵。殿内梁下还有建造时的题字，墙上还保存着一小片原来的壁画，殿内全部

1　梁思成先生撰写此文时，南禅寺尚未发现。——左川注

2　梁思成先生撰写此文时，南禅寺尚未发现。——左川注

三十几尊佛像都是唐末最典型、最优秀的作品。在这一座殿中，同时保存着唐代的建筑、书法、绘画、雕塑四种艺术，精华荟萃，实是文物建筑中最重要、最可珍贵的一件国宝。殿内还有两尊精美的泥塑写实肖像，一尊是出资建殿的女施主宁公遇，一尊是当时负责重建佛光寺的愿诚法师，脸部表情富于写实性，且是研究唐末服装的绝好资料。殿阶前有石幢，刻着建殿年月，雕刻也很秀美。

蓟县独乐寺次于佛光寺最古的木建筑是河北蓟县独乐寺的山门和观音阁。1984 年建造的建筑群，竟还有这门阁相对屹立，至今将近千年了。山门是一座灵巧的单层小建筑，观音阁却是一座庞大的重层（加上两主层间的"平坐"层，实际上是三层）大阁。阁内立着一尊六丈余高的泥塑十一面观音菩萨立像，是中国最大的泥塑像，是最典型的优秀辽代雕塑，阁是围绕着像建造的。中间留出一个"井"，平坐层达到像膝，上层与像胸平，像头上的"花冠"却顶到上面的八角藻井下。为满足这特殊需要，天才的匠师在阁的中心留出这个"井"，使像身穿过三层楼。这个阁的结构，上下内外，因此便在不同的地位上，按照不同的结构需要，用了十几种不同的斗拱，结构上表现了高度的"有机性"，令后世的建筑师们看见，只有瞠目结舌的惊叹。全阁雄伟魁梧，重檐坡斜舒展，出檐极远，所呈印象，与国内其他任何楼阁都不相同。

应县木塔再次要提到的木构杰作就是察哈尔[1]应县佛宫寺的木塔。在桑乾河的平原上，离应县县城十几里，就可以望见城内巍峨的木塔。塔建于 1056 年，至今也将近九百年了。这座八角五层（连平坐层事实上是九层）的塔，全部用木材骨架构成，连顶上的铁刹，总高六十六公尺余，整

---

1 1949—1952 年，应县属察哈尔省，现属山西省。——左川注

055

大 城 有 美

整二十丈。上下内外共用了五十七种不同的斗拱，以适合结构上不同的需要。唐代以前的佛塔很多是木构的，但佛家的香火往往把它们毁灭，所以后来多改用砖石。到了今天，应县木塔竟成了国内唯一的孤例。由这一座孤例中，我们看到了中国匠师使用木材登峰造极的技术水平，值得我们永远的景仰。塔上一块明代的匾额，用"鬼斧神工"四个字赞扬它，我们看了也有同感。

我们的祖先同样的善用砖石

在木构的建筑实物外，现存的砖工建筑有汉代的石阙和石祠，还有普遍全国的佛塔和不少惊人的石桥，应该做简单介绍的叙述。

汉朝的石阙和石祠　阙是古代宫殿、祠庙、陵墓前面甬道两旁分立在左右的两座楼阁形的建筑物。现在保存最好而且最精美的阙莫过于西康雅安的高颐墓阙和四川绵阳的杨府君墓阙。它们虽然都是石造的，全部却模仿木构的形状雕成。汉朝木构的法式，包括下面的平台、阙身的柱子、上面重叠的枋椽以及出檐的屋顶，都用高度娴熟精确的技术表现出来，它们都是最珍贵的建筑杰作。

山东嘉祥县和肥城县还有若干汉朝坟墓前的"石室"，它们虽然都极小、极简单，但是还可以看出用柱、用斗和用梁架的表示。

我们从这几种汉朝的遗物中可以看出中国建筑所特有的传统到了汉朝已经完全确立，以后世世代代的劳动人民继续不断地把它发扬光大，以至今日。这些陵墓的建筑物同时也是史学家和艺术家研究汉代丧葬制度和艺术的珍贵参考资料。

嵩山嵩岳寺砖塔　佛塔已几乎成了中国风景中一个不可缺少的因素。

千余年来，它们给了辛苦勤劳、受尽压迫的广大人民无限的安慰，春秋佳日，人人共赏，争着登临远眺，文学遗产中就有数不清的咏塔的诗。

唐宋盛行的木塔已经只剩一座了，砖石塔却保存得极多。河南嵩山嵩岳寺塔建于 520 年，是国内最古的砖塔，也是最优秀的一个实例。塔的平面作十二角形，高十五层，这两个数字在佛塔中是特殊的孤例，因为一般的塔，平面都是四角形、六角形，或八角形，层数至多仅到十三。这塔在样式的处理上，在一个很高的基座上，是一段高的塔身，再往上是十五层密密重叠的檐。塔身十二角上各砌作一根八角柱，柱础柱头都作莲瓣形。塔身垂直的柱与上面水平的檐层构成不同方向的线路，全塔的轮廓是一道流畅和缓的抛物线形，雄伟而秀丽，是最高艺术造诣的表现。

由全国无数的塔中，我们得到一个结论，就是中国建筑，即使如佛塔这样完全是从印度输入的观念，在物质体形上却基本的是中华民族的产物，只在雕饰细节上表现外来的影响。《后汉书·陶谦传》所叙述的"浮图"（佛塔）是"下为重楼，上叠金盘"。重楼是中国原有的多层建筑物，是塔的本身，金盘只是上面的刹，就是印度的"窣堵坡"。塔的建筑是中华文化接受外来文化影响的绝好的结晶，塔是我们把外来影响同原有的基础接合后发展出来的产物。

赵州桥　中国有成千成万的桥梁，在无数的河流上，便利了广大人民的交通，或者给予多少人精神上的愉悦，有许多桥在中国的历史上有着深刻的意义，长安的灞桥、北京的卢沟桥就是卓越的例子。但从工程的技术上说，最伟大的应是北方无人不晓的赵州桥。如民间歌剧"小放牛"里的男角色问女的："赵州桥，什么人修？"绝不是偶然的，它的工程技巧实太惊人了。

这座桥是跨在河北赵县洨水上的，跨长三十七公尺有余（约十二丈二尺），是一个单孔券桥。在中国古代的桥梁中，这是最大的一个弧券。然而它的伟大不仅在跨度之大，而在大券两端，各背着两个小券的做法。这个措置减少了洪水时桥身对水流的阻碍面积，减少了大券上的荷载，是聪明无比的创举。这种做法在欧洲到 1912 年才初次出现，然而隋朝（公元 581 至 618 年）的匠人李春却在一千三百多年前就建造了这样一座桥。这桥屹立到今天，仍然继续便利着来往的行人和车马。桥上原有唐代的碑文，特别赞扬"隋匠李春""两涯穿四穴"的智巧。桥身小券内面，还有无数宋金元明以来的铭刻，记载着历代人民对它的敬佩。"李春"两个字是中国工程史中永远不会埋没的名字，每一位桥梁工程师都应向这位一千三百年前伟大的天才工程师看齐！

索桥 铁索桥、竹索桥，这些都是西南各省最熟悉的名称。在工程史中，索桥又是我们的祖先对于人类文化史的一个伟大贡献。铁链是我们的祖先发明的，他们的智慧把一种硬直顽固的天然材料改变成了柔软如意的工具。这个伟大的发明，很早就被应用来联系河流的阻隔，创造了索桥。除了用铁之外，我们还就地取材，用竹索作为索桥的材料。

灌县竹索桥在四川灌县，与著名的水利工程都江堰同样著名，而且在同一地点上的，就是竹索桥。在宽三百二十余公尺的岷江面上，它像一根线那样，把两面的人民联系着，使他们融合成一片。

在激湍的江流中，勇敢智慧的工匠们先立下若干座木架。在江的两岸，各建桥楼一座，楼内满装巨大的石卵。在两楼之间，经过木架上面，并列牵引十条用许多竹篾编成的粗巨的竹索，竹索上面铺板，成为行走的桥面。桥面两旁也用竹索做成栏杆。

西南的索桥多数用铁，而这座索桥却用竹。显而易见，因为它巨大的长度，铁索的重量和数量都成了问题，而竹是当地取不尽、用不竭，而又具有极强的张力的材料，重量又是极轻的。在这一点上，又一次证明了中国工匠善于取材的伟大智慧。

从古就有有计划的城

自从周初封建社会开始，中国的城邑就有了制度。为了防御邻邑封建主的袭击，城邑都有方形的城廓。城内封建主住在前面当中，后面是市场，两旁是老百姓的住宅，对着城门必有一条大街，其余的土地划分为若干方块，叫作"里"，唐以后称"坊"。里也有围墙，四面开门，通到大街或里与里间的小巷上。每里有一名管理员，叫作"里人"。这种有计划的城市，到了隋唐的长安已达到了最高度的发展。

隋唐的长安首次制定了城市的分区计划。城内中央的北部是宫城，皇帝住在里面。宫城之外是皇城，所有的衙署都在里面，就是首都的行政区。皇城之外是都城，每面开三个门，有九条大街南北东西的交织着。大街以外的土地就是一个一个的坊。东西各有两个市场，在大街的交叉处，城之东南隅，还有曲江的风景，这样就把皇宫、行政区、住宅区、商业区、风景区明白地划分规定，而用极好的道路系统把它们联系起来，条理井然。有计划的建造城市，我们是历史上最先进的民族。古来"营国筑室"，即都市计划与建筑，素来是相提并论的。

隋唐的长安、洛阳和许多古都市已不存在，但人民中国的首都北京却是经元、明、清三代，总结了都市计划的经验，用心经营出来的卓越的、典型的中国都市。

北京今日城垣的外貌正是辩证发展的最好例子。北京在部署上最出色的是它的南北中轴线，由南至北长达七公里余。在它的中心立着一座座纪念性的大建筑物，由外城正南的永定门直穿进城，一线引直，通过整一个紫禁城到它北面的钟楼鼓楼，在景山巅上看得最为清楚。世界上没有第二个城市有这样大的气魄，能够这样从容地掌握这样的一种空间概念，更没有第二个国家有这样以巍峨尊贵的纯色黄琉璃瓦顶，朱漆描金的木构建筑物，毫不含糊的连属组合起来的宫殿与宫廷。紫禁城和内中成百座的宫殿是世界绝无仅有的建筑杰作的一个整体，环绕着它的北京的街型区域的分配也是有条不紊的城市的奇异的孤例。当中偏西的宫苑，偏北的平民娱乐的什刹海，禁城北面满是松柏的景山，都是北京的绿色区，在城内有园林的调剂也是不可多得的优良的处理方法。这样的都市不但在全世界里中古时代所没有，即在现代，用最进步的都市计划理论配合，仍然是保持着最有利条件的。

这样一个京城是历代劳动人民血汗的创造，从前一切优美的果实都归统治阶级享受，今天却都回到人民手中来了。我们爱自己的首都，也最骄傲它中间这么珍贵的一份伟大的建筑遗产。

在中国的其他大城市里，完整而调和的、中华民族历代所创造的建筑群，它们的秩序和完整性已被帝国主义的侵入破坏了，保留下来的已都是残破零星、亟待整理的，相较之下北京保存的完整更是极可宝贵的。过去在不利的条件下，许多文物遗产都不必要的受到损害。今天的人民已经站起来了，我们保证尽最大的能力来保护我们光荣的祖先所创造出来可珍贵的一切并加以发扬光大。

章二

足尖奔走

平郊建筑杂录 [1]

北平四郊近两三百年间建筑遗物极多，偶尔郊游，触目都是饶有趣味的古建。其中辽金元古物虽然也有，但是大部分还是明清的遗构。有的是煊赫的"名胜"，有的是消沉的"痕迹"，有的按期受成群的世界游历团的赞扬，有的只偶尔受诗人们的凭吊，或画家的欣赏。

这些美的存在，在建筑审美者的眼里，都能引起特异的感觉，在"诗意"和"画意"之外，还使他感到一种"建筑意"的愉快，这也许是个狂妄的说法——但是，什么叫作"建筑意"？我们很可以找出一个比较近理的含义或解释来。

顽石会不会点头？我们不敢有所争辩，那问题怕要牵涉到物理学家，但经过大匠之手艺，年代之磋磨，有一些石头的确是会蕴含生气的。天然的材料经人的聪明建造，再受时间的洗礼，成美术与历史地理之和，使它不能不引起赏鉴者一种特殊的性灵融会、神志的感触，这话或者可以算是说得通。

无论哪一个巍峨的古城楼，或一角倾颓的殿基的灵魂里，无形中都在诉说，乃至于歌唱。时间上漫不可信的变迁，由温雅的儿女佳话，到流血成渠的杀戮，他们所给的"意"的确是"诗"与"画"的，但是建筑师要

1　本文原载 1932 年《中国营造学社汇刊》第三卷第四期，由梁思成、林徽因合写。

郑重地声明，那里面还有超出这"诗""画"以外的"意"存在。眼睛在接触人的智力和生活所产生的一个结构，在光影可人中，和谐的轮廓，披着风露所赐予的层层生动的色彩，潜意识里更有"眼看他起高楼，眼看他楼塌了"凭吊与兴衰的感慨。偶然更发现一片，只要一片，极精致的雕纹，一位不知名匠师的手笔，请问那时锐感，即不叫他做"建筑意"，我们也得要临时给他制造个同样狂妄的名词，是不？

建筑审美可不能势利。大名煊赫，尤其是有乾隆御笔碑石来赞扬的，并不一定便是宝贝；不见经传，湮没在人迹罕到的乱草中间的，更不一定不是一位"无名英雄"。以貌取人或者不可，"以貌取建"却是个好态度。北平近郊可经人以貌取胜的古建筑实不在少数。摄影图录之后，或考证它的来历，或由村老传说中推测它的过往——可以成一个建筑师为古物打抱不平的事业，和比较有意思的夏假消遣，而他的报酬便是那无穷的建筑意的收获。

一　卧佛寺的平面

说起受帝国主义的压迫，再没有比卧佛寺更委屈的了。卧佛寺的住持智宽和尚，前年偶同我们谈天，用"叹息痛恨于桓灵"的口气告诉我，他的先师老和尚，如何如何的与青年会订了合同，以每年一百元的租金，把寺的大部分租借了二十年，如同胶州湾、辽东半岛的条约一样。

其实这都怪那佛一觉睡几百年不醒，到了这危难的关点，还不起来给老和尚当头棒喝，使他早早觉悟，组织个佛教青年会西山消夏团。虽未必可使佛法感化了摩登青年，至少可藉以繁荣了寿安山，不错，那山叫寿安山……又何至等到今年五台山些少的补助，总能修葺开始残破的庙宇呢！

我们也不必怪老和尚，也不必怪青年会……其实还应该感谢青年会，要是没有青年会，今天有几个人会知道卧佛寺那样一个山窝子里的去处？在北方——尤其是北平——上学的人，大半都到过卧佛寺。一到夏天，各地学生们，男的，女的，谁不愿意来消消夏，爬山，游水，骑驴，多么优哉游哉。据说每年夏令会总成全了许多爱人们的心愿，想不到睡觉的释迦牟尼，还能在梦中代行月下老人的职务，也真是佛法无边了。

从玉泉山到香山的马路，快近北辛村的地方，有条岔路忽然转北上坡的，引导你到卧佛寺的大道。寺是向南，一带山屏障似的围住寺的北面，所以寺后有一部分渐高，一直上了山脚。在最前面，迎着来人的，是寺的第一道牌楼，那还在一条柏荫夹道的前头。当初这牌楼是什么模样，我们大概还能想象，前人做的事虽不一定都比我们强，但是关于这牌楼大概无论如何他们要比我们大方得多。现有的这座只说它不顺眼已算十分客气，不知哪一位和尚化来的酸缘，在破碎的基上，竖了四根小柱子，上面横钉了几块板，就叫它做牌楼。这算是经济萎衰的直接表现，还是宗教力渐弱的间接表现？一时我还不能答复。

顺着两行古柏的马道上去，骤然间到了上边，才看见另外的鲜明的一座琉璃牌楼在眼前。汉白玉的须弥座，三个汉白玉的圆门洞，黄绿琉璃的柱子、横额、斗拱、檐瓦。如果你相信一个建筑师的自言自语，"那是乾嘉间的做法"。至于《日下旧闻考》所记寺前为门的如来宝塔，却已不知去向了。

琉璃牌楼之内，有一道白石桥，由半月形的小池上过去。池的北面和桥的旁边，都有精致的石栏杆，现在只余北面一半，南面的已改成洋灰抹砖栏杆。这也据说是"放生池"，里面的鱼，都是"放"的。佛寺前的池，本是佛寺的一部分，用不着我们小题大作地讲。但是池上有桥，现在虽处处可见，但它的来由却不见得十分古远。在许多寺池上，没有桥的却占多数。至于池的半月形，也是个较近的做法，古代的池大半都是方的。池的用途多是放生、养鱼。但是刘士能先生[1]告诉我们说，南京附近有一处律宗的寺，利用山中溪水为月牙池，和尚们每斋都跪在池边吃，风雪无阻，吃完在池中洗碗。幸而卧佛寺的和尚们并不如律宗的苦行，不然放生池不唯不能放生，怕还要变成脏水坑了。

与桥正相对的是山门。山门之外，左右两旁，是钟鼓楼，从前已很破烂，今年忽然大大地修整起来。连角梁下失去的铜铎，也用二十一号的白铅铁焊上，油上红绿颜色，如同东安市场的国货玩具一样的鲜明。

山门平时是不开的，走路的人都从山门旁边的门道出入。入门之后，迎面是一座天王殿，里面供的是四天王——就是四大金刚——东西梢间各两位对面侍立，明间面南的是光肚笑嘻嘻的阿弥陀佛，面北合十站着的是韦驮。

再进去是正殿，前面是月台，月台上（在秋收的时候）铺着金黄色的老玉米，像是专替旧殿着色。正殿五间，供三位喇嘛式的佛像。据说正殿本来也有卧佛一躯，雍正还看见过，是旃檀佛像，唐太宗贞观年间的东西。却是到了乾隆年间，这位佛大概睡醒了，不知何时上哪儿去了。只剩了后殿那一位，一直睡到如今，还没有醒。

从前面牌楼一直到后殿，都是建立在一条中线上的。这个在寺的平面上并不算稀奇，罕异的却是由山门之左右，有游廊向东西，再折而向北，其间虽有方丈客室和正殿的东西配殿，但是一气连接，直到最后面又折而东西，回到后殿左右。这周的廊，东西（连山门和后殿算上）十九间，南

1　刘士能即刘敦桢，著名建筑学家，我国建筑教育的创始人之一。

北（连方丈配殿算上）四十间，成一个大长方形。中间虽立着天王殿和正殿，却不像普通的庙殿，将全寺用"四合头"式前后分成几进，这是少有的。在这点上，刘士能先生在《智化寺调查记》中说："唐宋以来有伽蓝七堂之称。唯各宗略有异同，而同在一宗，复因地域环境，互相增省……"现在卧佛寺中院，除去最后的后殿外，前面各堂为数适七，虽不敢说这是七堂之例，但可藉此略规制度耳。

平面布置，在唐宋时代很是平常：敦煌画壁里的伽蓝都是如此布置，在日本各地也有飞鸟平安时代这种的遗例。在北平一带（别处如何未得详究），却只剩这一处唐式平面了。所以人人熟识的卧佛寺，经过许多人用帆布床"卧"过的卧佛寺游廊，是还有一点新的理由，值得游人将来重加注意的。

卧佛寺各部殿宇的立面（外观）和断面（内部结构）却都是清式中极规矩的结构，用不着细讲。至于殿前伟丽的娑罗宝树，和树下消夏的青年们所给予你的是什么复杂的感觉，那是各人的人生观问题，建筑师可以不必参加意见。事实极明显的，如东院几进宜于消夏乘凉，西院的观音堂总有人租住，堂前的方池——旧籍中无数记录的方池——现在已成了游泳池，更不必赘述或加任何的注解。

"凝神映性"的池水，用来做锻炼身体之用，在青年会道德观之下，自成理——没有康健的身体，焉能有康健的精神？——或许！或许！但怕池中的微生物菌不甚懂事。

池的四周原有精美的白石栏杆，已拆下叠成台阶，做游人下池的路。不知趣的容易伤感的建筑师，看了又一阵心酸。其实这不算稀奇，中世纪的教皇们不是把古罗马时代的庙宇当石矿用，采取那石头去修"上帝的房子"吗？这台阶——栏杆——或也不过是将原来离经叛道"崇拜偶像者"

的迷信废物，拿去为上帝人道尽义务。"保存古物"，在许多人听去当是一句迂腐的废话。"这年头！这年头！"每个时代都有些人在没奈何时，喊着这句话出出气。

二　法海寺门与原先的居庸关 [1]

法海寺在香山之南，香山通八大处马路的西边不远。一个很小的山寺，谁也不会上那里去游览的。寺的本身在山坡上，寺门却在寺前一里多远山坡底下。坐汽车走过那一带的人，怕绝对不会看见法海寺门一类无关轻重的东西的。骑驴或走路的人，也很难得注意到在山谷碎石堆里那一点小建筑物。尤其是由远处看，它的颜色和背景非常相似，因此看见过法海寺门的人我敢相信一定不多。

特别留意到这寺门的人，却必定有。因为这寺门的形式是与寻常的极不相同：有圆拱门洞的城楼模样，上边却顶着一座喇嘛式的塔——一个缩小的北海白塔（《法海寺图》）。这奇特的形式，不是中国建筑里所常见。

这圆拱门洞是石砌的。东面门额上题着"敕赐法海禅寺"，旁边陪着一行"顺治十七年夏月吉日"的小字。西面额上题着三种文字，其中看得懂的中文是"唵巴得摩乌室尼渴华麻列吽叝吒"，其他两种或是满蒙各占其一。走路到这门下，疲乏之余，读完这一行题字也就觉得轻松许多！

门洞里还有隐约的画壁，顶上一部分居然还勉强剩出一点颜色来。由门洞西望，不远便是一座石桥，微拱的架过一道山沟，接着一条山道直通到山坡上寺的本身。

1　文中所指居庸关，为居庸关云台，此台系元代一座过街塔的塔座。——罗哲文注

门上那座塔的平面略似十字形而较复杂。立面分多层，中间束腰石色较白，刻着生猛的浮雕狮子。在束腰上枋以上，各层重叠像阶级，每级每面有三尊佛像。每尊佛像带着背光，成一浮雕薄片，周围有极精致的琉璃边框。像脸不带色釉，眉目口鼻均伶俐秀美，全脸大不及寸余。座上便是塔的圆肚，塔肚四面四个浅龛，中间坐着浮雕造像，刻工甚俊，龛边亦有细刻。更上是相轮（或称刹），刹座刻作莲瓣，外廓微作盆形，底下还有小方十字座。最顶尖上有仰月的教徽，仰月徽去夏还完好，今秋已掉下。据乡人说是八月间大风雨吹掉的，这塔的破坏于是又进了一步。

这座小小带塔的寺门，除门洞上面一围砖栏杆外，完全是石造的，这在中国又是个少有的例。现在塔座上斜长着一棵古劲的柏树，为塔门增了不少的苍姿，更像是作他的年代的保证。为塔门保存计，这种古树似要移去的。怜惜古建的人到了这里真是彷徨不知所措，好在在古物保存如许不周到的中国，这忧虑未免神经过敏！

法海寺门特点却并不在上述诸点，石造及其年代等等，主要的却是

▲ 北京西山法海寺塔门

它的式样与原先的居庸关相类似。从前居庸关上本有一座塔的，但因倾颓已久，无从考其形状。不想在平郊竟有这样一个发现。虽然在《日下旧闻考》里法海寺只占了两行不重要的位置，一句轻淡的"门上有小塔"，在研究居庸关原状的立脚点看来，却要算个重要的材料了。

三　杏子口的三个石佛龛

由八大处向香山走，出来不过三四里，马路便由一处山口里开过。在山口路转第一个大弯，向下直趋的地方，马路旁边，微偻的山坡上，有两座小小的石亭。其实也无所谓石亭，简直就是两座小石佛龛。两座石龛的大小稍稍不同，而他们的背面却同是不客气地向着马路。因为他们的前面全是向南，朝着另一个山口——那原来的杏子口。

在没有马路的时代，这地方才不愧称作山口。在深入三四十尺的山沟中，一道唯一的蜿蜒险狭的出路，两旁对峙着两堆山，一出口则豁然开朗一片平原田壤，海似的平铺着，远处浮出同孤岛一般的玉泉山，托住山塔。这杏子口的确有小规模的"一夫当关，万夫莫敌"的特异形势。两石佛龛既据住北坡的顶上，对面南坡上也立着一座北向的、相似的石龛，朝着这山口。由石峡底下的杏子口往上看，这三座石龛分峙两崖，虽然很小，却顶着一种超然的庄严，镶在碧澄澄的天空里，给辛苦的行人一种神异的快感和美感。

现时的马路是在北坡两龛背后绕着过去，直趋下山。因其逼近两龛，所以驰车过此地的人，绝对要看到这两个特别的石亭子的。但是同时因为这山路危趋的形势，无论是由香山西行，还是从八大处东去，谁都不愿冒险停住快驶的汽车去细看这么几个石佛龛子。于是多数过路车客，全都遏制住好奇爱古的心，冲过去便算了。

假若作者是个细看过这石龛的人，那是因为他是例外，遏制不住他的好奇爱古的心，在冲过便算了不知多少次以后发誓要停下来看一次的。那一次也就不算过路，却是带着照相机去专程拜谒，且将车驶过那危险的山路停下，又步行到龛前后去瞻仰风采的。

在龛前，高高地往下望着那刻着几百年车辙的杏子口石路，看一个小泥人大小的农人挑着担子过去，又一个带朵鬘花的老婆子，夹着黄色包袱，弯着背慢慢地踱过来，才能明白这三座石龛本来的使命。如果这石龛能够说话，它们或不能告诉得完它们所看过经过杏子口底下的图画——那时一队骆驼正在一个跟着一个的，穿出杏子口转下一个斜坡。

北坡上这两座佛龛是并立在一个小台基上，它们的结构都是由几片青石片合心——（每面墙是一整片，南面有门洞，屋顶每层檐一片）。西边那座龛较大，平面约1米余见方，高约2米。重檐，上层檐四角微微翘起，值得注意。东面墙上有历代的刻字、跑着的马、人脸的正面等等，其中有几个年月人名，较古的有"承安五年四月二十三日到此"和"至元九年六月十五日□□□贾智记"。承安是金章宗年号，五年是公元1200年。至元九年是元世祖的年号，元顺帝的至元到六年就改元了，所以是公元1272年。这小小的佛龛，至迟也是金代遗物，居然在杏子口受了七百年以上的风雨，依然存在。当时巍然顶在杏子口北崖上的神气，现在被煞风景的马路贬到盘坐路旁的谦抑，但它们的老资格却并不因此减损，那种倚老卖老的倔强，差不多是傲慢冥顽了。西面墙上有古拙的画——佛像和马——那佛像的样子，骤看竟像美洲土人的 Totam-Pole。

龛内有一尊无头趺坐的佛像，虽像身已裂，但是流利的衣褶纹，还有"南宋期"的遗风。

台基上东边的一座较小，只有单檐，墙上也没字画。龛内有小小无头像一躯，大概是清代补作的，这两座都有苍绿的颜色。

台基前面有宽 2 米长 4 米余的月台，上面的面积勉强可以叩拜佛像。

南崖上只有一座佛龛，大小与北崖上小的那座一样。三面做墙的石片，已成淳厚的深黄色，像纯美的烟叶。西面刻着双钩的"南"字，南面"无"字，东面"佛"字，都是径约 80 厘米。北面开门，里面的佛像已经失了。

这三座小龛，虽不能说是真正的建筑遗物，也可以说是与建筑有关的小品。不只诗意、画意都很充足，"建筑意"更是丰富，实在值得停车一览。至于走下山坡到原来的杏子口里望上真真瞻仰这三龛本来庄严峻立的形势，更是值得。

关于北平掌故的书里，还未曾发现有关于这三座石佛龛的记载。好在对于他们年代的审定，因有墙上的刻字，已没有什么难题。所可惜的是他们渺茫的历史无从参考出来，为我们的研究增些趣味。

平郊建筑杂录（续）[1]

四 天宁寺塔建筑年代之鉴别问题

一年来，我们在内地各处跑了些路，反倒和北平生疏了许多，近郊虽近，在我们心里却像远了一些，北平广安门外天宁寺塔的研究的初稿竟然原封未动。许多地方竟未再去图影实测，一年半前所关怀的平郊胜迹，那许多美丽的塔影、城角、小楼、残碣，于是全都淡淡的，委屈地在角落里初稿中尽睡着下去。

我们想国内爱好美术古迹的人日渐增加，爱慕北平名胜者更是不知凡几，或许对于如何鉴别一个建筑物的年代也常有人感兴趣，我们这篇讨论天宁寺塔的文字或可供研究者的参考。

关于天宁寺塔建造的年代，据一般人的传说及康熙、乾隆的碑记，多不负责地指为隋建，但依塔的式样来作实物的比较，将全塔上下各部逐件指点出来，与各时代其他砖塔对比，再由多面引证反证所有关于这塔的文献，谁也可以明白这塔之绝对不能是隋代原物。

国内隋唐遗建，纯木者尚未得见，砖石者亦大罕贵，但因其为佛教全盛时代，常留人规模的图凶雕刻救迹于各处，如敦烛云冈龙门等等，其艺

---

1 本文原载 1935 年《中国营造学社汇刊》第五卷第四期，由林徽因、梁思成合著。

术作风，建筑规模，或花纹手法，则又为研究美术者所熟审。宋辽以后遗物虽有不载朝代年月的，可考者终是较多，且同时代、同式样、同一作风的遗物亦较繁伙，互相印证比较容易。故前人拘泥于可疑的文献，相传某物为某代原物的，今日均不难以实物比较方法，用科学考据态度，重新探讨，辩证其确实时代，这本为今日治史及考古者最重要亦最有趣的工作。

▲ 北京天宁寺塔

我们的《平郊建筑杂录》本预定不录无自己图影或测绘的古迹，且均附游记，但是这次不得不例外。原因是《艺术周刊》已预告我们的文章一篇，一时因图片关系交不了卷，近日这天宁寺又尽在我们心里欠身活动，再也不肯在稿件中间继续睡眠状态，所以决意不待细测全塔，先将对天宁寺简略的考证及鉴定，提早写出，聊作我们对于鉴别建筑年代方法程序的意见，以供同好者的参考，希望各处专家读者给以指正。

广安门外天宁寺塔，是属于那种特殊形式，研究塔者竟有常直称其为"天宁式"的，因为此类塔散见于北方各地，自成一派，天宁则又是其中最著者。此塔不仅是北平近郊古建遗迹之一，且是历来传说中，颇多误认为隋朝建造的实物，但其塔形显然为辽金最普通的式样，细部手法亦均未出宋辽规制范围。关于塔之文献方面材料又属于可疑一类，直至清代碑记，及《顺天府志》等，始以坚确口气直称其为隋建。传说塔最上一层南面有碑[1]，关于其建造年代，将来或可在这碑上找到最确实的明证，今姑分文献材料及实物作风两方面讨论之。讨论之前，先略述今塔的形状如下。

简略地说，塔的平面为八角形，立面显著地分三部：一、繁复之塔座；二、较塔座略细之第一层塔身；三、以上十三层支出的密檐。全塔砖造高 57.8 米，合国尺 17 丈有奇。

塔建于一方形大平台之上，平台之上始立八角形塔座。座甚高，最下一部为须弥座，其"束腰"[2]有壶门花饰，转角有浮雕像。此上又有镂刻着壶门浮雕之束腰一道。最上一部为勾栏、斗拱俱全之平座一围，阑上承三层仰翻莲瓣。

第一层塔身立于仰莲座之上，其高度几等于整个塔座，四面有拱门及浮雕像，其他四面又各有直棂窗及浮雕像。此段塔身与其上十三层密檐是划然成塔座以上的两个不同部分，十三层密檐中，最下一层是属于这第一层塔身的，出檐稍远，檐下斗拱亦与上层稍稍不同。

上部十二层，每层仅有出檐及斗拱，各层重叠不露塔身。宽度则每层向上递减，递减率且向上增加，使塔外廓作缓和之卷杀。

塔各层出檐不远，檐下均施双杪斗拱。塔的转角为立柱，故其主要的柱头铺作，亦即为其转角铺作。在上十二层两转角间均用补间铺作两朵，唯有第一层只用补间铺作一朵。第一层斗拱与上各层做法不同之处在转角

1　《日下旧闻考》引《冷然志》。

2　须弥座中段板称"束腰"，其上有拱形池子称壶门。

及补间均加用斜拱一道。

塔顶无刹，用两层八角仰莲，上托小须弥座，座承宝珠。塔纯为砖造，内心并无梯级可登。

历来关于天宁寺的文献，《日下旧闻考》中，殆已搜集无遗，计有《神州塔传》《续高僧传》《广宏明集》《帝京景物略》《长安客话》《析津日记》《陬志》《民齐笔记》《明典汇》《冷然志》及其他关于这塔的记载，以及乾隆重修天宁寺碑文及各处许多的诗（康熙天宁寺《礼塔碑记》并未在内）。所收材料虽多，但关于现存砖塔建造的年代，则除却年代最后的那个乾隆碑之外，综前代的文献中，无一句有确实性的明文记载。

不过《顺天府志》将《日下旧闻考》所集的各种记述，竟然自由草率地综合起来，以确定的语气说："寺为元魏所造，隋为宏业，唐为天王，金为大万安，寺当元水兵火荡尽，明初重修，宣德改曰天宁，正统更名广善戒坛，后复今名……寺内隋塔高二十七丈五尺五寸……"

按《日下旧闻考》中文多重复抄袭及迷信传述，有朝代年月，及实物之记载的，有下列重要的几段。

（一）《神州塔传》："隋仁寿间幽州宏业寺建塔藏舍利。"此书在文献中年代大概最早，但传中并未有丝毫关于塔身形状材料位置之记述，故此段建塔的记载，与现存砖塔的关系完全是疑问的。仁寿间宏业寺建塔，藏舍利，并不见得就是今天立着的天宁寺塔，这是很明显的。

（二）《续高僧传》："仁寿下敕召送舍利于幽州宏业寺，即元魏孝文之所造，旧号光林……自开皇末，舍利到前，山恒倾摇……及安塔竟，山动自息。……"《续高僧传》，唐时书，亦为集中早代文献之一。按此则隋开皇中"安塔"但其关系与今塔如何则仍然如《神州塔传》一样，只是疑问的。

（三）《广宏明集》："仁寿二年分布舍利五十一州，建立灵塔。幽州表

足尖奔走

云，三月二十六日，于宏业寺安置舍利……"这段仅记安置舍利的年月，也是与上两项一样的与今塔（即现存的建筑物）并无确实关系。

（四）《帝京景物略》："隋文帝遇阿罗汉授舍利一囊……乃以七宝函致雍岐等十三州建一塔，天宁寺其一也，塔高十三寻，四周缀铎万计，……塔前一幢，书体遒美，开皇中立。"这是一部明末的书，距隋已隔许多朝代。在这里我们第一次见到隋文帝建塔藏舍利的历史与天宁寺塔串在一起的记载。据文中所述高十三寻缀铎的塔，颇似今存之塔，但这高十三寻缀铎的塔，是否即隋文帝所建，则仍无根据。此书行世在明末，由隋至明这千年之间，除唐以外，辽、金、元对此塔概无记载，隋文帝之塔，本可几经建造而不为此明末作者所识。且六朝及早唐之塔，据我们所知道的，如《洛阳伽蓝记》所述之"胡太后塔"，及日本现存之京都法隆寺塔，均是木构[1]。且我们所见的邓州大兴国寺，仁寿二年的舍利宝塔下铭，铭石圆形，亦像是埋在木塔之"塔心柱"下那块圆础下层石，这使我们疑心仁寿分布诸州之舍利塔均为隋时最普遍之木塔，这明末作者并不及见那木构原物，所谓十三寻缀铎的塔倒是今日的砖塔。至于开皇石幢，据《析津日记》（亦明人书）所载，则早已失所在。

（五）《析津日记》："寺在元魏为光林，在隋为宏业，在唐为天王，在金为大万安，宣德修之曰天宁，正统中修之曰万寿戒坛，名凡数易。访其碑记，开皇石幢已失所在即金元旧碣亦无片石矣。盖此寺本名宏业，而王元美谓幽州无宏业，刘同人谓天宁之先不为宏业，皆考之不审也。"

《析津日记》与《帝京景物略》同为明人书，但其所载"天宁之先不为

---

[1] 日奉京都法隆寺五重塔，乃"飞鸟"时代物，适当隋代，其建造者乃由高丽东渡的匠师，其结构与《洛阳伽蓝记》中所述木塔及云冈石刻中的塔多符合。

宏业"及"考之不审也"这种疑问态度与《帝京景物略》之武断恰恰相反，且作者"访其碑记"要寻"金元旧碣"，对于考据之慎重亦与《帝京景物略》不同，这个记载实在值得主意。

（六）《隩志》：不知明代何时书，似乎较以上两书稍早。文中：

"天王寺之更名天宁也，宣德十年事也；今塔下有碑勒更名敕，碑阴则正统十年刊行藏经敕也。碑后有尊胜陀罗尼石幢，辽重熙十七年五月立。"

此段记载，性质确实之外，还有个可注意之点，即辽重熙年号及刻有此年号之实物，在此轻轻提到，至少可以证明两桩事：一、辽代对于此塔亦有过建设或增益；二、此段历史完全不见记载，乃至于完全失传。

（七）《长安客话》："寺当元末兵火荡尽；文皇在潜邸，命所司重修。姚广孝曾居焉。宣德间敕更今名。"这段所记"寺当元末兵火荡尽"，因下文重修及"姚广孝曾居焉"等语气，似乎所述仅限于寺院，不及于塔。如果塔亦荡尽，文皇（成祖）重修时岂不还要重建塔？如果真的文皇曾重建个大塔则作者对于此事当不止用"命所司重修"一句。且《长安客话》距元末，至少已两百年，兵火之后到底什么光景，那作者并不甚了了，他的注意处在诲扬文皇在潜邸重修的事耳。

（八）《冷然志》：书的时代既晚，长篇的描写对于塔的神话式来源又已取坚信态度，更不足凭信。不过这里认塔前有开皇幢，或为辽重熙幢之误。

关于天宁寺的文献，完全限于此种疑问式的短段记载。至于康熙、乾隆长篇的碑文，虽然说得天花乱坠，对于天宁寺过去的历史，似乎非常明白，毫无疑问之处，但其所根据，也只是限于我们今日所知道的一把疑云般的不完全的文献材料，其确实性根本不能成立。且综以上文献看来，唐

足尖奔走

以后关于塔只有明末清初的记载，中间要紧的各朝代经过，除辽重熙立过石幢，金大定易名大万安禅寺外，并无一点记述，今塔的真实历史在文献上可以说并无把握。

文献资料既如上述的不完全、不可靠，我们唯有在形式上鉴定其年代。这种鉴别法，完全赖观察及比较工作所得的经验，如同鉴定字画、金石、陶瓷的年代及真伪一样虽有许多为绝对的，且可以用文字笔墨形容之点，也有一些是较难，乃至不能言传的，只好等观者由经验去意会。

其可以言传之点，我们可以分作两大类去观察：一、整个建筑物之形式（也可以说是图案之概念）；二、建筑各部之手法或作风。

关于图案概念一点，我们可以分作平面及立面讨论。唐以前的塔，我们所知道的，平面差不多全作正方形。实物如西安大雁塔、小雁塔、玄奘塔、香积寺塔、嵩山永泰寺塔及房山云居寺四个小石塔……河南山东无数唐代或以前高僧墓塔，如山东神通寺四门塔、灵岩寺法定塔、嵩山少林寺法玩塔等等。刻绘如云冈、龙门

▲ 河南嵩山嵩岳寺塔平图

石刻、敦煌壁画等等，平面都是作正方形的。我们所知的唯一的例外，在唐以前的，唯有嵩山嵩岳寺塔，平面作十二角形。这十二角形平面，不唯在唐以前是例外，就是在唐以后，也没有第二个，所以它是个例外之最特殊者，是中国建筑史中之独例。除此以外，则直到中唐或晚唐，方有非正方形平面的八角形塔出现，这个罕贵的遗物即嵩山会善寺净藏禅师塔。按禅师于天宝五年圆寂，这塔的兴建，绝不会在这年以前，这塔短稳古拙，亦是孤例，而比这塔还古的八角形平面塔，除去天宁寺——假设它是隋建的话——别处还未得见过。在我们今日，觉得塔的平面或作方形，或作多角形，没甚奇特。但是一个时代的作者，大多数跳不出他本时代盛行的作风或规律以外的——建筑物尤甚——所以生在塔平面作方形的时代，能做出一个平面不作方形的塔来，是极罕有的事。

至于立面方面，我们请先看塔整个的轮廓之所以形成。天宁寺的塔，是在一个基坛之上立须弥座，须弥座上立极高的第一层，第一层以上有多层密而扁的檐的。这种第一层高，以上多层扁矮的塔，最古的例当然是那十二角形的嵩山嵩岳寺塔。但除它而外，是须到唐开元以后才见有那类似的做法，如房山云居寺四小石塔。在初唐期间，砖塔的做法，多如大雁塔一类各层均等递减的。但是我们须注意，唐以前的这类上段多层密檐塔，不唯是平面全作方形而且第一层之下无须弥座等雕饰，且上层各檐是用砖层层垒出，不施斗拱，其所呈的外表，完全是两样的。

所以由平面及轮廓看来，竟可证明天宁寺塔为隋代所建之绝不可能，因为唐以前的建筑师就根本没有这种塔的观念。

至于建筑各部的手法作风，则更可以辅助着图案概念方面不足的证据，而且往往更可靠，更易于鉴别，我们不妨详细将这塔的每个部分提出审查。

建筑各部构材，在中国建筑中占位置最重要的，莫过于斗拱。斗拱演变的沿革，差不多就可以说是中国建筑结构法演变史。在看多了的人，差不多只需一看斗拱，对一座建筑物的年代，便有七八分把握。建筑物之用斗拱，据我们所知道的，是由简而繁。砖塔石塔最古的例如北周神通寺四门塔及东魏嵩岳寺十二角十五层塔，都没有小拱。次古的如西安大雁塔及香积寺砖塔，皆属初唐物，只用斗而无拱。与之略同时成略后者如西安兴教寺玄奘塔，则用简单的一斗三升交蚂蚱头在柱头上。直至会善寺净藏塔，我们始得见简单人字拱的补间铺作。神通寺龙虎塔建于唐末，只用双杪偷心华拱。真正用砖石来完全模仿成朵复杂的斗拱的，至五代宋初始见，其中便是如我们所见的许多"天宁式"塔。此中年代确实的有辽天庆七年的房山云居寺南塔、金人定二十五年的正定临济寺青塔、辽道宗太康六年（公元 1079 年）的涿县普寿寺塔，见刘士能先生《河北省西部古建筑调查记略》，还有蓟县白塔等等。在那时候还有许多砖塔的斗拱是木质的，如杭州雷峰塔、保俶塔、六和塔等等。

天宁寺塔的斗拱，最下层平坐，用华拱两跳偷心，补间铺作多至三朵。主要的一层，斗拱出两跳华拱，角柱上的转角铺作，在大斗之旁，用附角斗，补间铺作一朵，用四十五度斜拱。这两个特点，都与大同善化寺金代的三圣殿相同。第二层以上，则每面用补间铺作两朵，补间铺作之繁重，亦与转角铺作相垺，都是出华拱两跳，第二跳偷心的。就我们所知，唐以前的建筑，不唯没有用补间铺作两朵的，而且虽用一朵，亦只极简单，纯处于辅材的地位的直斗或人字拱等而已。就斗拱看来，这塔是绝对不能早过辽宋时代的。

承托斗拱的柱额，亦极清楚地表示它的年代。我们只需一看年代确定的唐塔或六朝塔，凡是用倚柱的，如嵩岳寺塔、玄奘塔、净藏塔，都用八角形（或六角形）柱，虽然有一两个用扁柱的，如大雁塔，却是显然不模仿圆形或角柱形。圆形倚柱之用在砖塔，唐以前虽然不能定其必没有，而唐以后始盛行。天宁寺塔的柱，是圆的。这圆柱之上，有额枋，额枋在角柱上出头处斫齐，如辽建中所常见，蓟县独乐寺、大同下华严寺都有如此的做法。额枋上的普拍枋，更令人疑它年代之不能很古，因为唐以前的建筑，十之八九不用普拍枋，上文所举之许多例，率皆如此。但自宋辽以后，普拍枋已占了重要位置。这额枋与普拍枋，虽非绝对证据，但亦表示结构是辽金以后而又早于元时的极高可能性。

在天宁寺塔的四正面有圆拱门，四隅面有直棂窗。这诚然都是古制，尤其直棂窗，那是宋以后所少用，但是圆门券上，不用火焰形券饰，与大多数唐代及以前佛教遗物异其趣旨。虽然，其上浮雕璎珞宝盖略作火焰形，疑原物或照古制，为重修时所改。至于门扇上的菱花格棂，则尤非宋以前所曾见，唐五代砖石各塔的门及敦煌画壁中我们所见的都是钉了门钉的板门。

栏杆的做法，又予我们以一个更狭的年代范围。现在常见的明清栏杆，都是每两栏板之间立一望柱的。宋元以前，只在每面转角处立望柱而"寻杖"符长[1]。天宁寺塔便是如此，这可以证明它是明代以前的形制。这种的栏杆，均用斗子蜀柱分隔各栏板，不用明清式的荷叶墩。我们所知道的辽金塔，斗子蜀柱都做得非常清楚，但这塔已将原型失去，斗子与柱之间，只马马虎虎的用两道线条表示，想是后世重修时所改。至于栏板上的几何形花纹，已不用六朝隋唐所必用的特种卍字纹，而代以较复杂者。

---

1 每段栏杆之两端小柱，高出栏杆者称望柱，栏杆最上一条横木称手杖。在寻杖以下部分名栏板，栏板之小柱称蜀柱。隔于栏板及寻杖之间之斗称斗子，明清以后无此制。

与蓟县独乐寺观音阁内栏板及大同华严寺壁藏上栏板相同。凡此种种，莫不侧倾向着辽金原型而又经明清重修的表示。

平坐斗拱之下，更有间柱及壶门。间柱的位置，与斗拱不相对，其上力神像当在下文讨论。壶门的形式及其起线，软弱柔圆，不必说没有丝毫六朝刚强的劲儿，就是与我们所习见的宋代扁桃式壶门也还比不上其健稳。我们的推论，也以为是明清重修的结果。

至于承托这整个塔的须弥座，则上枋之下用枭混而我们所见过的须弥座，自云冈龙门以至辽宋遗物，无一不是层层方角叠出，间或用四十五度斜角线者。枭混之用，最早也过不了五代末期，若说到隋，那更是绝不可能的事。

关于雕刻，在第一主层上，夹门立天王，夹窗立菩萨，窗上有飞天，只要将中国历代雕刻遗物略看一遍，便可定其大略的年代。由北魏到隋唐的佛像飞天，到宋辽塑像画壁，到元明清塑刻，刀法笔意及布局姿势，莫不清清楚楚地可以顺着源流鉴别的。若与隋唐的比较，则山东青州云门山、山西天龙山、河南龙门，都有不少的石刻。这些相距千里的约略同时的遗作，都有几个或许多共同之点，而绝非天宁寺塔像所有。近来有人竟说塔中造像含有犍陀罗风，其实隋代石刻，虽在中国佛教美术中算是较早期的作品，但已将南北朝时所食的犍陀罗风摆脱得一干二净，而自成一种淳朴古拙的气息，而天宁寺塔上更是绝没有犍陀罗风味的。

至于平坐以下的力神、狮子和垫拱板上的卷草西番莲一类的花纹，我想勉强说它是辽金的作品，还不甚够资格，恐怕仍是经过明清照原样修补的，虽然各像衣褶，仍较清全盛时单纯静美，无后代繁褥云朵及俗气逼人的飘带。但窗棂上部之飞仙已类似后来常见之童子，与隋唐那些脱尽人间烟火气的飞天，不能混作一谈。

综上所述，我们可以断定天宁寺塔绝对不是隋宏业寺的原塔。而在年代确定的砖塔中，有房山云居寺辽代南塔与之最相似，此外涿县普寿寺辽塔及确为辽金而年代未经记明的塔如云居寺北塔、通州塔及辽宁境内许多的砖塔，式样手法都与之相仿佛。正定临济寺金大定二十五年的青塔也与之相似，但较之稍消秀。

与之采同式而年代较后者有安阳天宁寺八角五层砖塔，虽无正确的文献记载其年代，但是各部作风纯是元明以后法式。北平八里庄慈寿寺塔，建于明万历四年，据说是仿照天宁寺塔建筑的，但是细查其各部，则斗拱、檐椽、格棂、如意头、莲瓣、栏杆（望柱极密）、平坐、枭混、圭脚——由顶至踵，无一不是明清官式则例。

所以天宁寺塔之年代，在这许多类似砖塔中比较起来，我们可暂时假定它与云居寺南塔时代约略相同，是辽末（12世纪初期）的作品，较之细瘦之通州塔及正定临济寺青塔稍早，而其细部则有极晚之重修。在未得到文献方面更确实证据之前，我们仅能如此鉴定了。

我们希望"从事美术"的同志们，对于史料之选择及鉴别，须十分慎重，对于

▲ 北京慈寿寺塔

实物制度作风之认识尤绝不可少，单凭一座乾隆碑，追述往事，便认为确实史料，则未免太不认真。以前的皇帝考古学家尽可以自由浪漫地记述，在民国二十四年以后一个老百姓美术家说句话都得负得起责任的。

最后我们要向天宁寺塔赔罪，因为急于辩证它的建造年代，我们竟不及提到塔之现状，其美丽处，如其隆重的权衡、醇和的色斑，及其他细部上许多意外的美点。不过无论如何，天宁寺塔也绝不会因其建造时代之被证实，而减损其本身任何的价值的。喜欢写生者只要不以隋代古建、唐人作风目之，误会宣传此塔之古，则当仍是写生的极好题材。

华北古建调查报告 [1]

过去 9 年间，我参加的中国营造学社经常派出野外考察小分队，由一名资深研究人员带队，在乡间探觅古代遗迹。这种考察每年两次，每次为时两到三个月。我们的最终目标是编撰一部中国建筑的历史，过去的学者们实未涉足这一课题。典籍中的材料寥寥无几，我们必须去搜寻实际遗例。

迄今为止，我们到过十五个省、二百多个县，研究过两千余处遗迹。作为技术研究部门的主管，我得以亲临这些遗迹中的大多数。我们的目标尚遥不可期，但是我们发现了一些极重要的材料，或许普通读者也会对之深感兴趣。

任凭自然与人类肆意毁坏的中国木建筑

欧洲建筑主要取材于石料，与此不同，中国建筑是木构的，这种材料

1　本文是梁思成为外国读者写的英文稿，写于 1940 年，未曾发表。另据费正清夫人费慰梅女士所著《梁思成与林徽因》一书第 11 章的注释，费慰梅亦保存有本文打字稿，并注明该文 1940 年写于昆明（Wilma Fairbank：《Liang and lin》University of Pennsylvania Press, Philadephia, 1994.p.199）。本文的部分内容后来整理成《中国最古老的木构建筑》及《五座中国古塔》两篇文章，分别发表于英文《亚洲杂志》1941 年 7 月号和 8 月号，见本书。——林鹤、李道增注

极易受损。纵有砖石建筑，亦以砖或石材模仿木建筑的结构形式。因而，学生的首要任务便是熟悉木构体系，就像研习欧洲建筑之前必先研习维诺拉[1]一样。同样，在野外考察时，学生必将主要精力集中于木结构上。他实际上是在与时间赛跑，因为这些建筑无时无刻不在遭受着难以挽回的损害。在较保守的城镇里，新潮激发了少数人的奇思异想，努力对某个"老式的"建筑进行所谓的"现代化"，原先的杰作随之毁于愚妄。最先蒙受如此无情蹂躏的，总是精致的窗牖、雕工俊极的门屏等物件。我们罕有机会心满意足地找到一件真正的珍品，宁静美丽，未经自然和人类的损伤。一炷香上飞溅的火星，也会把整座寺宇化为灰烬。

此外还有日本侵略战争的威胁，它是如此不请自来，例证了人类的残忍和毁灭性。日本军阀全然不知珍爱与保存古迹，尽管照理说他们的国民也应该和我们一样，对我们古老的文化特别地热爱与敬重，因为这也是他们自己文化的源泉。早在1931年、1932年，日军的炮声一天近似一天，我的旅行就多次被迫蓦然中止。显然，我们还能在华北工作的时日有限了。我们决定，抓紧最后的机会，竭尽全力考察这个地区。近三年半来，当时这令人难过的预感已成惨痛的事实。目前，营造学社的机构迁至中国西南边陲，北方的土地遭受着敌军铁蹄的践踏，我们的怀念和关注与日俱增，曾经在那里进行过的野外考察的记忆愈发鲜活而亲切。

我们的旅行

一年四季，出行之前都要在图书馆里认真进行前期研究。根据史书、

---

1 vignola，意大利建筑师，五柱式建筑的创造者。——林鹤、李道增注

地方志和佛教典籍，我们选列地点目录，盼望在那里有所发现。考察分队在野外旅行中就依此目录寻访。必须找到与验明目录上的每一条，并对尚存者进行测绘和拍照。

旅行中的寻获和发现极多，其趣味与意义各有千秋。时常，我们从文学典籍中读到某个古代遗迹的精妙景致，但满怀期望的千里朝拜只找到一堆荒墟，或许尚余零星瓦片和雕石柱础聊充慰藉。

我们的旅途本身同样是心情沉浮不可期的探险。身体的苦楚被视作当然，我们常在无比迷人而快乐的难忘经历中悦感快意。旅途常像古怪的、拖长了的野餐，遇到滑稽而惨痛的麻烦时，既惶急无比，又乐不可支。

不比耗费巨资的考古探险队、追踪狮虎的猎人，抑或任何热带与极地的科学探险队，我们的旅途中仪器奇缺。除了测绘和摄影的仪器以外，我们的行囊里，最常见的装备多由队员们根据经验，在家自行设计改装而成。像电工包似的旅行背包，就是我们最心爱的宝贝，登上一座建筑物任何部位的高处工作时都可以背着它，里面什么都可以装，从一团绳子，到可以变成一根刚硬的长钓竿状的伸缩竿。我们遵奉《爱丽丝漫游仙境》里著名的白骑士的哲学，深信在急难中万物皆有用，于是不惜离开马背，以便多运些装备。

日复一日，我们扎营、举炊和食宿的条件悬殊，交通方式亦全无定式，从最古旧离奇的，到比较现代普通的，无奇不有，而我们最看重的莫过于形形色色奇特的、颠簸的老式汽车。

除建筑而外，我们常会不期而遇有趣的艺术品或民族用品——各地的手工艺品、偏僻小镇的古戏、奇异的风俗、五光十色的集市，诸如此类——但是，由于胶卷匮乏，我难得随心所欲地拍摄这些东西。我的多数行程都有我的妻子相伴，她也是一名建筑师。此外她更是作家，深爱戏剧艺术。因此，她比我更会转移注意力，热切地坚持不惜代价地拍摄某些主题。归程之后，我总是庆幸获得了这些珍贵照片，其中的景色与建筑原本可能被忽略，但是，途中遇到的许多趣物趣事无法逐一细述。限于篇幅，在此我只能从我们的探索与研究当中，信手拈来若干最精彩的部分作一说明。

从北平的皇宫开始

很自然，我最早从北平的皇宫开始进行"野外考察"，营造学社的办公室就妥帖地安置在其中一角的院落里。然而，测绘整个宫殿群的完整计划直至若干年后方得施行。由于西方世界已经熟知了故宫，而且我们的"发现"主要是技术性的，在此不作详论。

蓟县观音阁与塑像

由城墙拱卫着的蓟县去北平东约 50 英里 [1]。1932 年春，我首次目睹此地的一座木构，其比例迥异于满族宫殿，后者建造时所依据的主要是 1733 年敕令发布的一整套"法式"。那次难忘的旅程是我第一次体验远离主要交通干线，远离北平和上海这类大都市。如果是在美国，老式的福特 T 型车早就只能卖作废铁了，而在北平和小城之间，它还被用作定期的——毋宁说是不定期的——交通工具。出北平东门数英里以外，我们来到了箭杆河。河水的宽度在旱季萎缩至不足 30 英尺 [2]，但是，细沙的河床

1　本文中"英里""英尺"等度量单位据原文均为英制，但根据梁思成中文著作比较，应为中国度量单位"里""尺"。下同。——林鹤、李道增注

2　1 英尺 =0.3048 米。——编者注

大约宽达一英里半。乘船渡过主流以后，汽车陷入松软的地面寸步难行。我们这些旅客只得帮着把这辆老破车推过整个河床，同时引擎轰鸣，后轮疯转，把细河沙掀得我们满眼满鼻。此后尚有其他崎岖路段，我们不得不反复地从汽车里跳上跳下。50英里的路程耗时3个小时不止，但那真是刺激有趣。那时我尚懵然不知，今后数年我会习于这样的奔波且安之若素。

我此行的目标是独乐寺的观音阁。它高耸于城墙之上，遐迩可见。远观时愈觉其活力与祥和，那是我首次看见一座真正古趣盎然的建筑。

观音阁建于公元984年。彼时宋朝初立，而此地尚为凶悍的辽人所踞。

▲ 独乐寺观音阁中的观音是迄今中国已知的现存最大泥塑像

足 尖 奔 走

观音阁分两层，其间夹有平座一层。中国建筑用独有的结构体系"斗拱"支撑出檐，在此为一系列巨大而简洁的双下昂。其下支柱中段微凸，顶上是深远的屋檐，环绕上层的平座同样由这种"斗拱"支撑。于是，它们构成了三条基本上是结构性的饰带。这些与后世的直柱、细小密集的斗拱形成了鲜明对照。凡熟悉敦煌石窟中唐代壁画者，均感觉它与那些壁画中的殿宇惊人地相似。

观音阁中有一庞大泥塑，为高达 60 英尺的十一面观音。靠上的两层隔板只得在中央留出空腔，在像股及像胸的高度上形成展廊状空间。这是迄今中国已知的现存最大泥塑像。

顺便提及，这座观音阁和它前面的山门——我最早的两个发现——在营造学社的记录中长期保持为最古的木构，且其年代记录一直未被打破，直到 1937 年 7 月初我偶遇一座唐代建筑，数日后，现正进行的中日战争就爆发了。

一座七十英尺高的铜像

精彩的隆兴寺位于北平一汉口铁路线上的正定。这处寺宇建于 6 世纪，在以往 13 个世纪里，它曾相继经历过多次的倾圮与重建。群殿之间，几座宋代（公元 960—1127 年）的建筑至今犹存。一个天主教的传教团住在这群古建筑旁，20 世纪时哥特式天主教堂赫然拔地而起，替代了一度坐落于此的乾隆皇帝的行宫。

隆兴寺最醒目处是它巨大的四十二臂青铜观音像，约 70 英尺高，立于雕工精美的大理石宝座上。其上原覆有一座三层阁，曾在 18 世纪大举修葺过，但目前已复倾圮，阁上部消失得无影无踪，露天而立的菩萨像上，40 只"多余的手臂"都不见了。

▲ 正定隆兴寺的 10 世纪
七十尺观音铜像，我国现
存最高的铜铸观音菩萨像

庙中一座石碑记载了铸造铜像的传奇[1]。宋朝的开国之君太祖皇帝在一次征战中驾临正定，欲拜谒此处著名的铜像，据说该像高达 40 英尺。太祖是一个虔诚的佛教徒，听说铜像已于几年前被毁，他深感痛心。此后，庙后菜园"常放赤光一道叫人皆见"。随即"天降云雨于五台山北冲刷下枋栏约及千余条于颕龙河[2]内一条人木前面拦住"，停在了正定。狂热的信徒得出的结论是，"五台山文殊菩萨送下木植来与镇府大悲菩萨盖阁也！"

皇帝见此奇迹龙颜大悦，敕令新铸铜像。宣派八作司十将及铸钱监内差负责建阁铸像，下军三千人工役于阁下。

碑上记载亦提及，"留六尺深海子白方四十尺，海子内栽七条熟铁柱……海子内生铁铸满六尺"。菩萨像的设计"三度画相仪进呈方得圆满"，铸造分七段而成。完工后的塑像"举高七十三尺"，工程"至开宝四年七月二十日下手修铸"（公元 971 年），但是完工的日期在石碑上未见提及。

我们上次探访此地时，犹见三层阁的零星遗构，混于后世修葺部分之间。后来虔诚而愚妄的住持"翻新"了观音像，我所心爱的铜绿被覆以一层艳丽的原色油漆，菩萨像变成了丑陋不堪的巨偶。见此唯有自我开解，油漆不耐光阴，也许熬不过一个世纪！为遮蔽这座装点一新的神像，建造了一座佛龛，高度类于梵蒂冈的大松球龛。

1937 年秋，正定遭日军猛烈炮轰，随即沦陷，塑像的命运存疑。

"花塔"

正定城内另有四塔。其中一座金代砖塔"花塔"（即广惠寺华塔），得

1　清·王昶辑，《金石萃编》，卷一百二十三，宋一，"正定府龙兴寺铸铜像记，乾德元年五月"。——林鹤、李道增注

2　此处原文 Fu—t'o River，据《金石萃编》记载碑文应为颕龙河。——林鹤、李道增注

名于其繁复外形。其平面呈八角形，四正面辟门。四隅面各附以六角形单层子塔。抹灰外墙模仿木构建筑的柱、梁与斗拱。塔尖装饰丰富，有高浮雕的大象、狮子和小型的单层窣堵坡。印度的窣堵坡和中国式宝塔浑然融合为一，有点不伦不类，但并不太坏，它集中体现了"五塔"的组合方式。日后的所有旅程再也未曾遇见类似的建筑。它是中国建筑保存下来的一个孤例。

6 世纪的开拱桥

青铜巨像所在的正定县城外，去城西南 40 英里许，是中国古迹中最惊人的桥梁工程作品。赵县的"大石桥"[1]，我不是通过精研典籍，而是由一首妇孺皆知的民歌指引，发现了这座精妙绝伦的桥梁。我以为它只是又一座在中国俯拾即是的普通拱桥，但是，它的单拱跨度将近 120 英尺，两端各有两个比较小的空撞券[2]。面对此桥，几乎不敢相信自己的眼睛，

▲ 安济桥，又叫赵州桥，建于隋代之初，是中国尚存最古老的桥梁

1　作者的一篇文章《中国古代的开拱桥》于 1938 年 2 月与 3 月发表于《铅笔尖》上。——梁思成注
2　梁思成著《中国建筑史》中称"空撞券"，现通称敞肩拱。——林鹤、李道增注

它完全相仿于当代工程里所谓的"开拱桥"！

如此建造方法直至本世纪方才普遍运用于西方，尽管法国曾在14世纪出现过一个例子，但是，这座中国桥建于隋代之初，公元591年至599年之间。一本考古典籍记载，其中一个桥墩上一度镌刻着建桥者李春的签名，后为时光剥蚀，但我们依旧可以看见自唐（公元618—907年）以来心怀崇敬的无数过客的名号。有一段铭文引用了唐时一位中书令的话，特地提及了两端非凡的小券和建桥者的名字。中国古代很少会有建筑师或工匠得获荣名，因此这样特地的提及多少可以证实，这座桥的造法与式样不是沿袭当时的定式，而是天才的独创。

虽已历时十三个半世纪，这高贵的建筑物看去犹如最新型的超级摩登桥梁。若非上面那些不同年代的铭记，它极其古老的年代简直令人难以置信。据我所知，它是中国尚存最古老的桥梁。

同一县城里尚有另外一座桥，设计相仿而尺寸远逊，名为"小石桥"，建于女真族的金朝（12世纪末），由一名女真人褒钱而建造。它显然是"大石桥"的摹本，即以那时论，它也比法国的单拱桥提早百年不止。

古老的"中原"——河南省

河南省在中国向以"中原"闻名，几千年来，它是中国文明与文化的中心。得天下关键处即在中原，乃兵家必争之地。中国历史上，大多数重要战役都在这个著名的舞台上演。早在基督教兴起之前一个世纪，河南的重镇、历朝故都洛阳，就建起了我国的第一座寺庙。溯河上行至河南群山间，我们发现了一些最恢宏的佛教遗迹。

中国最古老的砖塔

古老的嵩岳禅寺位于登封县的中岳嵩山里。殿宇之间，最不凡的宝塔卓然而立。它建于公元523年，是中国目前现存最古老的砖塔。

寺宇原为北魏孝明帝的夏季别墅，当时正是第一次兴佛时期，为孝明帝的母亲即皇太后禳病而建此塔。此后1400年里，它为她带来绵绵至福。凸肚形塔身外廓略如现代的炮弹壳形，既秀丽又雄浑。它的平面独特，呈十二角形，与当时常见的正方形平面、后世的八角形平面都不同。

▲ 中国现存最古老的砖塔，嵩山嵩岳寺塔，大塔的总体构图是日后中国普通佛塔的外形之祖

塔身有十五层，也是一个罕见的特点。阶基之上，矗立着高耸的首层塔身，其上有十五层出檐或称屋檐。虽然人们把它看成是十五层，但是这样的屋顶设计也许叫作一层塔身、十五层出檐更加恰当。首层塔身各隅立多边形倚柱一根，柱头垂莲饰。四正面砌圆券门，其拱背形似莲瓣，在起拱线处以涡形图案收束。其余八面俱有佛龛，状如单层、四门、方形平面的四门塔。无疑龛内原有佛像，现早已荡然无存。建筑母题确切无误地显

示出印度的影响。大塔的总体构图是日后中国普通佛塔外形之祖。

古观星台[1]

去嵩山不远，告成镇有中国少数古观星台之一，这处周公测景台为元代郭守敬所健。

在水平面上立起一根垂直的立表，通过测量日影可以算出太阳年的确切时间，建此台的目的是立起高达 40 元尺[2]的立表。此台北侧，有一直漕。圭面长 128 元尺，为一长条石或石台，上有通长水渠，注水其中则可获完美的水平面。台顶有一小屋，为后世加建，与其原本用途毫无关系。除此而外，这座观星台完全符合《元史·天文志》中的描述。

这座珍贵的遗迹形似城门，立于广阔平坦的原野上。1936 年，蒋介石下令修复，营造学社担任了技术监理。

中国的两千年皇城——西安

西安是陕西省的省会，古代的"长安"。从公元前 1132 年至公元 906 年，中国的皇都几乎毫无间断地设在此地，尤其毗邻西安一带。该省的历史遗迹极其丰富，每个朝代的开国君主都视此都城为必得之物，因此它罕有机会逃脱战祸。每逢改朝换代，它似乎理所当然地要遭受灭顶之灾。因而，后人已经见不到任何有年代可考的木构建筑，然而尚存无数有历史意义的残迹，如更早期的汉代宫殿与陵墓的废墟等，当令研习建筑历史的学

1　梁思成著《中国建筑史》中称"观星台"，即今之观象台。——林鹤、李道增注

2　一元尺约合 23.9 厘米或 $9\frac{7}{16}$ 英寸。——梁思成注

生深感兴趣。

规模宏大的陵墓区

在丰富的历史遗址当中，周、汉、唐诸代的陵墓值得一提。它们位于西安的西侧，咸阳、兴平和武功县境内，在方圆达三四十英里的区域，隆起无数庞然土堆。这些帝王、公主、文臣武将的陵墓陆续建于以往两千年，其平面多为方形，立面多为梯形，像似巨型石室坟墓。可以确知有些墓主是历史上某个人物，但是大多数陵墓的主人尚待考证。

最有趣的一座陵墓属于汉代远征匈奴的征服者——大将军霍去病（公元前2世纪）。在他身后，汉武帝敕令建陵如祁连山形，他曾在那里赢得最伟大的胜利，这是唯一饰以岩石的陵墓。在此发现的几件花岗岩石雕，描摹着这位武士的征战生涯。最著名的一件是"马踏匈奴"，已经介绍给了西方世界，最近的挖掘又有新的发现。看来雕刻家善于利用大石材的天然形状，以此雕作栩栩如生的人像，出奇地相似于史前巨石碑。而对动物，艺术家的认识似乎更加深刻且有所不同，例如大环眼的牛像所体现的。

距霍去病墓约15英里外，是唐代的武后之父那顾盼

▲ 霍去病墓石雕"马踏匈奴"

自雄的陵墓。神道两侧俱为麒麟、狮子、马和军民侍役，此类布置亦见于后世皇家陵墓，唐代的雄浑和工艺无与伦比，但是此地的雕像似觉对动物缺乏认识，逊于汉代的动物雕刻。

中国最伟大的僧人与朝圣者玄奘的纪念碑

西安四外，无数唐代佛教遗迹遍布乡间，其中以大雁塔和小雁塔最为著名。它们耸立在广袤的原野上，去城南二英里许，彼此相距二英里许。它们均建于唐代，以大雁塔略早亦更重要。它矗立在慈恩寺中，古人建之以收藏佛经。

公元 652 年，玄奘大和尚首建五层塔。据说，大师朝印度十九年[1]，归国后获皇帝敕令建此塔，收藏他带回的经书。破土动工的那一天，他把第一铲土撒在自己的肩上，绕场三周，喃喃祝祷。不幸的是，此塔刚刚建成，就罹于战祸，在公元 701 年至 705 年间得以重建，并且建作十层，现存塔为七层。

塔平面作正方形。通体砖构，每层外壁均有扁柱和阑额，饰以精细的浮雕和出檐。大雁塔的总体轮廓在中国其他地方不太常见，与常见的凸肚形秀丽外形不同，它的上方诸层以强硬的斜线收分。它的形象明确而庄严，是对伟大的朝圣者及学者最恰当的纪念。

中国的圣地——山东省

山东省在周朝时是齐国和鲁国，后来成了孔夫子的故乡。今曲阜城内

1　据史书记载应为十七年，详见《五座中国古塔》一文之注脚。——王世仁注

有圣人庙，也许举世再无另一建筑工程能够夸口其历史更为久远。孔夫子逝于公元前 479 年，一些门生在他身后维持乃师的居处如其生前状况，在此定时拜祭，三间屋的简朴住处在后世逐渐演变为尊严的象征。自汉代以降，一件国家大事就是，不仅要有序地维护圣地，而且要将圣人的后裔封为世袭贵族"公"。两千年来，孔庙日益扩大、日渐复杂，直至今日，它覆盖了曲阜城墙内三分之一的区域。

在孔庙建筑群中有无数石碑，记录了孔府和孔庙自汉而今发生的大事。然现存建筑物中，最古老的碑亭，其纪年亦只及女真族的金代（1195 年）。楼宇多建于明弘治年间（约 1500 年），最重要的代表是奎文阁，或称"书楼"。祭祀孔夫子巨像处为大成殿，它的大理石雕刻石柱美丽精致，西方人因此熟悉了它。而在研习中国建筑历史的学生心目中，这座建于 1730 年的大殿并没有独到的意义，除非作为实施 1733 年"法式"的佳例。

殿内享祀者除孔夫子外，尚有七十二门徒"配享"在侧。大成殿前，于天井两侧厢房供奉大量灵位，其上神主均为两千年间的硕儒或良臣。历年历代，由皇帝敕令庄严地批准这些人选，一位儒者身后的哀荣莫过于此。

左跨院内大殿祭祀孔夫子上五代先祖，右跨院内祭祀夫子考妣，大成殿后设一殿专供其妻，孔庙建筑群另有其他多种仪式功能。整个建筑群前面，层层天井与重门使得孔庙的入口无比醒目。

作为一个整体，孔庙出色地例证了中国规划思想，而且，在世界历史上，可能亦无他处能与它的持续发展相提并论。

1935 年，中国政府计划再次大规模修缮孔庙，我有幸入选为负责修缮的建筑师。但是，日军开始入侵华北，计划被迫搁置。如今，曲阜城和孔庙一起落入了日军掌中。现由民国政府授职"祀圣高级专员"的圣人

足 尖 奔 走

七十七世孙、衍圣公孔德成飞去了重庆，他恪守先祖尽忠国家的教诲，不愿落入日本人手中，成为政治工具。

一座小石塔：类中最古之一例

孔庙而外，山东省另有一些有趣的遗迹。位于济南南部 30 英里外的群山之间，至要而罕为人知的一座单层小石塔，即为神通寺的四门塔。我们沿山间石径愉快地奔波终日，当令的山花和初夏的馥郁气息令人愉快，遥望天边连绵的山形起伏不定，在东岳泰山背后，我们来到了一处人迹罕至之地。

小石塔内一尊石像的纪年为公元 544 年，因此这是中国同类宝塔中最古老的一座。初一看去，其短拙到令人误认它为一座方亭，中立方墩，四面辟有拱券门道。顶为退台式方锥形，上有攒尖宝刹，基本上是印度式"窣堵坡"的缩影。

我根据对大量中国塔的研究得知，中国宝塔有趣地组合了中国原有的多层楼阁，而以印度式"窣堵坡"踞乎其上。神通寺的四门塔是这种结合最早，最简单的例子，应该占据中国宝塔发展史中最突出的地位。

四门塔立身的石壁俯视深谷，上有若干唐代造像，维护至善，罕有刻像状况不佳。早年的斧凿线条尚深刻清晰，与 1200 年前刻工方完时并无二致，它们属唐代最高的雕刻成就之列。在益都、临朐、济南及山东他处，尚存隋唐时期的窟崖石刻，但我在此只能一笔带过。

佛教石窟造像

中国崖壁间的佛教石窟造像是中国艺术里最重要的一章，惜乎曩日为国人所忽视。古人的方志和游记对此类遗迹常一笔带过，儒者有时竟至于轻蔑以对。佛教造像，或毋宁说任何种类的雕塑，从未被国人目为艺术，士大夫辈不齿为此花费心思。直到近年，国人才开始发现这些遗迹之伟大，并且还雕塑艺术以应有的重视。

云冈石窟

关心中国雕塑艺术的人，或以云冈为最令人激动之地。它位于武周河岸，去大同十英里许。1935 年，铁路局由北平通汽车至大同，旅行者辄易于抵此北魏（公元 386—534 年）国都，但是，我的头几次探访尚在此

▲ 云冈最大的佛像，南派风格的代表

前的骡车年代里。接近云冈的时候，艰涩的车行不得不颠簸于一里又一里犬牙交错的倾斜石面上，这种经历终生难忘。

垂直的砂石质崖壁高约 150 英尺，1 英里长，被无数石窟和佛龛镂空。里面有数以千计的佛教诸神之像，其中，五座巨型塑像高约 70 英尺，为履及北平和云冈的旅客所熟知。崖壁脚下的村落目前约有人口二百，一些石窟竟至于被村民占据，成为方便现成的居家，但是，依据旧时记载，我们很容易想见当日寺宇居鼎盛时何其宏伟壮丽。

我们第一次探访期间，在庙里住了几天，我们极其沮丧地发现，连最简单的食物亦无处可觅。最终，我们用了半打大头钉，从派驻此地的一支小部队的排长手里换得几盎司芝麻油和两颗卷心菜！

云冈石窟始建于北魏文成帝时期（公元 454 年）[1]。石刻群像是中国早期佛教艺术最重要的遗例，石崖表面随机散布石窟与佛龛。上自帝王下至庶民，均可随意各择尺寸位置，凿龛造像为至爱祝祷。云冈的造像活动持续了半个世纪，至公元 494 年魏室南迁定都洛阳时，方兀然中止。

云冈的石窟有若干庞大卓异者，有些带有前廊。窟殿中心通常有一中央塔柱，是印度支提塔的中式翻版，为中国石窟模仿的蓝本，我们在此发现了"希腊—佛教"的元素相互掺杂。有些柱上坐斗甚至如同爱奥尼式卷纹的柱头，而中国本土的斗拱灵活地变形为波斯"双牛"的兽形柱头母题，然建筑物大体仍为中式。我们从这些石窟里采得北魏木构建筑的大量资料，这段时期迄今尚无实际遗例。中国各地后世出现了大量石窟，除了太原附近的天龙山石窟以外，无一如早期石窟般具有如此丰富的建筑处理细节。

龙门石窟

在研习中国雕塑者心目中，洛阳南面 10 英里的龙门石窟当与云冈石窟同等重要。当北魏鲜卑族从大同迁都至此时，造像艺术亦随之而来，伊河两岸连绵的石灰石崖壁为雕刻作品之上佳基址。造像活动始于公元 495 年，持续时间逾 250 年不止。

早期石窟造像具有和云冈相似的古雅感觉——主要形式为圆雕，雕像的表情异常静谧而迷人。近年来，这些雕像遭到古董商的恶意毁坏，最杰出的作品流落到了欧美的博物馆中。

1　此处原文"孝武帝"，然梁著《中国建筑史》等各处均为"文成帝"，疑为当年笔误，据诸本改。——林鹤、李道增注

龙门最不朽的雕像群成于武后时，即公元 676 年开凿卢舍那龛。据一处铭文记载，皇后陛下颁旨所有宫人捐献"脂粉钱"为基金，雕刻 80 英尺高的坐佛、胁侍尊者、菩萨及金刚神王。群像原覆以面阔九楹的木构寺阁，惜早已不存，但崖上龛壁处尚有卯孔和凹槽历历在目，明确指示出屋顶刻槽的位置和许多梁楣的位置。

▲ 龙门以卢舍那龛卢舍那像最为精彩

与云冈不同，逾百龛壁上铭文无数，记录了功德主的名字与捐献日期，便于确认大多数雕像的年代。然而，从建筑考古的角度来看，龙门石窟的重要性远逊于云冈石窟。

除龙门石窟以外，河南境内尚有其他早期石窟，较大者有磁县、浚县及巩县各处。作为组群，其规模与重要性和都不如龙门石窟和云冈石窟。

天龙山石窟

山西首府太原西北 40 英里许，有天龙山石窟，它为研究北齐与北魏的建筑提供了许多珍贵资料。云冈石窟和龙门石窟开凿于岸边崖壁，而天龙山石窟则高踞于群山之上的旱地。这里的组群相对较小，统共仅约 20 窟。最大的佛像高约 30 英尺，与云冈或龙门的巨像相比，简直像是侏儒，其他诸窟的塑像多为真人尺寸。它们代表着中国雕塑史上造诣高超的一段时期，不幸的是，除最大的一尊而外，几乎所有塑像都被无情地凿下，流落于古董商手中，失窃的残片现在散见于世界各地的博物馆里。其中一些在纽约的温思罗普藏品中为人称羡，另外若干照例落入了某些日本私人收藏家之手。

这些石窟在建筑意义上极其重要。其中一些前有柱廊，极为忠实地模仿当时的木构建筑。尽管只有立面，我们从中不仅大致认识到了总体组合的思路，甚至于还认识到了具体的比例和细部的阴影。

木质古构的富饶温床——山西省

山西省东倚太行山，西、南临壮丽的黄河，北有长城和蒙古沙漠拱卫，因此有宋（公元960年）以来一直远离战祸，而其他省份却于改朝换代之际反复地在层层焦土之上重建新城。直至1937年秋日军入侵，山西安享太平几近千年，于是这富饶的温床孕育了大量的木质古构。在1931

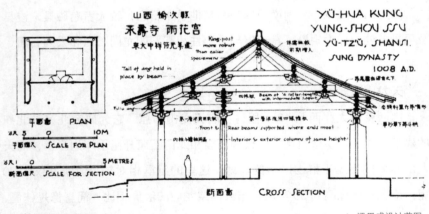

▲ 太原永寿寺雨花宫，中国第三古老的木建筑，唐宋木构过渡形式的重要实例，已被拆除，不复存在

▲ 梁思成设计草图

年至 1937 年之间，我六度赴晋，三次访晋北，其余三次访晋中与晋南。

几乎在每座小城镇里，或在群山之间，总会遇到一些外貌古旧的楼宇、佛寺或道观，其年代早至 12 世纪、13 世纪或更久远。正是在山西省，在我们赴太原中途，位于榆次附近离火车铁轨不到 20 码处，一座小建筑与我们不期而遇。它极为匀称，纪年为 1008 年，是迄今已知第三古老的木构建筑[1]；在太谷，三座宋、金时期的庙宇保存完好；祭祀清泉圣母的花园寺庙晋祠，建于 1023 年至 1031 年间，是最美丽的并垣名胜；奇特的小建筑如俯瞰汾河的灵石民房，地基为高达 100 英尺的挡土墙；汾阳附近大路边，铸铁佛像趺坐于灵岩寺堂皇残址的瓦砾间；如此等等不一而足。我不可能逐一讲述在山西省的所有重要发现，只能挑选一些最出色的例子。

11 世纪早期的薄伽教藏

大同之盛名不仅得之于云冈伟大的北魏石窟，亦得之于城中辽（公元 937—1125 年）、金（公元 1125—1234 年）时期的寺宇。上下华严寺原为一体，占地辽阔，楼阁有上百之数，然近千年内，大多庙宇逐渐为世俗用途所蚕食。从此薄伽教藏彻底脱离上寺，开始以下寺而知名。它是一座特别有趣的建筑，建殿意在收藏佛经，沿大殿三面墙上置壁柜式经橱藏之。这些经橱极罕见，橱顶有微缩楼阁以象征天宫，殿心大坛上为中国最精美的泥塑佛像群之一。三本尊趺坐于宝座，胁侍尊者、菩萨、金刚护卫。这组群像外形秀丽，色泽柔美黯淡，逃脱了中国古老造像的常例，未遭后世"翻新"之厄。在一根梁下用墨汁写有建殿年代，为公元 1038 年。这种做法是中国旧例，而此年代亦为至今尚存的极少数早期纪年之一。

1　即永寿寺雨花宫。——林鹤、李道增注

中国唯一的木塔

应县去大同西 50 英里许，靠近长城向内的沿线处。这个小镇的盐碱地令它饱尝穷困之苦，镇上仅见几百家土坯房、十余株树木。值得它自夸的是，这里有中国现存的唯一木塔。

通汽车的大路距小镇最近处约 25 英里，旅客须从那里换乘骡车，忍受 6 个小时的颠簸。我到镇西 5 英里外时，正是落日时辰。前方几乎笔直的道路尽头，兀然间看见睹紫色天光下远远闪烁着的珍宝：红白相间的宝塔映照着金色的夕阳，掩映在远山之上。这座五层的宝塔从四周原野上拔地而起，高约 200 英尺，天晴时分从 20 英里外就能看见。

我进入城垣时天色已黑。塔身如黑色巨人般笼罩全镇，但顶层南侧犹见一丝光亮，自一片漆黑中透出一个亮点。后来我发现，那是"长明灯"，自九百年前日日夜夜地亮到如今。

宝塔建于 1056 年。平面作八角形，通身木构，将五个单层的中国建筑层层相叠为五层。首层重檐承以巨大的斗拱，类似蓟县观音阁的形式。其上四层均环有平座及出檐，各以斗拱支撑。每层四正面辟门，另外四面俱作板条抹灰墙，饰以尊者和菩萨的画像。

底层的八角形佛殿中央为释迦牟尼的巨型泥塑，而以上诸层各有不同的佛像，多有胁侍尊者及菩萨。

木塔顶部结以一个精致的锻铁攒尖顶，以八条铁链系于顶层屋角。一个晴朗的午后，我专心致志地在塔尖测量和拍摄，未曾注意头顶的云层迅速地合拢了。随即一声惊雷突然在身边爆响，我大吃一惊，险些在高出地面 200 英尺的上空松开手中冰凉的铁链。我与此相仿的唯一历险是，没有依例听见空袭警报，日军的飞机在我家四周投下了几枚 250 磅的炸弹，其中最近的一枚仅在 20 英尺外。

这座木塔如此见宠于自然界，已经进入了千年轮回的最后一百年，但它现在也许正在日本人的手中挣扎着。1937年秋，日军围困并占领了应县。

霍山广胜寺，非凡的建筑与非凡的壁画

1933年，在广胜寺发现一整套金代版《三藏经》（1149年），这是中国佛教典籍研究界的一件大事，正是经书的发现把我们引向了这里。

上下广胜寺位于赵城以东约15英里的霍山山口。我们在那里发现了两组建筑，可能俱为元代的罕贵遗构（1280—1376年）。建筑外形与常见的中国建筑很吻合，但支撑屋顶的梁枋体系却绝非正统。自由运用了出挑深远的斜昂，展示出设计师的巨大原创力和天才，对木结构如此灵活有机的运用在我们的旅途中尚属初见。

下寺旁边是拜祭山麓泉水的龙王庙。殿宇本身重建于1319年，并无出色之处，但其壁上有一些壁画吸引了我们的注意。以往在旅途中，我们所遇壁画均取宗教题材，而在这里，我们首次目睹了如此描绘的世俗场面。其中最有趣的是一个演戏的场景，演员们的服饰宋（汉）蒙互见，程式化的面部化妆显为后世精研的舞台化妆的原型。这幅壁画对研究中国绘画和元剧都至为重要，更珍贵的是，它的铭文纪年为公元1326年。

最后的华北之行，五台山

五台山是文殊师利菩萨（中国人称文殊菩萨）的道场，远自唐代即为中国的佛教圣地。逾千年来，豪门贵族施功德的珍宝已遍布山中庙宇。因此，殿阁不断重修，涂金与油彩闪亮耀目，每年有两到三次香客云集。但在群山外缘，时髦照顾不到的地方，寒素的寺僧们负担不起大规模的修建

工程，或能找到未经触动的遗构。于是，1937 年 6 月，我自北平首途五台山。

中国最古的木构

从太原驱车约 80 英里路到东冶，我们换乘骡车，取僻径进入五台。南台之外去豆村 3 英里许，我们进入了佛光寺的山门。这座宏伟巨刹建于山麓的高大台基上，门前大天井环立古松二十余株。殿仅一层，斗拱巨大、有力、简单，出檐深远，它典型地相似于蓟县观音阁。随意一瞥，其极古立辨，但是，它会早于迄今所知最古的建筑吗？

我们怀着兴奋与难耐的猜想，越过訇然开启的巨大山门，步入大殿。殿面阔七楹，昏暗的室内令人印象非常深刻。一个巨大的佛坛上迎面端坐着巨大的佛陀、普贤和文殊，无数尊者、菩萨和金刚侍立两侧，如同魔幻的神像森林。佛坛最左端坐着一尊真人大小的女像，世俗服饰，在神像群间显得渺小而卑微。据寺僧说，这是邪恶的武后。尽管最近的"翻新"把整个神像群涂上了鲜亮的油彩，它们却无疑是晚唐的作品，一眼就可看出它们极类似敦煌石窟的塑像。

我们分析，如果面前这些塑像是幸存的唐代泥塑，则其头顶的建筑就只可能是唐代原构。显然，殿内任何东西在重建中都会毁于一旦。

次日，我们开始仔细调查整个建筑群。斗拱、梁枋、变幻的平暗[1]、石雕柱础，都被我们急切地检查一过。它们均明确无疑地显示出晚唐特征，但那还不是最奇特处。当我们爬进平暗上的黑暗空间时，我大为惊讶地发现，屋顶梁架作法仅见于唐代壁画，此前我从未亲睹实物。（借用现

---

1 原文为"天花板"，据梁思成著《中国建筑史》称"平暗"。——林鹤、李道增注

108

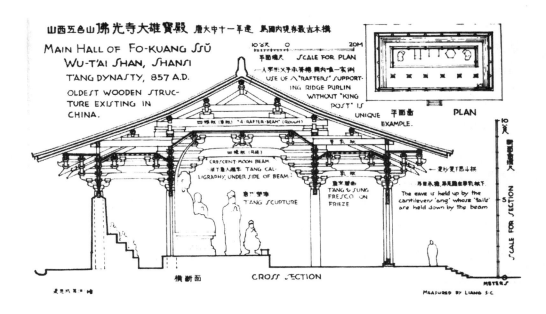

山西五台山佛光寺大雄宝殿 唐大中十一年建 为国内现存最古木构

MAIN HALL OF FO-KUANG SSŬ
WU-T'AI SHAN, SHANSI
TANG DYNASTY, 857 A.D.
OLDEST WOODEN STRUC-
TURE EXISTING IN
CHINA.

平面尺 SCALE FOR PLAN

人字形: 义手承脊樁, 国内仅此一实例
USE OF 人 "RAFTERS" SUPPORT-
ING RIDGE PURLIN
WITHOUT "KING
POST" IS
UNIQUE
EXAMPLE.

平面图 PLAN

四椽栿(清式) "4-RAFTER-BEAM" (ROUGH)

月梁(月梁)
材下有大雄字 TANG CAL-
LIGRAPHY UNDER SIDE OF BEAM

塑 学像
TANG SCULPTURE

乳栿

唐宋壁画
TANG & SUNG
FRESCO ON
FRIEZE

一昂次里里下斗栱

斗供承撩, 挑尾压在章乳栿下
The eave is held up by the
cantilevers 'ang' whose 'tails'
are held down by the beam.

横断面 CROSS SECTION

梁思成测绘

MEASURED BY LIANG S.C.

▲ 佛光寺大雄宝殿横断面图

代的名称）使用双"椽"[1]而不用"王柱"[2]，与后世中国建筑方法相反，全然出乎我的意料。

平暗上的"阁楼"里，上千蝙蝠丛生于脊桁四周，如同厚敷其上的一层鱼子酱，竟至于无法看见上面可能标明的年代。蝙蝠身上寄生的臭虫数以百万计，于木料上大量滋生着。我们立足的平暗上面厚积微尘，也许历几个世纪方积淀至此，其上到处点缀着小小的蝙蝠尸体。我们的口鼻上蒙着厚面罩，几乎透不过气，在一片漆黑与恶臭之间，借手电光进行着测绘

1　梁思成著《中国建筑史》称"双叉手"。——林鹤、李道增注
2　梁思成著《中国建筑史》称"侏儒柱"。——林鹤、李道增注

和拍摄。几个小时以后，当我们钻出檐下呼吸新鲜空气时，发现无数臭虫钻进了留置平暗上的睡袋及睡袋内的笔记本里；我们也被咬得很厉害，但我追猎遗构多年，以此时刻最感快慰。不出所料，队中同人均对身体的苦楚一笑了之。

大殿墙面原本定有壁画为饰，早已不存。至今唯一留存壁画之处是"拱眼壁"，过梁上斗拱间抹灰的部分。拱眼壁的不同部分，彩画的工艺水准悬殊，年代也明显不同。其中一段画有佛像，后有背光花纹，纪年为公元1122年。旁边一段画有佛和胁侍菩萨，显然年代更早，艺术特点更佳。这一段与敦煌石窟壁画相似处最为惊人，它只会是唐代的。尽管只是一小片墙面，位于不起眼处，据我所知，它却是除敦煌壁画以外，中国本土现存唯一的唐代壁画。

确认功德主与年代

在大殿工作的第三天，我的妻子注意到，在一根梁底有非常微弱的墨迹——它蒙尘很厚，模糊难辨，但是这个发现在我们中间就像电光一闪，我们最乐意在梁上或在旁边的碑石上读到建筑的确切年代。以风格为据判断一处古构的大致年代，是一个费力不讨好的过程。虽手边有令人信服的材料且苦苦研究过，在证据不足时，我们还是不得不谦抑地将建筑的年代假设在二三十年之间，有时斟酌范围竟达半个世纪！此处，高山孤松之间即是伟大的唐代遗构，首次完璧现于世人面前，值得我们仔细研究、特别认识。但是它的年代如何确定？伟大的唐朝自公元618年延续至907年，300年间各门类文化均得以强盛发展。在这300年中间，这座生动的古刹始建于哪一年，这个疑问难道过于好奇了吗？

现在，带有模糊笔迹的梁枋很快就会告诉我们这个迫切的答案，但是它们被后世的淡赭色涂层所蔽。必须在价值连城的佛像之间搭造灵活的脚手架，以接近那些有字的梁。而在我们得以靠近上面由建殿匠人写下的启示性文字之前，这些梁本身也需要用毛巾清水洗净。但是这里远离人烟，人手难觅。等待做出必需的安排之际，我的妻子尽心地投入了工作。她把头弯成最难受的姿势，急切地从下面各种角度审视着这些梁。费力地试了几次以后，她读出了一些不确切的人名，附带有唐代的冗长官衔，但是最重要的名字位于最右边一根梁上，只能读出一部分："佛殿主上都送供女弟子宁公遇。"她，一位女性，第一个发现这座最珍贵的中国古刹是由一位女性捐建的，这似乎大不可能是个巧合。当时她担心自己的想象力太活跃，读错了那些难辨的字。她离开大殿，到阶前重新查对立在那里的石经幢。她记得曾看见上面有一列带官衔的名字，与梁上写着的那些有点相仿，她希望能够找到一个确切的名字。于一长串显贵的名字间，她大喜过望地清晰辨认出了同样的一句："女弟子佛殿主宁公遇。"

这个经幢的纪年为"唐大中十一年"，即公元 857 年。

随即我们醒悟，寺僧说是"武后"的那个女人，世俗穿戴、谦卑地坐在坛梢的小塑像，正是功德主宁公遇本人！让功德主在佛像下坐于一隅，这种特殊的表现方法常见于敦煌的宗教绘画中。于此发现庙中的立体塑像取同一布置惯例，这喜悦非同小可。

设此经幢于殿成后不久即树于此地，则大殿的年代即可确认，它比蓟县观音阁只早了 127 年。经年搜求中，这是我们至今所遇唯一的唐代木构建筑。不仅如此，在同一座大殿里，我们同时发现了唐代的绘画、唐代的书法、唐代的雕塑和唐代的建筑。此四者一已称绝，而四艺集于一殿更属海内无双，我最重要的发现当是此处。恐怕将来未必能够更见任何同等古迹，更何况四艺合一之处。

足 尖 奔 走

战争：营造学社迁往华南

离开佛光寺前，我将此处发现报告给山西省政府及国家古迹保护委员会，我是这个委员会的一个成员。向长老道别时我的兴致颇高，应承明年重来时携政府基金以广为修葺。我们在五台人迹稠密区进行了普查，未见重大遗构值得多耗时日。我们取道北麓通代县的路线离开山区，代县的规划十分精彩，我们在那里舒坦地工作了几天。

7月15日，一天劳作之余，我们见到了由太原运抵的成捆报纸，洪水冲溃人路将这些报纸耽搁了几天。我们放松地躺上行军床开始读报："日军猛烈进攻我平郊据点"，战争已经爆发一个星期了。我们几经波折，设法绕路回到北平。

一个月后，北平沦陷。不久，中国营造学社和许多文化教育机构一样迁往华南。过去三年，我们在华南诸省进行了更多野外考察，我将留俟他日讲述其结果。

我曾在华北调研过的多数地方现在都落入了日军手中，比如我最牵怀的唐代遗构所在的豆村，过去在外界并不知名，现在却再三见诸报端，或为日本人进攻五台的基地，或为中国人反攻的目标。我怀疑唐代遗构能否在战后幸免于难，万望我的照片和测绘不会是它目前所遗之唯一记录。

待战争结束，除了寻找更多新资料用于深入研究以外，当另有一项额外的任务，就是重访我们旧日的足迹，看看日军的炮火毁掉了多少无可替代的珍宝。

正定纪游 [1]

"榆关变后还不见有什么动静，滦东形势还不算紧张，要走还是趁这时候走"，朋友们总这样说，所以我带着绘图生莫宗江和一个仆人，于四月十六日由前门西站出发，向正定去。平汉车本来就糟，七时十五分的平石通车更糟，加之以"战时"情形之下，其糟更不可言。沿途接触的都是些武装同志，全车上买票的只有我们，其余都是用免票"因公"乘车的健儿们。

车快到涿州，已经缓行，在铁路的西边五六十米，忽见一堆惹人注目的小建筑物。围墙之内在主要中线上，前面有耸起的塔，后面有高起的台基，上有出檐深远歇山的正殿；两山没有清式通用的山花板，而有悬鱼，塔之前有发券的三座门。我正在看得高兴，车已开过了这一堆可爱的小建筑，而在远处突然显出涿州的城墙，不到一分钟，车已进站停住，窗前只是停在那里的货车和车上的军需品。回程未得在此停留，回来后在《畿辅通志》卷一七九翻得"普寿寺在州东三里，浮图高十丈……"，又曰"一名清凉寺，在城东北三里，地名北台，浮图石台俱存……中有万历时碑记，传为宋太祖毓灵之所云"。

车过保定，下去了许多军人，同时又上来了不少，其中有一位八十八

1　本篇为《正定调查纪略》的选章，作于 1933 年。

师的下级军官，我们自然免不了谈些去年"一·二八"的战事。

下午五时到正定，我和那位同座的军官告别下车。为工作便利计，我们雇了车直接向东门内的大佛寺去。离开了车站两三里，穿过站前的村落，又走过田野，我们已来到小北门外，洋车拉下了干涸的护城河，又复拉上，然后入门。进城之后，依然是一样的田野，并没有丝毫都市模样。车在不平的路上，穿过青绿的菜田，渐渐地走近人烟比较稠密的部分。这些时左边已渐繁华，右边仍是菜圃。在东（左）边我们能看见远处高大的绿色玻璃庑殿顶，东南极远处有似瞭望台的高建筑物。顺着地平由左向右看（由东而南而西），更有教堂的塔尖、八角形的塔（那是在照片里已瞻仰过的天宁寺木塔）、绿色玻璃屋顶、四方形的开元寺砖塔。我因在进城后几分钟内所得到的印象，才恍然大悟正定城之大出乎意料，但是当时我却不知在我眼前这一大片鳞次栉比屋舍之中，还蕴藏着许多宝贝。

在正定的街市上穿过时最惹我注目的有三样东西：一、每个大门内照壁上的小神龛，白灰的照壁，青砖的小龛，左右还有不到一尺长的红纸对联，壁前一株夹竹桃或杨柳，将清凉的疏影斜晒在壁上，家家如此，好似在表明家家照壁后都有无限清幽的境界。二、鼓镜特高的柱础，沿街两旁都有走廊，廊柱下石础上有八九寸高的鼓镜，高略如柱径。沿街铺廊的柱础都是如此，显然是当地的特征。三、在铺廊或住宅大门檐下，檐檩与檐枋之间，都不用北平所常见的垫板，而用三朵荷叶或荷花垫托，非常可爱。此外在东西大街两旁的屋顶上，用砖砌成小墩，上面有遮过全街宽的凉棚架，令我想到他们夏天街上的清凉。

在一架又一架凉棚架下穿行了许久，我左右顾看高起的鼓镜和檐枋间的小垫块，忽然已到了敕建隆兴寺[1]山门之前。车未停留，匆匆过去，一瞥间，我只看见山门檐下斗拱结构非常不顺眼。车绕过了山门，向北顺着一道很长的墙根走，墙上免不了是"党权高于一切""三民主义……"一类的标语。我们终于被拉到一个门前放下，把门的兵用山西口音问我来做什么，门上有陆军某师某旅某团机关枪连的标志。我对他们说明我们的任务，候了片刻，得了连长允许，被引到方丈去。

一位60岁左右的老和尚出来招待我们，我告诉他，我们是来研究隆兴寺建筑的，并且表示愿在此借住。他因方丈不在家，不能做主，请我们在客堂等候。到方丈纯三回来，安排停当之后，我们就以方丈的东厢房做工作的根据地，但因正定府城之在，使我们住在城东的，要到西门发封电信都感到极不方便。

在黄昏中，莫君与我开始我们初步的游览。由方丈处穿过关帝庙，来到慈氏阁的北面，我们已在正院的边上。在这里我才知道刚才进小北门时所见类似瞭望台式的高建筑物，原来是纯三方丈所重修的大悲阁。在须弥座上，砌起十丈多高的半圆拱龛，类似罗马教堂宫苑中的大松球龛（Nich of the Pine Cone），龛上更有三楹小殿，这时木匠忙着在钉殿顶上的望板。在大悲阁前，有转轮藏与慈氏阁两座显然相同的建筑相对而立。我们先进慈氏阁看看内部的构架，下层向南的下檐已经全部毁坏，放入惨淡的暮色。殿内有弥勒（？）立像，两旁有罗汉。我们上楼，楼梯的最下几级已没有了，但好在还爬得上去。上层大部没有地板，我们战兢地看了一会儿，在几不可见的苍茫中，看出慈氏阁上檐斗拱没有挑起的后尾，于是大

---

1 隆兴寺位于河北省正定县城内，又称大佛寺，始建于隋朝，对称"龙藏寺"，唐朝改名为"龙兴寺"，康熙年间赐额"隆兴寺"。

足 尖 奔 走

失所望地下楼。我们越过院子，有了转轮藏殿的下部，与显然由别处搬来寄居的坦腹阿弥陀佛，不竟相对失笑，此后又凭吊了他背后破烂的转轮藏，却没有上楼。

慈氏阁转轮藏殿之间，略南有戒坛，显是盛清的形制。戒坛前面有一道小小的牌楼，形制甚为古劲。穿过牌楼门，庞大的摩尼殿整个横在前面。天已墨黑，殿里阻深，对面几不见人，只听到上面蝙蝠唧唧叫唤。在殿前我们向南望了六师殿的遗址，和山门的背面，然后回到方丈处去晚斋。豆芽、菠菜、粉丝、豆腐、面、大饼、馒头、窝窝头，我们竟然为研究古建筑而茹素，虽然一星期的斋戒，曾被荤浊的罐头宣威火腿破了几次。

晚上纯三方丈来谈，说起前几天燕京大学许地山、容希伯、顾颉刚诸先生的来游。我将由故宫摹得乾隆年间重修正定隆兴寺图与和尚看，感叹了行宫之变成天主教堂，并且得悉可贵的《隆兴寺志》[1]已于民国十八年寺产被没收为国民党党部的失却，现在已无法寻找。

第二天早六时，被寺里钟声唤醒，昨日的疲乏顿然消失。这一天主要工作仍是将全寺详游一遍，以定工作的方针。大悲阁的宋构已毁去什九，正由纯三重修拱形龛，龛顶上工作纷纭，在下面测画颇不便，所以我们盘桓一会儿，向转轮藏殿去。大悲阁与藏殿之间，及大悲阁与慈氏阁之间，都有一座碑亭，完全是清式。转轮藏前的阿弥陀佛依然笑脸相迎，于是绕到轮藏之后，初次登楼。越过没有地板的梯台，再上大半没有地板的楼上，发现藏殿上部的结构，有精巧的构架，与《营造法式》完全相同的斗拱，和许多许多精美奇特的构造，使我们高兴到发狂。

---

1 《隆兴寺志》为乾隆十三年手抄奉，新中国成立后已找到，现存隆兴寺保管所。

　　摩尼殿是隆兴寺现在诸建筑中最大最重要者。十字形的平面，每面有歇山向前，略似北平紫禁城角楼，这式样是我们在宋画里所常见，而在遗建中尚未曾得到者。斗拱奇特：柱头铺作小而简单；补间铺作大而复杂，而且在正角内有四十五度的如意拱，都是后世所少见。殿内供释迦及二菩萨，有阿难迦叶二尊者，并天王侍立。摩尼殿前有甬道，达大觉六师殿遗址，殿已坍塌，只剩一堆土丘，约高丈许。据说燕大诸先生将土丘发掘，曾得了些琉璃，惜未得见。土丘东偏有高约七尺武装石坐像，雕刻粗劣，无美术价值，且时代也很晚，大概是清代遗物。这像本来已半身埋在土中，亦经他们掘出。

　　由土丘南望，正见山门之背。山门已很破，一部分屋顶已见天。东西间内供有四天王，并不高明。山门宋式斗拱之间，还夹有清式平身科（补间铺作），想为清代匠人重修时蛇足的增加，可谓极端愚蠢的表现。山门之北，左右有钟楼鼓楼遗址，钟楼的四根角柱石还矗立在土堆中，铁钟卧倒在地上。但在乾隆重修图上，原来的钟鼓楼并不在此。也许是后来移此，也许是乾隆时并没有依图修理，都有可疑。

寺的主要部分，如此看了一遍。次步工作便须将全城各处先游一周，依遗物之多少，分配工作的时间。稍息之后，我们带了摄影机和速写本出去"巡城"。我所知道的古建只有"四塔"和名胜一处——数百年来修葺多次的阳和楼。天宁寺木塔离大佛寺最近，所以我们就将它作第一个目标，然后再去看临济寺的青塔、广惠寺的花塔[1]、开元寺的砖塔。

初夏天气，炎热已经迫人，我们顺着东大街西走约有两里，来到寺前空地。空地比寺低洼许多，塔的周围便是这空地和水塘，天宁寺全部仅存塔前小屋一院。塔前有明碑，一立一卧，字迹已不甚可辨。我勉强认读碑文，但此文于塔的已往并未有所记述，我们只将塔基平面测绘而已。回到大街，过街南行，不到几步，又看见田野。正定城大人稀，城市部分只沿着主要的十字街。临济寺的青塔，就在城东南部田野与住宅区相接处。青塔是四塔中之最小者，不似其他三塔之耸起，由形制上看来，也是其中之最新者。我们对青塔上的工作只是平面图的测量，和几张照片，不幸照片大部分走了光，只剩一张全影。

我们走了许多路，天气又热，不竟觉渴，看路旁农人工作正忙，由井中提起一桶一桶的甘泉，决计过去就饮，但是因水里满是浮沉的微体，只得忍渴前行。

青塔南约里许，也在田野住宅边上，立着奇特的花塔。原来的广惠寺

1　花塔，在河北正定县城内，形制甚为特殊，为国内佛塔中一孤例。一般称为广惠寺华塔，俗呼"花塔"。

也是只余小殿三楹，且塔基部分破坏已甚，塔门已经堵塞，致我们不能入内参看。

　　我们看完这三座塔后，便向南大街走。沿南大街北行，不久便被一座高大的建筑物拦住去路。很高的砖台，上有七楹殿，额曰阳和楼，下有两门洞，将街分左右，由台下穿过。全部的结构就像一座缩小的天安门，这就是《县志》里有多少篇重修记的名胜阳和楼。砖台之前有小小的关帝庙，庙前有台基和牌楼。阳和楼的斗拱，自下仰视，虽不如隆兴寺的伟大，却比明清式样雄壮得多，虽然多少次重修，但仍得幸存原构，这是何等侥幸。我私下里自语，"它是金元间的作品，殆无可疑"，但是这样重要的作品，东西学者到过正定的全未提到，我又觉得奇怪。门是锁着的，不得而入，看楼人也寻不到，徘徊瞻仰了些时，已近日中时分，我们只得向北回大佛寺去。在南大街上有好几道石牌楼，都是纪念明太子太保梁梦龙的。

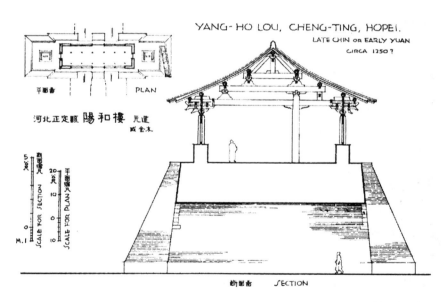

▲ 手绘河北正定县
阳和楼平面及断面图

中途在一个石牌楼下的茶馆里，竟打听到看楼人的住处。

开元寺俗称砖塔寺。下午再到阳和楼时，顺路先到此寺，才知现在是警察教练所。砖塔的平面是四方形，各层的高度也较平均，其形制显然是四塔中最古者，但是砖石新整，为后世重修，实际上又是四塔中最新的一个。

开元寺除塔而外，尚存一殿一钟楼，而后者却是我们意外的收获。钟楼的上层外檐已非原形，但是下檐的斗拱和内部的构架，赫然是宋初（或更古！）遗物。楼上的大钟和地板上许多无头造像，都是有趣的东西，这钟楼现在显然是警察的食堂。开元寺正殿却是毫无趣味的清代作品，里面站在大船上的佛像，更是俗不可耐。

离开开元寺，我们还向阳和楼去。在楼下路东一个街民家里，寻到管理人。沿砖台东边拾级而登，台上可以瞭望全城。台上有殿七楹，东西碑亭各一。殿身的梁拱斗拱，使我们心花怒放，知道这木构是宋式与明清式间紧要的过渡作品。这一下午的工作，就完全在平面和斗拱之测绘。

回到寺里，得到滦东紧急的新闻，似乎有第二天即刻回平之必要。虽然后来又得到缓和的消息，但是工作已不能十分的镇定。原定两星期工作的日程，赶紧缩短，同时等候更坏的消息，预备随时回平。

第三天游城北部，北门里的崇因寺和北门外的真武庙。崇因寺是万历年间创建，我们对它并没有多大的奢望。真武庙《县志》称始于宋元，但是现存者乃是当地的现代建筑，正脊垂脊和搏风头上却有点有趣的雕饰。

回途到府文庙，现在的第七中学。在号房久候之后，蒙教务主任吴冶民先生领导参观。我们初次由小北门内远见的绿琉璃殿顶，原来就是大成殿，现在的"中山堂"，正脊虽短促，但柱高，斗拱小，出檐短，显然是明末作品。前殿至图书馆的斗拱却惹人注意，可惜殿内斗拱的后尾被白灰顶棚所遮藏，不得见其底细。记得进门时，在墙上仿佛见有"教育要艺术化"的标语，不知是否就如此解法。殿前泮水池上的石桥，雕工虽不精细而古雅，大概也是明以前物。

由府文庙出来，我们来到县政府，从前的正定府衙门。府衙门的大堂是一座庞大而无斗拱的古构，由规模上看来，或许也是明构。府衙门和文庙前的牌楼，都用一种类似"偷心"华拱的板块代替斗拱，这个结构还是初次见到。府衙门之外，还有一座楼，现在改为民众图书馆，形式颇为丑怪。在回寺途中，路过镇台衙门，现在的七师附小，在门内看见一对精美绝伦的铁狮，座上有元至正二十八年年号和铸铁匠人的名姓。

第三天的工作如此完结，我觉得我对正定的主要建筑物已大略看过一次，预备翌晨从隆兴寺起，做详测工作。

第四天棚匠已将转轮藏殿所需要用的架子搭妥。以后两天半，由早七时到晚八时，完全在转轮藏殿、慈氏阁、摩尼殿三建筑物上细测和摄影。其中虽有一天的大雷雨雹，晚上骤冷，用报纸辅助薄被之不足，工作却还顺利。这几天之中，一面拼命赶着测量，在转轮藏平梁叉手之间，或摩尼殿替木襻间之下，手按着两三寸厚几十年的积尘，量着材梁拱斗，一面心里惦记着滦东危局，揣想北平被残暴的邻军炸成焦土，结果是详细之中仍

▲ 梁思成正定隆兴寺实测记录手稿

121

足 尖 奔 走

多遗漏，不禁感叹"东亚和平之保护者"的厚赐。

第六天的下午在隆兴寺测量总平面，便匆匆将大佛寺做完。最后一天，重到阳和楼将梁架细量，以补前两次所遗漏。余半日，我忽想到还有县文庙不曾参看，不妨去碰碰运气。

县文庙前牌楼上高悬着正定女子乡村师范学校的匾额，我因记起前次在省立七中的内久候，不敢再惹动号房，所以一直向里走，以防时间上不必需的耗失，预备如果建筑上没有可注意的，便立刻回头。走进大门，迎面的前殿便大令人失望，我差不多回头不再前进了，忽想"既来之则看先之"比较是好态度，于是信步绕越前殿东边进去。果然！好一座大成殿，雄壮古劲的五间，赫然现在眼前。正在雀跃高兴的时候，觉得后面有人在我背上一拍，不竟失惊回首。一位须发斑白的老者，严重地向着我问来意，并且说这是女子学校，其意若曰"你们青年男子，不宜越礼擅入"。经过解释之后，他自通姓名，说乃是校长，半信半疑地引导着我们"参观"。我又解释我们只要看大成殿，并不愿参观其他。因为时间短促，我们匆匆便开始测绘大成殿——现在的食堂——平面。校长起始耐心陪着，不久或许是感觉枯燥，或许是看我们并无不轨行动，竟放心地回校长室去。可惜时间过短，断面及梁架均不暇细测。完了之后，校长又引导我们看了几座古碑，除一座元碑外，多是明物。我告诉他，这大成殿也许是正定全城最古的一座建筑，请他保护不要擅改，以存原形。他当初的怀疑至时仿佛完全消失，还殷勤地送别我们。

下午八时由大佛寺向车站出发，等夜半的平汉特别快。因为九点闭城的缘故，我们不得不早出城，到站等候。站上有整列的敞车，上面满载着没有炮的炮车，据说军队已开始向南撤退。全站的黑暗忽被惨白的水月电灯突破，几分钟后，我们便与正定告别北返。翌晨醒来，车已过长辛店了。

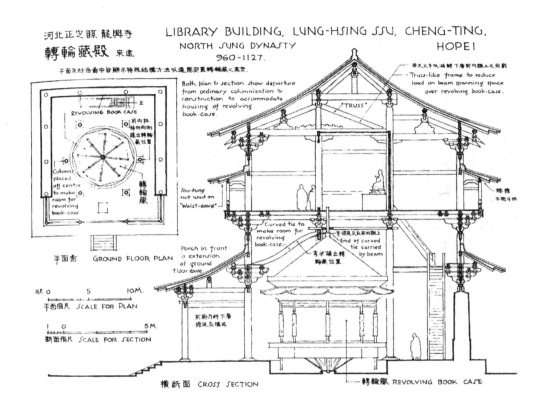

▲ 手绘河北正定县隆兴寺转轮藏殿平面及断面图

晋汾古建筑预查纪略 [1]

　　去夏乘暑假之便，作晋汾之游。汾阳城外峪道河，为山西绝好消夏的去处。地据白彪山麓，因神头有"马跑神泉"，自从宋太宗的骏骑蹄下踢出甘泉，救了干渴的三军，这泉水便没有停流过，千年来为沿溪数十家磨坊供给原动力，直至电气磨机在平遥创立了山西面粉业的中心，这源源清流始闲散地单剩曲折的画意。辘辘轮声既然消寂下来，而空静的磨坊，便也成了许多洋人避暑的别墅。

　　说起来中国人避暑的地方，哪一处不是洋人开的天地，北戴河、牯岭、莫干山……所以峪道河也不是例外。其实去年在峪道河避暑的，除去一位娶英籍太太的教授和我们外，全体都是山西内地传教的洋人，还不能说是中国人避暑的地方呢。在那短短的十几天，令人大有"人何寥落"之感。

　　以汾阳峪道河为根据，我们曾向邻近诸县作了多次的旅行，计停留过八县地方，为太原、文水、汾阳、孝义、介休、灵石、霍县、赵城，其中介休至赵城间300余里，因同蒲铁路正在炸山兴筑，公路多段被毁，故大半竟至徒步，滋味尤为浓厚。餐风宿雨，两周艰苦简陋的生活，与寻常都市相较，至少有两世纪的分别。我们所参诣的古构，不下三四十处，元明

1　本文原载 1935 年《中国营造学社汇刊》第五卷第三期，由林徽因、梁思成合著。

遗物，随地遇见，现在仅择要纪述。

汾阳县　峪道河　龙天庙

在我们住处，峪道河的两壁山崖上，有几处小小庙宇。东崖上的实际寺，以风景幽胜著名。神头的龙王庙，因马跑泉享受了千年的烟火，正殿前有拓黑了的宋碑，为这年代的保证，这碑也就是这庙里唯一的"古物"。西岩上南头有一座关帝庙，几经修建，式样混杂，别有趣味。北头一座龙天庙，虽然在年代或结构上并无可以惊人之处，但秀整不俗，我们却可以当它作山西南部小庙宇的代表作品。

龙天庙在西岩上，庙南向，其东边立面，厢庑后背。钟楼及围墙，成一长线剪影，隔溪居高临下，隐约白杨间。在斜阳掩映之中，最能引起沿溪行人的兴趣。山西庙宇的远景，无论大小都有两个特征：一是立体的组织，权衡俊美，各部参差高下，大小相依附，从任何视点望去均恰到好处；一是在山西，砖筑或石砌物，斑彩醇和，多带红黄色，在日光里与山冈原野同醉，浓艳夺人，尤其是在夕阳西下时，砖石如染，远近殷红映照，绮丽特甚。在这两点上，龙天庙亦非例外。谷中外人30年来不识其名，但据这种印象，称这庙作"落日庙"并非无因的。

庙周围土坡上下有盘旋小路，坡孤立如岛，远距村落人家。庙前本有一片松柏，现时只剩一老松，孤傲耸立，缄默口同守卫将士。庙门整日闭锁，少有开时，苟遇一老人耕作门外，则可暂借锁钥，随意出入。本来这一带地方多是道不拾遗、夜不闭户的，所谓锁钥亦只余一根铁钉及一种形式上的保管手续而已，这现象竟亦可代表山西内地其他许多大小庙宇的保管情形。

庙中空无一人，蔓草晚照，伴着殿庑石级，静穆神秘，如在画中。两厢为"窑"，上平顶，有砖级可登，天晴日美时，周围风景全可入览。此带山势和缓，平趋连接汾河东西区域，远望绵山峰峦，竟似天外烟霞，但傍晚时，默立高处，实不竟古原夕阳之感。近山各处全是赤土山级，层层平削，像是出自人工，农民多辟洞"穴居"耕种其上。麦黍赤土，红绿相间成横层，每级土崖上所辟各穴，远望似乎列桥洞，景物自成一种特殊风趣。沿溪白杨丛中，点缀土筑平屋小院及磨坊，更显错落可爱。

龙天庙的平面布置南北中线甚长，南面围墙上辟山门。门内无照壁，却为戏楼背面。山西中部南部我们所见的庙宇多附属戏楼，在平面布置上没有向外伸出的舞台。楼下部实心基坛，上部三面墙壁，一面开敞，向着正殿，即为戏台。台正中有山柱一列，预备挂上帷幕可分成前后台。楼左阙门，有石级十余可上下。在龙天庙里，这座戏楼正堵截山门入口处成一大照壁。

转过戏楼，院落甚深，楼之北，左右为钟鼓楼，中间有小小牌楼，庭院在此也高起两三级划入正院。院北为正殿，左右厢房为砖砌窑屋各三间，前有廊檐，旁有砖级，可登屋顶。山西乡间穴居仍盛行，民居喜砌砖为窑（即券洞），庙宇两厢亦多砌窑以供僧侣居住，窑顶平台均可从窑外梯级上下。此点酷似墨西哥红印人之叠层土屋，有立体堆垒组织之美。钟鼓楼也以发券的窑为下层台基，上立木造方亭，台基外亦设砖级，依附基墙，可登方亭。全建筑物以砖造部分为主，与他省木架钟鼓楼异其风趣。

正殿前脚外尚有一座开敞的过厅，紧接廊前称"献食棚"。这个结构实是一座卷棚式过廊，两山有墙而前后檐柱间开敞，没有装修及墙壁。它的功用则在名义上已很明了，不用赘释了。在别省称祭堂或前殿的，与正殿都有相当的距离，而且不是开敞的，这献食棚实是祭堂的另一种有趣的做法。

龙天庙里的主要建筑物为正殿。殿三间，前出廊，内供龙天及夫人像。按廊下清乾隆十二年碑说：

> 龙天者，介休令贾侯也。公讳浑，晋惠帝永兴元年，划元海……攻陷介休，公……死而守节，不愧青天。后人……故建庙崇祀，……像神立祠，盖自此始矣。……

这座小小正殿，"前廊后无廊"，本为山西常见的做法，前廊檐下用硕大的斗拱，后檐却用极小，乃至不用斗拱，将前后不均齐的配置完全表现在外面，是河北省所不经见的，尤其是在旁边看其所呈现象，颇为奇特。

至于这殿，按乾隆十二年《重增修龙天庙碑记》说：

按正殿上梁所志系元季丁亥元顺帝至正七年（公元 1347 年）重建。

> 正殿三小间，献食棚一间，东西厦窑二眼，殿旁两小房二间，乐楼三间。……鸠工改修，计正殿三大间，献食棚三间，东西窑六眼，殿旁东西房六间，大门洞一座……零余银备异日牌楼钟鼓楼之费。……

所以我们知道龙天庙的建筑，虽然曾经重建于元季，但是现在所见，竟全是乾、嘉增修的新构。

殿的构架，由大木上说，是悬山造，因为各檩头皆伸出到柱中线以外甚远，但是由外表上看，却似硬山造，因为山墙不在山柱中线上，而向外移出，以封护檩头。这种做法亦为清代官式建筑所无。

这殿前檐的斗拱，权衡甚大，斗拱之高，约及柱高之四分之一，斗拱之布置，亦极疏朗，当心间用补间铺作一朵，次间不用。当心间左右两柱头并补间铺作均用四十五度斜拱。柱身微有卷杀，阑额为月梁式，普拍枋宽过阑额。这许多特征，在河北省内唯在宋元以前建筑乃得见，但在山西，明末清初比比皆是，但细查各拱头的雕饰，则光怪陆离，绝无古代沉静的气味。两平柱上的丁头拱（清称雀替），且刻成龙头象头等形状。

殿内梁架所用梁的断面，亦较小于清代官式的规定，且所用驼峰、替木、叉手等结构部分，都保留下古代的做法，而在清式中所不见的。

全殿最古的部分是正殿匾牌。这牌的牌首、牌带、牌舌，皆极奇特，与古今定制都不问，不知是否原物，虽然牌面的年代是确无可疑的。

汾阳县　大相村　崇胜寺

由太原至汾阳公路上，将到汾阳时，便可望见路东南百余米处，耸起一座庞大的殿宇，出檐深远，四角用砖筑立柱支着，引人注意。由大殿之东，进村之北门，沿寺东墙外南行颇远，始到寺门。寺规模宏敞，连山门一共六进。山门之内为天王门，天王门内左右为钟鼓楼，后为天王殿，天王殿之后为前殿、正殿（毗卢殿）及后殿（七佛殿）。除去第一进院之外，每院都有左右厢，在平面布置上，完全是明清以后的式样，而在构架上，则差不多各进都有不同的特征，明初至清末各种的式样都有代表"列席"。在建筑本身以外，正殿廊前放着一造像碑，为北齐天保三年物。

天王殿正中弘治元年（公元 1488 年）碑说：

　　大相里横枕卜山之下……古来舍刹稽自大齐天保三年（公元 552

年），大元延祐四年（公元 1317 年）……奉敕建立后殿，增饰慈尊，额题崇胜禅寺，于是而渐成规模……大明宣德庚戌五年（公元 1430 年），功竖中殿，廊庑翼如；周植树千本……大明成化乙未十一年（公元 1475 年）……构造天王殿，伽蓝宇祠，堂室俱备……

按现在情形看，天王殿与中殿之间，尚有前殿，天王殿前尚有钟楼鼓楼，为碑文中所未及，而所"植树千本"，则一根也不存在了。

山门三间，最平淡无奇，檐下用一斗三升斗拱，权衡甚小，但布置尚疏朗。

天王门三间，左右挟以斜照壁及掖。斗拱权衡颇大，布置亦疏朗，一每间用补间铺作两朵，角柱微生起，乍看确有古风，但是各拱昂头上过甚的雕饰，立刻表示其较晚的年代。天王门内部梁架都用月梁，但因前后廊子均异常的浅隘，故前后檐部斗拱的布置都有特别的结构，成为一个有趣的断面，前面用两列斗拱，高下不同，上下亦不相列，后檐却用垂莲柱，使檐部伸出墙外。

钟鼓楼天王门之后，左右为钟鼓楼，其中钟楼结构精巧，前有抱厦，顶用十字脊，山花向前，甚为奇特。

天王殿五间，即成化十一年所建，弘治元年碑，就立在殿之正中。天王像四尊，坐在东西梢间内。斗拱颇大，当心间用补间铺作两朵，次梢间用一朵，雄壮有古风。

前殿五间，大概是崇胜寺最新的建筑物，斗拱用"品"字形，上交托角替，垫拱板前罗列着全副博古，雕工精细异常，不唯是太琐碎了，而且是违反一切好建筑上结构及雕饰两方面的常规的。

前殿的东西配殿各三间，亦有几处值得注意之点。在横断面上，前后是不均齐的，如峪道河龙天庙正殿一样，"前廊后无廊"，而前廊用极大的斗拱，后廊用小斗拱，使侧面呈不均齐象。斗拱布置亦疏朗，每间用补间铺作一朵。出跳虽只一跳，在昂下及泥道拱下，却用替木式的短拱实拍承托，如大同华严寺海会殿及应县木塔顶层所见，但在此短拱拱头，又以极薄小之翼形拱相交，都是他处所未见。最奇特的乃在阑额与柱头的连接法，将阑额两端斫去一部，使额之上部托在柱头之上，下部与柱相交，是以一构材而兼阑额及普拍枋两者的功用的。阑额之下，托以较小的枋，长尽梢间，而在当心间插出柱头作角替，也许是《营造法式》卷五所谓"绰幕方"一类的东西。

正殿（毗卢殿）大概是崇胜寺内最古的结构，明弘治元年碑所载建于宣德庚戌五年（公元1430年）的中殿即指此，殿是硬山造，"前廊后无廊"，前檐用硕大的斗拱，前后亦不均齐。斗拱布置，每间只用补间铺作一朵。前后各出两跳，单抄单下昂，重拱造，昂尾斜上，以承上一缝榑，当心间补间铺作用四十五度斜拱。阑额甚小，上有很宽的普拍枋，一切尚如古制。当心间两柱，八角形，这种柱常见于六朝隋唐的砖塔及石刻，但用木的，这是我们所得见唯一的例。檐出颇远，但只用椽而无飞椽，在这种大的建筑物上还是初见。

前廊西端立北齐天保三年任敬志等造像碑，碑阳造像两层，各刻一佛二菩萨，额亦刻佛一尊。上层龛左右刻天王，略像龙门两大天王。座下刻狮子二，碑头刻蟠龙，都是极品，底下刻字则更劲古可爱。可惜佛面已毁，碑阴字迹亦见剥落了。清初顾亭林到汾访此碑，见先生《金石文字记》。

最后为七佛殿七间，是寺内最大的建筑物，在公路上可以望见。按明万历二十年《增修崇胜寺记》碑，乃"以万历十二年动工，至二十年落成"。无疑的，这座晚明结构已替换了"大元延祐四年"的原建，在全部权衡上，这座明建尚保存着许多古代的美德，例如斗拱疏朗，出檐深远，尚表现一些雄壮气概，但各部本身，则尽雕饰之能事。外檐斗拱，上昂嘴特多，弯曲已甚，要头上雕饰细巧，替木两端的花纹盘缠，阑额下更有龙形的角替，且金柱内额上斗拱坐斗之剔空花，竟将荷载之集中点（主要的建筑部分），做成脆弱的纤巧的花样。匠人弄巧，害及好建筑，以至如此，实令人怅然。虽然在雕工上看来，这些都是精妙绝伦的技艺，可惜太不得其道，以建筑物作卖技之场，结果因小失大，这巍峨大殿，在美术上竟要永远蒙耻低头。

七佛殿格扇上花心，精巧异常，为一种菱花与球纹混合的花样，在装饰图案上，实是登峰造极的，殿顶的脊饰，是山西所常见的普通做法。

汾阳县 杏花村 国宁寺

杏花村是做汾酒的古村，离汾阳甚近。国宁寺大殿，由公路上可以望见。殿重檐，上檐檐椽毁损一部，露出橑檐枋及阑额，远望似唐代刻画中所见双层额枋的建筑，放引起我们绝大的兴趣及希望，及到近前才知道是一片极大的寺址中仅剩的一座极不规矩的正殿。前檐倾圮，檐檩暴落，竟给人以奢侈的误会。廊下乾隆二十八年碑说："敕赐于唐贞观，重建于宋，历修于明代。"现存建筑大约是明时重建的。

在山西明代建筑甚多，形形色色，式样各异，斗拱布置或仍古制，或变换纤巧，陆离光怪，几不若以建筑规制论之。大殿的平面布置几成方形，重檐金柱的分间，与外檐柱及内柱不相排列。而在结构方面，此殿做法很奇特，内部梁架，两山将采步金梁经过复杂勾结的斗拱，放在顺梁上，而采步金上，又承托两山顺扒梁（或大昂尾），法式新异，未见于他处。

至于下檐前面的斗拱，不安在柱头上，致使柱上空虚，做法错谬，大大违反结构原则，在老建筑上是甚少有的。

文水县　开栅镇　圣母庙

开栅镇并不在公路上，由大路东转沿着山势，微微向下曲折，因为有溪流，有大树，庙宇村巷全都隐藏，不易即见。庙门规模甚大，丹青剥落。院内古树合抱，浓荫四布，气味严肃之极。建筑物除北首正殿，南首乐楼，巍峨对峙外，尚有东西两堂，皆南向与正殿并列，雅有古风。廊庑、碑碣、钟楼、偏院，给人以浪漫印象较他庙为深，尤其是因正殿屋顶歇山向前，玲珑古制，如展看画里楼阁。屋顶歇山，山面向前，是宋代极普通的式制，在日本至今还用得很普遍，然而在中国，由明以后，除去城角楼外，这种做法已不多见。正定隆兴寺摩尼殿，是这种做法，且由其他结构部分看去，我们知道它是宋初物。据我们所见过其他建筑歇山向前的，共有元代庙宇两处，均在正定，此外即在文水开栅镇圣母庙正殿又得见之。

殿平面作"凸"字形，后部为正方形殿三间，屋顶悬山造，前有抱厦，进深与后部同，面阔则较之稍狭，屋顶歇山造，山面向前。

后部斗拱，单昂出一跳，抱厦则重昂出两跳，布置极疏朗，补间仅一朵。昂并没有挑起的后尾，但斗拱在结构上还是有绝对的机能。耍头之上，撑头木伸出，刻略如麻叶云头，这可说是后来清式桃尖梁头之开始。前面歇山部分的构架，樽枋全承在斗拱之上，结构精密，堪称上品。正定阳和楼前关帝庙的构架和斗拱，与此多有相同的特征，但此处内部木料非常粗糙，呈简陋印象。

抱厦正面骤见虽似三间，但实只一间，有角柱而无平柱，而代之以攃柱（或称抱框），额枋是长同通面阔的。额枋的用法正面与侧面略异，亦是应注意之点，侧面额枋之上用普拍枋，而正面则不用。正面额枋之高度，与侧面额枋及普拍枋之总高度相同，这也是少见的做法。

至于这殿的年代，在正面梢间壁上有元至元二十年（公元1283年）嵌石，刻文说：

> 夫庙者元近西溪，未知何代……后于此方要修其庙……梁书万岁大汉之时。天会十年季春之月……今者石匠张莹，嗟岁月之弥深，睹栋梁之抽换……恐后无闻，发愿刻碑……

刻石如是。由形制上看来，殿宇必建于明以前，且因与正定关帝庙相同之点甚多，当可断定其为元代物。

圣母庙在平面布置上有一特殊值得注意之点。在正殿之东西，各有殿三间，南向，与正殿并列，尚存魏晋六朝东西堂之制。关于此点，刘敦桢先生在本刊五卷二期已申论得很清楚，不必在此赘述了。

义水县　文庙

义水县，县城周整，文庙建筑亦宏大出人意料。院正中泮池，两边廊庑，碑石栏杆，围衬大成门及后殿，壮丽较之都邑文庙有过无不及，但建筑本身分析起来，颇多弱点，仅为山西中部清以后虚有其表的代表作之一种。庙里最古的碑记，有宋元符三年的县学进士碑，元明历代重修碑也不少。就形制看来，现在殿宇大概都是清以后所重建。

足尖奔走

正殿，开间狭而柱高，外观似欠舒适。柱头上用阑额和由额，二者之间用由额垫板，间以"荷叶墩"，阑额之上又用肥厚的普拍枋，这四层构材，本来阑额为主，其他为辅，但此处则全一样大小，使宾主不分，极不合结构原则。斗拱不甚大，每间只用补间铺作一朵。坐斗下面，托以"皿板"刻作古玩座形，当亦是当地匠人，纤细弄巧做法之一种表现。斗拱外出两跳华拱，无昂，但后尾却有挑杆，大概是由耍头及撑头木引上。两山柱头铺作承托顺扒梁外端，内端坦然放在大梁上却倒率直。

戟门三间，大略与大成殿同时。斗拱前出两跳，单抄单下昂，正心用重拱，第一跳单拱上施替木承罗汉枋，第二跳不用拱，跳头直接承托替木，以承挑檐枋及檐桁，也是少见的做法。转角铺作不用中昂，也不用角神或宝瓶，只用多跳的实拍拱（或鞭架），层层伸出，以承角梁，这做法不只新颖，且较其他常见的尚为合理。

汾阳县　小相村　灵岩寺

小相村与大相村一样在汾阳文水之间的公路旁，但大相村在路东，而小相村却在路西，且离汾阳亦较远。灵岩寺在山坡上，远在村后，一塔秀挺，楼阁巍然，殿瓦琉璃，辉映闪烁夕阳中，望去易知为明清物，但景物婉丽可人，不容过路人弃置不睬。

离开公路，沿土路行可四五里达村前门楼。楼跨土城上，下圆券洞门，一如其他山西所见村落。村内一路贯全村前后，雨后泥泞崎岖，准同入蜀，愈行愈疲，愈觉灵岩寺之远，始悟汾阳一带，平原楼阁远望转近，不易用印象来计算距离的。及到寺前，残破中虽仅存在山门券洞，但寺址之大，一望而知。

进门只见瓦砾土丘，满目荒凉，中间天王殿遗址，隆起如冢，气象皇堂。道中所见砖塔及重楼，尚落后甚远，更进又一土丘，当为原来前殿——中间露天跌坐两铁佛，中挟一无像大莲座，斜阳一瞥，奇趣动人，行人倦旅，至此几顿生妙悟，进入新境。再后当为正殿址，背景里楼塔愈迫近，更有铁佛三尊，跌坐慈静如前，东首一尊且低头前伛，现悯恻垂注之情。此时远山晚晴，天空如宇，两址反不殿而殿，严肃丽都，不藉梁栋丹青，朝拜者亦更沉默虔敬，不由自主了。

铁像有明正德年号，铸工极精，前殿正中一尊已倾欹坐地下，半埋入土，塑工清秀，在明代佛像中可称上品。

灵岩寺各殿本皆发券窑洞建筑，砖砌券洞繁复相接，如古罗马遗建，由断墙土丘上边下望，正殿偏西，残窑多眼尚存，更像隧道密室相关联，有阴森之气，微觉可怕。中间多停棺柩，外砌砖椁，印象亦略如罗马石棺，在木造建筑的中国里探访遗迹，极少有此经验的。券洞中一处，尚存券底画壁，颜色鲜好，画工精美，当为明代遗物。

砖塔在正殿之后，建于明嘉靖二十八年，这塔可作晋冀两省一种晚明砖塔的代表。

砖塔之后，有砖砌小城，由旁边小门入方城内，别有天地，楼阁廊舍，尚极完整，但阒无人声，院内荒芜，野草丛生，幽静如梦，与"城"以外的堂皇残址，露坐铁佛，风味迥殊。

这院内左右配殿各窑五眼，窑筑巩固，背面向外，即为所见小城墙。殿中各余明刻木像一尊。北面有基窑七眼，上建楼殿七大间，即远望巍然有琉璃瓦者。两旁更有簃楼，石级露台曲折，可从窑外登小阁，转入正楼。夕阳落寞，淡影随人转移，处处是诗情画趣，一时记忆几不及于建筑结构形状。

135

下楼徘徊在东西配殿廊下看读碑文，在荆棘拥护之中，得朱之俊崇祯年间碑，碑文叙述水陆楼的建造原始甚详。

朱之俊自述：

> 夜宿寺中，俄梦散步院落，仰视左右，有楼翼然，赫辉壮观，若新成形……觉而异焉，质明举似普门师，师为余言水陆阁像，颇与梦合。余因征水陆缘起，慨然首事。……

各处尚存碑碣多座，叙述寺已往的盛史。唯有现在破烂的情形，及其原因，在碑上是找不出来的。

正在留恋中，老村人好事进来，打断我们的沉思，开始问答，告诉我们这寺最后的一页惨史。据说是光绪二十六年替换村长时，新旧两长各竖一帜，怂恿村人械斗，将寺拆毁。数日间竟成一片瓦砾之场，触目伤心，现在全寺余此一院楼厢，及院外一塔而已。

孝义县　吴屯村　东岳庙

由汾阳出发南行，本来可雇教会汽车到介休，由介休改乘公共汽车到霍州赵城等县，但大雨之后，道路泥泞，且同蒲路正在炸山筑路，公共汽车道多段已拆毁不能通行，沿途跋涉露宿，大部竟以徒步得达。

我们曾因道阻留于孝义城外吴屯村，夜宿村东门东岳庙正殿廊下。庙本甚小，仅余一院一殿，正殿结构奇特，屋顶的繁复做法，是我们在山西所见的庙宇中最已甚的。小殿向着东门，在田野中间镇座，好像乡间新娘，满头花钿，正要回门的神气。

庙院平铺砖块，填筑甚高，围墙矮短如栏杆，因墙外地洼，用不着高墙围护，三两风景，一面城楼，地方亦极别致。庙厢已作乡间学校，但仅在日中授课，顽童日出即到，落暮始散。夜里仅一老人看守，闻说日间亦是教员，薪金每年得二十金而已。

院略为方形，殿在院正中，平面则为正方形，前加浅隘的抱厦。两旁有斜照壁，殿身屋顶是歇山造，抱厦亦然，但山面向前，与开栅圣母正殿极相似，但因前为抱厦，全顶呈繁乱状，加以装饰物，愈富缛不堪设想。这殿的斗拱甚为奇特，其全朵的权衡，为普通斗拱的所不常有，因为横拱——尤其是泥道拱及其慢拱——甚短，以致斗拱的轮廓耸峻，呈高瘦状。殿深一间，用补间斗拱三朵。抱厦较殿身稍狭，用补间铺作一朵，各层出四十五度斜昂。昂嘴纤弱，幽入颇深。各斗拱上的耍头，厚只及材之半，刻作霸王拳，劣匠弄巧的弊病，在在可见。

侧面阑额之下，在柱头外用角替，而不用由额，这角替外一头伸出柱外，托阑颤头下，方整无饰，这种做法无意中巧合力学原则，倒是罕贵的一例。檐部用椽子一层，并无飞椽，亦奇，但建造年月不易断定。我们夜宿廊下，仰首静观檐底黑影，看凉月出没云底，星斗时现时隐，人工自然，悠然溶合入梦，滋味深长。

霍县　太清观

以上所记，除大相村崇胜寺规模宏大及圣母庙年代在明以前，结构适当外，其他建筑都不甚重要。霍州县城甚大，庙观多，且魁伟，登城楼上望眺，城外景物和城内嵯峨的殿宇对照，堪称壮观。以全城印象而论，我们所到各处，当无能出霍州右者。

137

霍县太清观在北门内，志称宋天圣二年，道人陶崇人建，元延祐三年道人陈泰师修。观建于土丘之上，高出两旁地面甚多，而且愈往后愈高，最后部庭院与城墙顶平，全部布局颇饶趣味。

观中现存建筑多明清以后物，唯有前殿，额曰"金阙玄元之殿"，最饶古趣。殿三间，悬山顶，立在很高的阶基上，前有月台，高如阶基。斗拱雄大，重拱重昂造，当心间用补间铺作两朵，梢间用一朵。柱头铺作上的耍头，已成桃尖梁头形式，但昂的宽度，却仍早制，未曾加大。想当是明初近乎官式的作品。这殿的檐部，也是不用飞椽的。

最后一殿，歇山重檐造，由形制上看来，恐是清中叶以后新建。

霍县　文庙

霍县文庙，建于元至元间，现在大门内还存元碑四座。由结构上看来，大概有许多座殿宇，还是元代遗构。在平面布置上，自大成门左右一直到后面，四周都有廊庑，显然是古代的制度。可惜现在全庙被划分两半，前半——大成殿以南——驻有军队，后半是一所小学校，前后并不通行，各分门户，与我们视察上许多不便。

前后各主要殿宇，在结构法上是一贯的。棂星门以内，便是大成门，门三间，屋顶悬山造。柱瘦高而额细，全部权衡颇高，尤其是因为柱之瘦长，颇类唐代壁画中所常视的现象。斗拱简单，单抄四铺作，令拱上施替木，以承撩檐榑。华拱之上施耍头，与令拱及慢拱相交，耍头后尾作榑头，承托在梁下；梁头也伸出到榑头之上，至为妥当合理。斗拱布置疏朗，每间只用补间铺作一朵，放在细长的阑额及其厚阔的普拍枋上。普拍枋出柱头处抹角斜割，与他处所见元代遗物刻海棠卷瓣者略同。中柱上亦用简单的斗拱，华拱上一材，前后出檐头以承大梁。左右两中柱间用柱头枋一材在慢拱上相连；这柱头枋在左右中柱上向梢间出头作蚂蚱头，并不通排山。大成门梁架用材轻爽经济，将本身的重量减轻，是极妥善的做法。我们所见檐部只用圆橼，其上无飞檐橼的，这又是一例。

大成殿亦三间，规模并不大。殿立在比例高耸的阶基上，前有月台，上用砖砌栏杆（这矮的月台上本是用不着的）。殿顶歇山造，全部权衡也是峻耸状。因柱子很高，故斗拱比例显得很小。

斗拱，单下昂四铺作，出一跳，昂头施令拱以承撩檐槫及枋。昂嘴幽势圆和，但转角铺作角昂及由昂，则较为纤长。昂尾单独一根斜挑下平槫下，结构异常简洁，也许稍嫌薄弱。斗拱布置疏朗，每间只用补间铺作一朵，三角形的垫拱版在这里竟成扁长形状。

歇山部分的构架，是用两层的丁栿，将山部托住。下层丁栿与阑额平，其上托斗拱。上层丁栿外端托在外檐斗拱之上，内端在金柱上，上托山部构架。

霍县　东福昌寺

祝圣寺原名东福昌寺，明万历间始改今名。唐贞观四年，僧清宣奉敕建。元延祐四年，僧圆琳重建，后改为霍山驿。明洪武十八年，仍建为寺。现时因与西福昌寺关系，俗称上寺下寺。就现存的建筑看，大概还多是元代的遗物。

东福昌寺诸建筑中，最值得注意的，莫过于正殿。殿七檩，斗拱疏朗，尤其在昂嘴的颤势上，富于元代的意味。殿顶结构，至为奇特。乍见是歇山顶，但是殿本身屋顶与其下围廊顶是不连续成一整片的，殿上盖

足尖奔走

悬山顶，而在周围廊上盖一面坡顶（围廊虽有转角绕殿左右，但只及殿左右朵殿前面为止）。上面悬山顶有它自己的勾滴，降一级将水泄到下面一面坡顶上。汉代遗物中，瓦顶有这种两坡做法，如高颐石阙及纽约博物馆藏汉明器，便是两个例，其中一个是四阿顶，一个是歇山顶。日本奈良法隆寺玉虫厨子，也用同式的顶。这种古式的结构，不意在此得见其遗制，是我们所极高兴的。关于这种屋顶，已在《汉代建筑式样与装饰》一文中详论，不必在此赘述。

在正殿左右为朵殿，这朵殿与正殿殿身、正殿围廊三部屋顶连接的结构法，至为妥善，在清式建筑中已不见这种智巧灵活的做法，官式规制更守住呆板办法删除特种变化的结构，殊可惜。

正殿阶基颇高，前有月台，阶基及月台角石上，均刻蟠龙，如《营造法式》石作之制。此例雕饰曾见于应县佛宫寺塔月台角石上，可见此处建筑规制必早在辽明以前。

后殿由形制上看，大概与正殿同时，当心间补间铺作用斜拱斜昂，如大同善化寺金建三圣殿所见。

后殿前庭院正中，尚有唐代经幢一柱存在，经幢之旁，有北魏造像残石，用砖龛砌护，石原为五像，弥勒（？）正中坐，左右各二菩萨胁侍，惜残破不堪，左面二菩萨且已缺毁不存。弥勒垂足交胫坐，与云冈初期作品同，衣纹体态，无一非北魏初期的表征，古拙可喜。

霍县　西福昌寺

西福昌寺与东福昌寺在城内大街上东西相称。按《霍州志》，贞观四年，敕尉迟恭造，初名普济寺。太宗以破宋老生于此，贞观三年，设建寺以树福田，济营魄。乃命虞世南、李百药、褚遂良、颜师古、岑文本、许敬宗、朱子奢等为碑文。可惜现时许多碑石，一件也没有存在的了。

现在正殿五间，左右朵殿三间，当属元明遗构。殿廊下金泰和二年碑，则称寺创自太平兴国三年，前廊檐柱尚有宋式覆盆柱础。

前殿三间，歇山造，形制较古，门上用两门簪，也是辽宋之制。殿内塑像，颇似大同善化寺诸像。惜过游时，天色已晚，细雨不辍，未得摄影，但在殿中摸索，燃火在什物尘垢之中，瞻望佛容而已。

全寺地势前低后高，庭院层层高起，亦如太清观，但跨院旧址尚广，断墙倒壁，老榭荒草中，杂以民居，破落已极。

霍县　火星圣母庙

火星圣母庙在县北门内。这庙并不古，却颇有几处值得注意之点。在大门之内，左右厢房各三间，当心间支出垂花雨罩，新颖可爱，足供新设计参考采用。正殿及献食棚屋顶的结构，各部相互间的联络，在复杂中倒合理有趣。在平面的布置上，正殿三间，左右朵殿各一间，正殿前有廊三间，廊前为正方形献食棚，左右廊子各一间。这多数相连络殿廊的屋顶，正殿及朵殿悬山造，殿廊一面坡顶，较正殿顶低一级，略如东福昌寺大殿的做法。献食棚顶用"十"字脊，正面及左右歇山，后面脊延长，与一面坡相交，左右廊子则用卷棚悬山顶。全部联络法至为灵巧，非北平官式建筑物屋顶所能有。

献食棚前琉璃狮子一对，塑工至精，纹路秀丽，神气生猛，堪称上品。东廊下明清碑碣及嵌石颇多。

霍县　县政府大堂

在霍县县政府的大堂的结构上，我们得见到滑稽绝伦的建筑独例。大堂前有抱厦，面阔三间。当心间阔而梢间稍狭，四柱之上，以极小的阑额相连，其上却托着一整根极大的普拍枋，将中国建筑传统的构材权衡完全颠倒。这还不足为奇，最荒谬的是这大普拍枋之上，承托斗拱七朵，朵与朵间都是等距离，而没有一朵是放在任何柱头之上，作者竟将斗拱在结构上之原意义，完全忘却，随便位置。斗拱位置不随立柱安排，除此一例外，唯在以善于作中国式建筑自命的慕菲氏所设计的南京金陵女子大学得又见之。

斗拱单昂四铺作，令拱与耍头相交，梁头放在耍头之上。补间铺作则将撑头木伸出于耍头之上，刻作麻叶云。令拱两散斗特大，两旁有卷耳，略如爱奥尼克（Ionic）柱头形。中部几朵斗拱，大斗之下，用版块垫起，但其作用与皿版并不相同。阑额两端刻卷草纹，花样颇美。柱础宝装莲瓣覆盆，只分八瓣，雕工精到。

据壁上嵌石，元大德九年（公元 1305 年），某宗室"自明远郡（现地名待考）朝觐往返，霍郡适当其冲，虑郡廨隘陋"，所以增大重建。至于现存建筑物的做法及权衡，古今所无，年代殊难断定。

县府大门上斗拱华拱层层作卷瓣，也是违背常规的做法。

霍县　北门外桥及铁牛

北门桥上的铁牛，算是霍州一景，其实牛很平常，桥上栏杆则在建筑师的眼中，不但可算一景，简直可称一出喜剧。

桥五孔，是北方所常见的石桥，本无足怪。少见的是桥栏杆的雕刻，尤以望柱为甚。栏版的花纹，各个不同，或用莲花、如意万字、钟、鼓等等纹样，刻工虽不精而布置尚可，可称粗枝大叶的石刻。至于望柱，柱头上的雕饰，则动植物、博古、几何形，无所不有，各个不同，没有重复，其中如猴子、人手、鼓、瓶、佛手、仙桃、葫芦、十六角形块，以及许多无名的怪形体，粗糙罗列，如同儿戏，无一不足，令人发笑。

至于铁牛，与我们曾见过无数的明代铁牛一样，笨蠢无生气，虽然相传为尉迟恭铸造，以制河保城的。牛日夜为村童骑坐抚摸，古色光润，自是当地一宝。

赵城县　侯村　女娲庙

由赵城县城上霍山，离城八里，路过侯村，离村三四里，已看见巍然高起的殿宇。女娲庙《志》称唐构，访谒时我们固是抱着很大的希望的。

庙的平面，地面深广，以正殿——娲皇殿——为中心，四周为廊屋，南面廊屋中部为二门，二门之外，左右仍为廊屋，南面为墙，正中辟山门，这样将庙分为内外两院。内院正殿居中，外院则有碑亭两座东西对立，印象宏大，这种是比较少见的平面布置。

按庙内宋开宝六年碑：

> 乃于平阳故都，得女娲原庙重修……南北百丈，东西九筵；雾罩檐楹，香飞户牖……

但《志》称天宝六年重修，也许是开宝六年之误。次古的有元至元十四年重修碑，此外明清两代重修或祭祀的碑碣无数。

现存的正殿五间，重檐歇山，额曰娲皇殿。柱高瘦而斗拱不甚大，上檐斗拱，重拱双下昂造，每间用补间铺作一朵；下檐单下昂，无补间铺作。就上檐斗拱看，柱头铺作的下昂，较补间铺作者稍宽，其上有颇大的梁头伸出，略具"桃尖"之形，下檐亦有梁头，但较小。就这点上看来，这殿的年代，恐不能早过元末明初，现在正脊桁下且尚大书崇祯年间重修的字样。

柱头间联络的阑额甚细小，上承宽厚的普拍枋。歇山部分的梁架，也似汾阳国宁寺所见，用斗拱在顺梁（或额）上承托采步金梁。因顺梁大小只同阑额，颇呈脆弱之状。这殿的彩画，尤其是内檐的，尚富古风，颇有《营造法式》彩画的意味。殿门上铁铸门钹，门钉铸工极精俊。

二门内偏东宋石经幢，全部权衡虽不算十分优美，但是各部的浮雕精绝，如图版里下段（为须弥座之上枋）的佛迹图，正中刻城门，甚似敦煌壁画中所绘，左右图"太子"所见。中段覆盘，八面各刻狮像。上段仰莲座，各瓣均有精美花纹，其上刻花蕊。除大相村天保造像外，这经幢当为此行所见石刻中之最上妙品。

赵城县　广胜寺"下寺"[1]

一年多以前，赵城宋版藏经之发现，轰动了学术界，广胜寺之名，已传遍全国了。国人只知藏经之可贵，而不知广胜寺建筑之珍奇。

1　广胜寺"下寺""上寺"及明应王殿，于 1961 年经国务院公布为"第一批全国重点文物保护单位"（编号 96）。——祁英涛注

广胜寺距赵城县城东南约40里，据霍山南端。寺分上下两院，俗称"上寺""下寺"。"上寺"在山上，"下寺"在山麓，相距里许（但是照当地乡人的说法，却是上山五里，下山一里）。

由赵城县出发，约经20里平原，地势始渐高，此20里虽说是平原，但多黏土平头小岗，路陷赤土谷中，蜿蜒出入，左右只见土崖及其上麦黍，头上一线蓝天，炎日当顶，极乏趣味。后20里积渐坡斜，直上高冈，盘绕上下，既可前望山峦屏障，俯瞰田垄农舍，乃又穿行几处山庄村落，中间小庙城楼，街巷里井。均极幽雅有画意，树亦渐多渐茂，古干有合抱的，底下必供着树神，留着香火的痕迹。山中甘泉至此已成溪，所经地域，妇人童子多在濯菜浣衣，利用天然。泉清如琉璃，常可见底，见之使人顿觉清凉，风景是越前进越妩媚可爱。

但快到广胜寺时，却又走到一片平原上，这平原浩荡辽阔乃是最高一座山脚的干河床，满地石片，几乎不毛，不过霍山如屏，晚照斜阳早已在望，气象开朗宏壮，现出北方风景的性格来。

因为我们向着正东，恰好对着广胜寺前行，可看其上下两院殿宇，及宝塔，附依着山侧，在夕阳渲染中闪烁辉映，直至日落。寺由山下望着虽近，我们却在暮霭中兼程一时许，至人困骡乏，始赶到下寺门前。

"下寺"据在山坡上，前低后高，规模并不甚大。前为山门三间，由陡峻的甬道可上。山门之内为前院，又上而达前殿。前殿五间，左右有钟鼓楼，紧贴在山墙上，楼下券洞可通行，即为前殿之左右掖门。前殿之后为后院，正殿七间居后面正中，左右有东西配殿。

山门　山门外观奇特，最饶古趣。屋盖歇山造，柱高，出檐远，主檐之下前后各有"垂花雨搭"，悬出檐柱以外，故前后面为重檐，侧面为单檐。主檐斗拱单抄单下昂造，重拱五铺作，外出两跳。下昂并不挑起，但侧面小柱上，则用双抄。泥道重拱之上，只施柱头枋一层，其上并无压槽枋。外第一跳重拱，第二跳令拱之上施替木以承撩檐槫。耍头斫作蚂蚱头形，斜面微幽，如大同各寺所见。

雨搭由檐柱挑出，悬柱上施阑额、普拍枋，其上斗拱单抄四铺作单拱造。悬柱下端截齐，并无雕饰。

殿身檐柱甚高，阑额纤细，普拍枋宽大，阑额出头斫作蚂蚱头形，普拍枋则斜抹角。

内部中柱上用斗拱，承托六椽栿下，前后平椽缝下，施替木及襻间。脊槫及上平槫，均用蜀柱直接立于四椽栿上。檐椽只一层，不施飞椽。

如山门这样外表，尚为我们初见，四椽栿上三蜀柱并立，可以省却一道平梁，也是少见的。

前殿　前殿五间，殿顶悬山造，殿之东西为钟鼓楼。阶基高出前院约3米，前有月台，月台左右为礓礤甬道，通钟鼓楼之下。

前殿除当心间南面外，只有柱头铺作，而没有补间铺作。斗拱，正心用泥道重拱，单昂出一跳，四铺作，跳头施令拱替木，以承撩檐槫，甚古简。令拱与梁头相交，昂嘴颐势甚弯。后面不用补间铺作，更为简洁。

在平面上，南面左右第二缝金柱地位上不用柱，却用极大的内额，由内平柱直跨至山柱上，而将左右第二缝前后檐柱上的"乳栿"(？)尾特别伸长，斜向上挑起，中段放在上述内额之上，上端在平梁之下相接，承托着平梁之中部，这与斗拱的用昂，在原则上是相同的，可以说是一根极大的昂。广胜寺上下两院，都用与此相类的结构法。这种构架，在我们历年国内各地所见许多的遗物中还是第一个例。尤其重要的，是因日本的古建筑，尤其是飞鸟灵乐等初期的遗构，都是用极大的昂，结构与此相类。这个实例乃大可佐证建筑家早就怀疑的问题，这问题便是日本这种结构法，是直接承受中国宋以前建筑规制，并非自创，而此种规制，在中国后代反倒失传或罕见。同时使我们相信广胜寺各构，在建筑遗物实例中的重要，远超过于我们起初所想象的。

两山梁架用材极为轻秀，为普通大建筑物中所少见。前后出檐飞子极短，搏风版狭而长，正脊垂脊及吻兽均雕饰繁富。

殿北面门内侧僧像一躯，显然埃及风味，煞是可怪。

两山墙外为钟鼓楼，下有砖砌阶基。下为发券门道可以通行，阶基立小小方亭。斗拱单昂，十字脊歇山顶。就钟鼓楼的位置论，这也不是一个常见的布置法。

殿内佛像颇笨拙，没有特别精彩处。

正殿　正殿七间居最后。正中三间辟门，门左右很高的直棂槛窗，殿顶也是悬山造。

斗拱，五铺作，重拱，出两跳，单抄单下昂，昂是明清所常见的假昂，乃将平置的华拱而加以昂嘴的，斗拱只施于柱头不用补间铺作。令拱上施替木，以承撩檐槫。泥道重拱之上，只施柱头枋一层，其上相隔颇远，方置压槽枋。论到用斗拱之简洁，我们所见到的古建筑，以这两处为最。虽然就斗拱与建筑物本身的权衡比起来，并不算特别大，而且在昂嘴及普拍枋出头处等详部，似乎倾向较后的年代，但是就大体看，这寺的建筑，其古洁的确是超过现存所有中国古建筑的。这个到底是后代承袭较早的遗制，还是原来古构已含了后代的几个特征，却甚难说。

正殿的梁架结构，与前殿大致相同。在平面上左右缝内柱与檐柱不对中，所以左右第一二缝檐柱上的乳栿，皆将后尾翘起，搭在大内额上，但栿（或昂）尾只压在四椽栿下，不似前殿之在平梁下正中相交。四椽栿以上侏儒柱及平梁均轻秀如前殿，这两殿用材之经济，虽尚未细测，只就肉

足 尖 奔 走

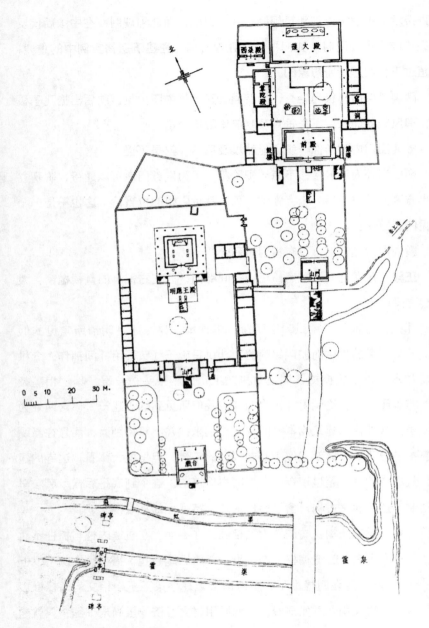

▲ 广胜寺"下寺"和水神庙总平面图

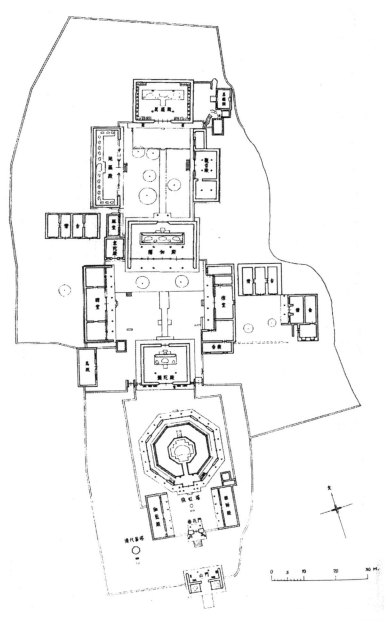

▲ 广胜寺"上寺"的总平面图

足 尖 奔 走

眼观察，较以前我们所看过的辽代建筑尚过之。若与官式清代梁架比，真可算中国建筑物中梁架轻重之两极端，就比例上计算，这寺梁的横断面的面积，也许不到清式梁横断面的三分之一。

正殿佛像五尊，塑工精极，虽然经过多次的重妆，还与大同华严寺薄伽教藏殿塑像多少相似。侍立诸菩萨尤为俏丽有神，饶有唐风，佛容衣带，庄者庄，逸者逸，塑造技艺，实臻绝顶。东西山墙下十八罗汉，并无特长，当非原物。

东山墙尖象眼壁上，尚有壁画一小块，图像色泽皆美。据说民国十六年寺僧将两山壁画卖与古玩商，以价款修葺殿宇，唯恐此种计划仍然是盗卖古物谋利的动机。现在美国彭省大学博物院所陈列的一幅精美的称为"唐"的壁画，与此甚似。近又闻美国堪萨斯省立博物院，新近得壁画，售者告以出处，即云此寺。

朵殿 正殿之东西各有朵殿三间。朵殿亦悬山造，柱瘦高，额细，普拍枋甚宽，斗拱四铺作单下昂。当心间用补间铺作两朵，稍间一朵。全部与正殿前殿大致相似，当是同年代物。

赵城县　广胜寺"上寺"

"上寺"在霍山最南的低峦上，寺前的"琉璃宝塔"，兀立山头，由四五十里外望之，已极清晰。

由"下寺"到"上寺"的路颇兜峻，磐石奇大，但石皮极平润，坡上点缀着山松，风景如中国画里山水近景常见的布局，峦顶却是一个小小的高原，由此望下，可看"下寺"，鸟瞰全景，高原的南头就是"上寺"山门所在。山门之内是空院，空院之北，与山门相对者为垂花门。垂花门内在正

▲ 飞虹塔

山西赵城县 广胜寺
飞虹塔 梯级
结构

SECTION THRU STAIRWAY
PAGODA, KUANG-SHENG SSU,
CHAO-CH'ENG, SHANSI

▲ 飞虹塔梯级结构图

中线上，立着"琉璃宝塔"。塔后为前殿，著名的宋版藏经，就藏在这殿里。前殿之后是个空敞的前院，左右为厢房，北面为正殿。正殿之后为后殿，左右亦有两厢，此外在山坡上尚有两三处附属的小屋子。

琉璃宝塔亦称飞虹塔，就平面的位置上说，塔立在垂花门之内，前殿之前的正中线上，本是唐制。塔平面作八角形，高十三级，塔身砖砌，饰以琉璃瓦的角柱，斗拱檐瓦佛像等等，最下层有木围廊。这种做法，与热河永麻寺舍利塔及北平香山静宜园琉璃塔是一样的，但这塔围廊之上，南面尚出小抱厦一间，上交"十"字脊。

全部的权衡上看，这塔的收分特别的急速，最上层檐与最下层砖檐相较，其大小只及下者三分之一强，而且上下各层的塔檐轮廓成一直线，没有卷杀圜和之味。各层檐角也不翘起，全部呆板的直线，绝无寻常中国建筑柔和的线路。

塔之最下层供极大的释迦坐像一尊，如应县佛宫寺木塔之制。下层顶棚作穹隆式，饰以极繁细的琉璃斗拱。塔内有级可登，其结构法之奇特，在我们尚属初见。普通的砖塔内部，大半不可入，尤少可以攀登的，这塔却是个较罕的例外。塔内阶级每步高约 60 ～ 70 厘米，宽 10 余厘米，成一个约合 60 度的兜峻的坡度。这极高

足尖奔走

极狭的踏步每段到了终点，平常用休息板的地方，却不用了，竟忽然停止，由这一段的最上一级，反身却可迈过空的休息板，攀住背面墙上又一段踏步的最下一级，在梯的两旁墙上，留下小砖孔，可以容两手攀扶及放烛火的地方。走上这没有半丝光线的峻梯的人，在战栗之余，不由得不赞叹设计者心思之巧妙。

关于这塔的年代，相传建于北周，我们除在形制上可以断定其为明清规模外，在许多的琉璃上，我们得见正德十年的年号，所以现存塔身之形成，年代很少可疑之点。底层木廊正檩下，又有"天启二年创建"字样，就是廊子过大而不相称的权衡看来，我们差不多可以断定正德的原塔是没有这廊子的。

虽然在建筑的全部上看来，各种琉璃瓦饰用得繁缛不得当，如各朵斗拱的耍头，均塑作狰狞的鬼脸，尤为滑稽，但就琉璃自身的质地及塑工说，可算无上精品。

前殿　前殿在塔之北，殿的前面及殿前不甚大的院子，整个被高大的塔挡住。殿面阔五间，进深四间，屋顶单檐歇山造。斗拱重拱造，双下昂，正面当心间用补间铺作两朵，次间一朵，稍间不用。这种的布置，实在是疏朗的，但因开间狭而柱高，故颇呈密挤之状，骤看似晚代布置法，但在山面，却不用补间铺作，这种正侧两面完全不同的布置，又是他处所未见。柱头与柱头间之联络，阑额较小而普拍枋宽大，角柱上出头处，阑额斫作槆头，普拍枋头斜抹角。我们以往所见两普拍枋在柱头相接处（即《营造法式》所谓"普拍枋间缝"），都顶头放置，但此殿所见，则如《营造法式》卷三十所见"勾头搭掌"的做法，也许以前我们疏忽了，所以迟迟至今才初次开眼。

前殿的梁架，与下寺诸殿梁架亦有一个相同之点，就是大昂之应用。

除去前后檐间的大昂外，两山下的大昂，尤为巧妙。可惜摄影失败，只留得这帧不甚准确的速写断面图。这大昂的下端承托在斗拱耍头之上，中部放在"采步金"梁之上，后尾高高翘起，挑着平梁的中段，这种做法，与下寺所见者同一原则，而用得尤为得当。

前殿塑像颇佳，虽已经过多次的重塑，但尚保存原来清秀之气。佛像两旁侍立像，宋风十足，背面像则略次。

正殿　面阔五间，悬山造，前殿开敞的庭院，与前殿隔院相望。骤见殿前廊檐，极易误认为近世的构造，但廊檐之内，抱头梁上，赫然犹见单昂斗拱的原状。如同下寺正殿一样，这殿并不用补间铺作，结构异常简洁。内部梁架，因有顶棚，故未得见，但一定也有伟大奇特的做法。

正殿供像三尊，释迦及文殊普贤，塑工极精，富有宋风，其中尤以菩萨为美。佛帐上剔空浮雕花草龙兽几何纹，精美绝伦，乃木雕中之无上好品。两山墙下列坐十八罗汉铁像，大概是明代所铸。

后殿　居寺之最后。面阔五间，进深四间，四阿顶。因面阔进深为五与四之比，所以正脊长只及当心间之广，异常短促，为别处所未见。内柱相距共远，与檐柱不并列。斗拱为五铺作双下昂。当心间用补间铺作两朵，次间梢间及两山各用一朵。柱头作两下昂平置，托在梁下，补间铺作则将第二层昂尾挑起。柱瘦高，额细长，普拍枋较阑额略宽。角柱上出头处，阑额斫作檐头，普拍枋抹角，做法与前殿完全相同。殿内梁架用材轻巧，可与前殿相垺。山面中线上有大昂尾挑上平桁下，内柱上无内额，四阿并不推山。梁架一部分的彩画，如几道棒下红地白绿色的宝相华（？）及斗拱上的细边古织锦文，想都是原来色泽。

殿除南面当心间辟门外，四周全有厚壁。壁上画像不见得十分古，也不见得十分好。当心间格扇，花心用雕镂拼镶极精细的圆形相交花纹，略如《营造法式》卷三十二所见"挑白毛文格眼"，而精细过之。这格扇的格眼，乃由许多各个的梭形或箭形雕片镶成，在做工上是极高的成就。在横披上，格扇纹样与下面略异，而较近乎清式"菱花格扇"的图案。

后殿佛像五尊。塑工甚劣，面貌肥俗，手臂无骨，衣褶圆而不垂，背光繁缛不堪，佛冕及发全是密宗的做法。侍立菩萨较清秀，但都不如正殿塑像远甚。

广胜寺上下两院的主要殿宇，除琉璃宝塔而外，大概都属于同一个时期，它们的结构法及作风都是一致的。

上下两寺壁间嵌石颇多，碑碣也不少，其中叙述寺之起源者，有治平元年重刻的郭子仪奏碣。碣字体及花边均甚古雅，文如下：

晋州赵城县城东南三十里，霍山南脚上，古育王塔院一所。右河东□观察使司徒□兼中书令，汾阳郡王郭子仪奏：臣据□朔方左厢兵马使、开府仪同三司、试太常卿、五原郡王李光瓒状称前塔接山带水，古迹见存，堪置伽蓝，自愿成立。伏乞奏置一寺，为国崇益福□，仍请以阿育王为额者。臣准状牒州勘责，得耆寿百姓陈仙童等状，与光瓒所请，置寺为广胜。因伏乞天恩，遂其诚愿，如蒙特命，赐以为额，仍请于当州诸寺选僧住持洒扫。中书门下牒河东观察使牒奉敕故牒。大历四年五月二十七日牒。住寺阇梨僧□切见当寺石碣岁久，蹟坏年深，今欲整新，重标斯记。治平元年，十一月二十九日。

由石碣文看来，寺之创立甚古，而在唐代宗朝就原有塔院建立伽蓝，敕名广胜。至宋英宗时，伽蓝想仍是唐代原建，但不知何时伽蓝颓毁，以致需要将下寺整新。

计九殿自（金）皇统元年辛酉（公元 1141 年）至贞元元年癸酉（公元 1153 年）历二十三年，无年不兴工。……

却是这样大的工程，据元延祐六年（公元 1319 年）石，则：

大德七年（公元 1303 年），地震，古刹毁，大德九年修渠（按即下寺前水渠），木装。延祐六年始修殿。

大德七年的地震一定很剧烈，以致"古刹毁"。现存的殿宇，用大昂的梁架虽属初次拜见，无由与其他梁架遗例比较，但就斗拱枋额看，如下昂嘴纤弱的卷杀，普拍枋出头处之抹去方角，都与他处所见相似。至于瘦高的檐柱和细长的额枋，又与霍县文庙如出一手，其为元代遗物，殆少可疑。不过梁架的做法，极为奇特，在近数年寻求所得，这还是唯一的一个孤例，极值得我们研究的。

赵城县　广胜寺　明应王殿

广胜寺在赵城一带，以其泉水出名。在山麓下下寺之前，有无数的甘泉，由石缝及地下涌出，供给赵城洪洞两县饮料及灌溉之用。凡是有水的地方都得有一位龙王，所以就有龙王庙。

这一处龙王庙规模之大，远在普通龙王庙之上，其正殿——明应王殿——竟是个五间正方重檐的大建筑物。若是论到殿的年代，也是龙王庙中之极古者。

明应王殿平面五间，正方形，其中三间正方为殿身，周以回廊。上檐显山顶，檐下施重拱双下昂斗拱。当心间施补间铺作两朵，次间施一朵。

足尖奔走

斗拱权衡颇为雄大，但两下昂都是平置的华拱，而加以昂嘴的。下檐只用单下昂，次间梢间不施补间铺作，当心间只施一朵，而这一朵却有四十五度角的斜昂。额的权衡上下两檐有显著之异点，上檐阑额较高较薄，下檐则极小，而普拍枋则上檐宽薄，而下檐高厚。上檐以阑额为主而辅以普拍枋，下檐与之正相反，且在额下施繁缛的雕花罩子。殿身内前面两金柱省去，而用大梁由前面重檐柱直达后金柱，而在前金柱分位上施扒梁，并无特殊之点。

明应王殿四壁皆有壁画，为元代匠师笔迹。据说正门之上有画师的姓名及年月，须登梯拂尘燃灯始得读，惜匆匆未能如愿。至于壁画，其题材纯为非宗教的，现有古代壁画，大多为佛像，这种题材至为罕贵。[1]

至于殿的年代，大概是元大德地震以后所建，与嵩山少林寺大德年间所建鼓楼，有许多相似之点。

明应王殿的壁画，和上下寺的梁架，都是极罕贵的遗物，都是我们所未见过的独例。由美术史上看来，都是绝端重要的史料。我们预备再到赵城作较长时间的逗留，俾得对此数物，做一个较精密的研究，目前只能做此简略的记述而已。

赵城县　霍山　中镇庙

照《县志》的说法，广胜寺在县城东南 40 里霍山顶。兴唐寺唐建，在城东 30 里霍山中，所以我们认为他们在同一相近的去处，同在霍山上，相去不过 20 余里，因而预定先到广胜寺，再由山上绕至兴唐寺去，却是

1　此殿壁画内容为道教题材，其中戏剧壁画是壁画中的珍品。

事实乃有大谬不然者。到了广胜寺始知到兴唐寺远须下山绕到去城 8 里的侯村，再折回向东行再行入山，始能到达。我心想既称唐建，又在山中，如果原构仍然完好，我们岂可惮烦，轻轻放过。

我们晨九时离开广胜寺下山，等到折回又到了霍山时已走了 12 小时！沿途风景较广胜寺更佳，但近山时实已入夜，山路崎岖峰峦迫近如巨屏，谷中渐黑，凉风四起，只听脚下泉声奔湍，看山后一两颗星点透出夜色，骡役俱疲，摸索难进，竟落后里许。我们本是一直徒步先行的，至此更得奋勇前进，不敢稍怠（怕夫役强主回头，在小村落里住下），入山深处，出手已不见掌，加以脚下危石错落，松柏横斜，行颇不易。喘息攀登，约一小时，始见远处一灯高悬，掩映松间，知已近庙，更急进敲门。

等到老道出来应对，始知原来我们仍远离着兴唐寺三里多，这处为霍岳山神之庙亦称中镇庙。乃将错就错，在此住下。

我们到时已数小时未食，故第一事便到"香厨"里去烹煮，厨在山坡上窑穴中，高踞庙后左角，庙址既大，高下不齐，废园荒圃，在黑夜中更是神秘，当夜我们就在正殿塑像下秉烛洗脸铺床，同时细察梁架，知其非近代物。这殿奇高，烛影之中，印象森然。

第二天起来忙到兴唐寺去，一夜的希望顿成泡影。兴唐寺虽在山中，却不知如何竟已全部拆建，除却几座清式的小殿外，还加洋式门面等等。新塑像极小，或罩以玻璃框，鄙俗无比，全庙无一样值得记录的。

中镇庙虽非我们初时所属意，来后倒觉得可以略略研究一下。据《山西古物古迹调查表》，谓庙之创建在隋开皇十四年，其实就形制上看来，恐最早不过元代。

殿身五间，周围廊，重檐歇山顶。上檐施单抄单下昂五铺作斗拱，下檐则仅单下昂。斗拱颇大，上下檐俱用补间铺作一朵。昂嘴细长而直，耍头前面微幽页，而上部圆头突起，至为奇特。

太原县　晋祠[1]

晋祠离太原仅 50 里，汽车一点多钟可达，历来为出名的"名胜"，闻人名士由太原去游览的风气自古盛行。我们在探访古建的习惯中，多对"名胜"怀疑：最是"名胜"容易遭"重修"的大毁坏，原有建筑故最难得保存！所以我们虽然知道晋祠离太原近在咫尺，且在太原至汾阳的公路上，我们亦未尝预备去访"胜"的。

直至赴汾的公共汽车上了一个小小山坡，绕着晋祠的背后过去时，忽然间我们才惊异地抓住车窗，望着那一角正殿的侧影，爱不忍释。相信晋祠虽成"名胜"却仍为"古迹"无疑。那样魁伟的殿顶，雄大的斗拱，深远的出檐，到汽车过了对面山坡时，尚巍巍在望，非常醒目。晋祠全部的布置，则因有树木看不清楚，但范围不小，却也是一望可知。

我们惭愧不应因其列为名胜而即定其不古，故相约一月后归途至此下车，虽不能详察或测量，至少亦得浏览摄影，略考其年代结构。

由汾回太原时，我们在山西已过了月余的旅行生活，心力俱疲，远带着种种行李什物，诸多不便，但因那一角殿宇常在心目中，无论如何不肯失之交臂，所以到底停下来预备作半日的勾留，如果错过那末后一趟公共汽车回太原的话，也只好听天由命，晚上再设法露宿或住店！

在那种不便的情形下，带着一不做、二不休的拼命心理，我们下了那挤到水泄不通的公共汽车，在大堆行李中捡出我们的"粗重细软"——由

1　1961 年经国务院公布，晋祠为"第一批全国重点文物保护单位"（编号 85）。——祁英涛注

杏花村的酒坛子到峪道河边的兰芝种子——累累赘赘的，背着掮着，到车站里安顿时，我们几乎埋怨到晋祠的建筑太像样——如果花花簇簇的来个乾隆重建，我们这些麻烦不全省了吗？

但是一进了晋祠大门，那一种说不出的美丽辉映的大花园，使我们惊喜愉悦，过于初时的期望。无以名之，只得叫它作花园。其实晋祠布置又像庙观的院落，又像华丽的宫苑，全部兼有开敞堂皇的局面和曲折深邃的雅趣，大殿楼阁在古树婆娑池流映带之间，实像个放大的私家园亭。

所谓唐槐周柏，虽不能断其为原物，但枝干奇伟，虬曲横卧，煞是可观。池水清碧，游鱼闲逸，还有后山石级小径楼观石亭各种衬托。各殿雄壮，巍然其间，使初进园时的印象，感到俯仰堂皇，左右秀媚，无所不适。虽然再进去即发现近代名流所增建的中西合璧的丑怪小亭子等等，夹杂其间。

圣母庙为晋祠中间最大的一组建筑，除正殿外，尚有前面"飞梁"（即十字木桥）、献殿及金人台、牌楼等等，今分述如下：

正殿 晋祠圣母庙大殿，重檐歇山顶，面阔七间进深六间，平面几成方形，在布置上，至为奇特。殿身五间，副阶周匝。但是前廊之深为两

▲ 圣母殿横剖面图　　　　　　　　　　　　　▲ 圣母殿平面图

159

间，内槽深三间，故前廊异常空敞，在我们尚属初见。

斗拱的分配，至为疏朗。在殿之正面，每间用补间铺作一朵，侧面则仅梢间用补间铺作。下檐斗拱五铺作，单拱出两跳，柱头出双下昂，补间出单杪单下昂。上檐斗拱六铺作，单拱出三跳，柱头出双杪单下昂，补间出单杪双下昂，第一跳偷心，但饰以翼形拱。但是在下昂的形式及用法上，这里又是一种曾未得见的奇例。柱头铺作上极长大的昂嘴两层，与地面完全平行，与柱成正角，下面平，上面斫颤，并未将昂嘴向下斜斫或斜插，亦不求其与补间铺作的真下昂平行，完全真率地坦然放在那里，诚然是大胆诚实的做法。在补间铺作上，第一层昂尾向上挑起，第二层则将与令拱相交的耍头加长斫成昂嘴形，并不与真昂平行地向外伸出。这种做法与正定隆兴寺摩尼殿斗拱极相似，至于其豪放生动，似较之尤胜。在转角铺作上，各层昂及由昂均水平地伸出，由下面望去，颇呈高爽之象。山面除梢间外，均不用补间铺作。斗拱彩画与《营造法式》卷三十四"五彩遍装"者极相似。虽属后世重装，当是古法。

这殿斗拱俱用单拱，泥道单拱上用柱头枋四层，各层枋间用斗垫托。阑额狭而高，上施薄而宽的普拍枋。角柱上只普拍枋出头，阑额不出。平柱至角柱间，有显著地生起。梁架为普通平置的梁，殿内因黑暗，时间匆促，未得细查。前殿因深两间，故在四椽栿上立童柱，以承上檐，童柱与相对之内柱间，除斗拱上之乳栿及剳牵外，柱头上更用普拍枋一道以相固济。

按卫聚贤《晋祠指南》，称圣母庙为宋大圣年间建。由结构法及外形姿势看来，较《营造法式》所订的做法的确更古拙豪放，天圣之说当属可靠。

献殿　献殿在正殿之前，中隔放生池。殿三间，歇山顶，与正殿结构法手法完全是同一时代同一规制之下的。斗拱单拱五铺作，柱头铺作双下昂，补间铺作单杪单下昂，第一跳偷心，但饰以小小翼形拱。正面每间用补间铺作一朵，山面唯正中间川补间铺作。柱头铺作的双下昂，完全平置，后尾承托梁下，昂嘴与地面平行，如正殿的昂。补间则下昂后尾挑起，耍头与令拱相交，长长伸出，斫作昂嘴形。两殿斗拱外面不同之点，唯在令拱之上，正殿用通常的挑檐枋，而献殿则用替木。斗拱后尾唯下昂挑起，全部偷心，第二跳跳头安梭形"拱"，单独的昂尾挑在平槫之下。至于柱头普拍枋，与正殿完全相同。

献殿的梁架，只是简单的四椽栿上放一层平梁，梁身简单轻巧，不弱不费，故能经久不坏。殿之四周均无墙壁，当心间前后辟门，其余各间在坚厚的槛墙之上安直棂栅栏，如《营造法式》小木作中之叉子，当心间门扇亦为直棂栅栏门。

殿前阶基上铁狮子一对，极精美，筋肉真实，灵动如生。左狮胸前文曰"太原文水弟子郭丑牛兄……政和八年四月二十六日"，座后文为"灵石县任章常柱任用段和定……"，右狮字不全，只余"乐善"二字。

飞梁 正殿与献殿之间，有所谓"飞梁"者，横跨鱼沼之上。在建筑史上，这"飞梁"是我们现在所知的唯一的孤例。刘敦桢先生在《石轴柱桥述要》一文中，对于石柱桥有详细的申述，并引《关中记》及《唐六典》中所记录的石柱桥。就晋祠所见，则在池中立方约30厘米的石柱若干，柱上端微卷杀如殿宇之柱，柱上有普拍枋相交，其上置斗，斗上施十字拱相交，以承梁或额。在形制上这桥诚然极古，当与正殿献殿属于同一时期，而在名称上尚保存着古名，谓之飞梁，这也是极罕贵值得注意的。

金人 献殿前牌楼之前，有方形的台基，上面四角上各立铁人一，谓之金人台。四金人之中，有两个是宋代所铸，其西南角金人胸前铸字，为

"宋故绵州魏城令刘植……等于绍圣四年立"。像塑法平庸，字体尚佳，其中两个近代补铸，一清朝，一民国，塑铸都同等的恶劣。

晋祠范围以内，尚有唐叔虞祠、关帝庙等处，匆促未得入览，只好俟诸异日。唐贞观碑原石及后代另摹刻的一碑均存，且有碑亭妥为保护。

山西民居

门楼　山西的村落无论大小，很少没有一个门楼的。村落的四周，并不一定都有围墙，但是在大道入村处，必须建这种一座纪念性建筑物，提醒旅客，告诉他又到一处村镇了。河北境内虽也有这种布局，但究竟不如山西普遍。

山西民居的建筑也非常复杂，由最简单的穴居到村庄里深邃富丽的财主住宅院落，到城市中紧凑细致的讲究房子，颇有许多特殊之点，值得注意的。但限于篇幅及不多的相片，只能略举一二，详细分类研究，只能等待以后的机会了。

穴居　穴居之风，盛行于黄河流域，散见于河南、山西、陕西、甘肃诸省，龙非了先生在《穴居杂考》一文中已讨论得极为详尽，这次在山西随处得见。穴内冬暖夏凉，住居颇为舒适，但空气不流通，是一个极大的缺憾。穴窑均作抛物线形，内部有装饰极精者，窑壁抹灰，乃至用油漆护墙。窑内除火坑外，更有衣橱桌椅等等家具。窑穴时常据在削壁之旁，成一幅雄壮的风景画，或有穴门权衡优美纯净，可在建筑术中称上品的。

砖窑　这并非北平所谓烧砖的窑，乃是指用砖发券的房子而言。虽没有向深处研究，我们若说砖窑是用砖来模仿崖旁的土窑，当不至于大错。这是因住惯了穴居的人，要脱去土窑的短处，如潮湿、土陷的危险等等，而保存其长处，如高度的隔热力等，所以用砖砌成窑形，三眼或五眼，内部可以互通。为要压下券的推力，故在两旁须用极厚的墙墩；为要使券顶坚固，故须用土作撑券。这种极厚的墙壁，自然有极高的隔热力的。

这种窑券顶上，均用砖墁平，在秋收的时候，可以用作曝晒粮食的露台，或防匪时村中临时城楼。因各家窑顶多相连，为便于升上窑顶，所以窑旁均有阶级可登。山西的民居，无论贫富，什九以上都有砖窑或土窑的，乃至在寺庙建筑中，往往也用这种做法。在赵城至霍山途中，适过一所建筑中的砖窑，颇饶趣味。

在这里我们要特别介绍在霍山某民居门上所见的木版印门神，那种简洁刚劲的笔法，是匠画中所绝无仅有的。

磨坊 磨坊虽不是一种普通的民居，但是住着却别有风味。磨坊利用急流的溪水做发动力，所以必须引水入室下，推动机轮，然后再循着水道出去流入山溪。因磨粉机不息的震动，所以房子不能用发券，而用特别粗大的梁架。因求面粉洁净，坊内均铺光润的地板。凡此种种，都使得磨坊成一种极舒适凉爽，又富有雅趣的住处，尤其是峪道河深山深溪之间，世外桃源里，难怪被人看中作消夏最合宜的别墅。

从全部的布局上看来，山西的村野的民居，最善利用地势，就山崖的峻缓高下，层层叠叠，自然成画！使建筑在它所在的地上，如同自然由地里长出来，权衡适宜，不带丝毫勉强，无意中得到建筑术上极难得的优点。

农庄内民居 就是在很小的村庄之内，庄中富有的农人也常有极其讲究的房子，这种房子和北方城市中"瓦房"同一模型，皆以"四合头"为基本，分配的形式，中加屏门、垂花门等等，其与北平通常所见最不同处有四点：

足尖奔走

一、在平面上，假设正房向南，东西厢房的位置全在北房"通面阔"的宽度以内，使正院成一南北长东西窄，狭长的一条，失去四方的形式。这个布置在平面上当然址省了许多地盘，比将厢房移出正房通面阔以外经济，且因其如此，正房及厢房的屋顶（多半平顶）极容易联络，石梯的位置，就可在厢房北头，夹在正房与厢房之间，上到某程便可分两面，一面旁转上到厢房屋顶，又一面再上几级可达正房顶。

二、虽说是瓦房，实仍为平顶砖窑，仅留前廊或前檐部分用斜坡青瓦，侧面看去实像砖墙前加用"雨搭"。

三、屋外观印象与所谓三开间同，但内部却仍为三窑眼，窑与窑间亦用发券门，印象完全不似寻常堂屋。

四、屋的后面女儿墙上做成城楼式的箭垛，所以整个房子后身由外面看去直成一座堡垒。

城市中民居　如介休灵石城市中民房与村落中讲究的大同小异，但多有楼，如用窑造亦仅限于下层。城中房屋栉篦，拥挤不堪，平面布置尤其经济，不多占地盘，正院比普通的更瘦窄。

一房与他房间多用夹道，大门多在曲折的夹道内，不像北平房子之庄重均衡，虽然内部则仍沿用一正两厢的规模。

这种房子最特异之点，在瓦坡前后两片不平均的分配。房脊靠后许多，约在全进深四分之三的地方，所以前坡斜长，后坡短促，前檐玲珑，后墙高垒，作内秀外雄的样子，倒极合理有趣。

赵城霍州的民房所占地盘较介休一般从容得多。赵城房子的檐廊部分尤多繁复的木雕，院内真是画梁雕栋琳琅满目，房子虽大，联络甚好，因厢房与正屋多相连属，可通行。

山庄财主的住房　这种房子在一个庄中可有两三家，遥遥相对，仍可以令人想象到当日的气焰，其所占地面之大，外墙之高，砖石木料上之工艺，楼阁别院之复杂，均出于我们意料之外甚多。灵石往南，在汾水东西有几个山庄，背山临水，不宜耕种，其中富户均经商别省，发财后回来筑舍显耀宗族的。

房子造法形式与其他山西讲究房子相同，但较近于北平官式，做工极其完美。外墙石造雄厚惊人，有所谓"百尺楼"者，即此种房子的外墙，依着山崖筑造，楼居其上。由庄外遥望，十数里外犹可见，百尺矗立，崔嵬奇伟，足镇山河，为建筑上之荣耀！

结尾

这次晋汾一带暑假的旅行，正巧遇着同蒲铁路兴工期间，公路被毁，给我们机会将300余里的路程，慢慢地细看。假使坐汽车或火车，则有许多地方都没有停留的机会，我们所错过的古建，是如何的可惜。

山西因历代争战较少，故古建筑保存得特多。我们以前在河北及晋北调查古建筑所得的若干见识，到太原以南的区域，若观察不慎，时常有以今乱古的危险。在山西中部以南，大个儿斗拱并不稀罕，古制犹存，但是明清期间山西的大斗拱，拱斗昂嘴的卷杀，极其弯矫，斜拱用得毫无节制，而斗拱上加入纤细的三福云一类的无谓雕饰，尤其暴露后期的弱点，所以在时代的鉴别上，仔细观察，还不十分扰乱。

殿宇的制度，有许多极大的寺观，主要的殿宇都用悬山顶，如赵城广胜"下寺"的正殿前殿、"上寺"的正殿等，与清代对于殿顶的观念略有不同。同时又有多种复杂的屋顶结构，如霍县火星圣母庙、文水县开栅镇圣母庙等等，为明清以后官式建筑中所少见。有许多重要的殿宇，檐椽之上不用飞椽，有时用而极短。明清以后的作品，雕饰偏于繁缛，尤其屋顶上的琉璃瓦，制瓦者往往为对于一件一题雕塑的兴趣所驱，而忘却了全部的布周，甚悖建筑图案简洁的美德。

发券的建筑，为山西一个重要的特征，其来源大概是由于穴居而起，所以民居庙宇莫不用之，而自成一种特征，如太原的永祚寺大雄宝殿，是中国发券建筑中的主要作品。我们虽然怀疑它是受了耶稣会士东来的影响，但若没有山西原有通用的方法也不会形成那样一种特殊的建筑的。在券上筑楼，也是山西的一种特征，所以在古剧里，凡以山西为背景的，多有上楼下楼的情形，可见其为一种极普遍的建筑法。

赵城县广胜寺在结构上最特殊，所以我们在最近的将来，即将前往详究。晋祠圣母庙的正殿、飞梁、献殿，为宋天圣间重要的遗构，我们也必须去做进一步的研究的。

章三

古都构想

北京——都市计划的无比杰作 [1]

人民中国的首都北京，是一个极年老的旧城，却又是一个极年轻的新城。北京曾经是封建帝王威风的中心、军阀和反动势力的堡垒，今天它却是初落成的、照耀全世界的民主灯塔。它曾经是没落到只能引起无限"思古幽情"的旧京，也曾经是忍受侵略者铁蹄践踏的沦陷城，现在它却是生气蓬勃地在迎接社会主义曙光中的新首都。它有丰富的政治历史意义，更要发展无限文化上的光辉。

构成整个北京的表面现象的是它的许多不同的建筑物，那显著而美丽的历史文物、艺术的表现，如北京雄劲的周围城墙、城门上嶙峋高大的城楼、围绕紫禁城的黄瓦红墙、御河的栏杆石桥、宫城上窈窕的角楼、宫廷内宏丽的宫殿，或是园苑中妩媚的廊庑亭榭，热闹的市中心里牌楼店面，和那许多坛庙、塔寺、宅第、民居。它们是个别的建筑类型，也是个别的艺术杰作。每一类、每一座都是过去劳动人民血汗创造的优美果实，给人以深刻的印象。今天这些都回到人民自己手里，我们对它们宝贵万分是理之当然。但是，最重要的还是这各种类型、各个或各组的建筑物的全部配合。它们与北京的全盘计划整个布局的关系，它们的位置和街道系统如何相辅相成，如何集中与分布、引直与对称，前后左右，高下起落，所组织

---

1 本文原连载于 1951 年 4 月出版的《新观察》第二卷第七期和第八期。——左川注

起来的北京的全部部署的庄严秩序，怎样成为宏壮而又美丽的环境。北京是在全盘的处理上才完整的表现出伟大的中华民族建筑的传统手法和在都市计划方面的智慧与气魄。这整个的体形环境增强了我们对于伟大的祖先的景仰，对于中华民族文化的骄傲，对于祖国的热爱。北京对我们证明了我们的民族在适应自然、控制自然、改变自然的实践中有着多么光辉的成就，这样一个城市是一个举世无匹的杰作。

我们承继了这份宝贵的遗产，的确要仔细地了解它——它的发展的历史、过去的任务，同今天的价值。不但对于北京个别的文物，我们要加深认识，且要对这个部署的体系提高理解，在将来的建设发展中，我们才能保护固有的精华，才不至于使北京受到不可补偿的损失。并且也只有深入的认识和热爱北京独立的和谐的整体格调，才能掌握它原有的精神来做更辉煌的发展，为今天和明天服务。

北京城的特点是热爱北京的人们都大略知道的，我们就按着这些特点分述如下。

我们的祖先选择了这个地址

北京在位置上是一个杰出的选择，它在华北平原的最北头，处于两条约略平行的河流的中间，它的西面和北面是一弧线的山脉围抱着，东面南面则展开向着大平原。它为什么坐落在这个地点是有充足的地理条件的，选择这地址的本身就是我们祖先同自然斗争的生活所得到的智慧。

北京的高度约为海拔五十公尺，地质学家所研究的资料告诉我们，在它的东南面比它低下的地区，四五千年前还都是低洼的湖沼地带。所以历史学家可以推测，由中国古代的文化中心的"中原"向北发展，势必沿着太行山麓这条五十公尺等高线的地带走。因为这一条路要跨渡许多河流，每次便必须在每条河流的适当的渡口上来往。当我们的祖先到达永定河的右岸时，经验使他们找到那一带最好的渡口，这地点正是我们现在的卢沟桥所在。渡过了这个渡口之后，正北有一支西山山脉向东伸出，挡住去路，往东走了十余公里这支山脉才消失到一片平原里。所以就在这里，西倚山麓，东向平原，一个农业的民族建立了一个最有利于发展的聚落，当然是适当而合理的，北京的位置就这样产生了。并且也就在这里，他们有了更重要的发展。同北面的游牧民族开始接触，是可以由这北京的位置开始，分三条主要道路通到北面的山岳高原和东北面的辽东平原的，那三个口子就是南口、古北口和山海关。北京可以说是向着这三条路出发的分岔点，这也成了今天北京城主要构成原因之一。北京是河北平原旱路北行的终点，又是通向"塞外"高原的起点。我们的祖先选择了这地方，不但建立一个聚落，并且发展成中国古代边区的重点，完全是适应地理条件的活动。这地方经过世代的发展，在周朝为燕国的都邑，称作蓟。到了唐是幽州城，节度使的府衙所在。在五代和北宋是辽的南京，亦称作燕京，在南宋是金的中都。到了元朝，城的位置东移，建设一新，成为全国政治的中心，就成了今天北京的基础。最难得的是明清两代易朝换代的时候都未经太大的破坏就又在旧基础上修建展拓。随着条件发展，到了今天，城中每段街、每一个区域都有着丰实的历史和劳动人民血汗的成绩，有纪念价值的文物实在是太多了。

（本节的主要资料是根据燕大侯仁之教授在清华的讲演《北京的地理背景》写成）

北京城近千年来的四次改建

一个城是不断地随着政治、经济的变动而发展着改变着的，北京当然也非例外，但是在过去一千年中间，北京曾经有过四次大规模的发展，不单是动了土木工程，并且是移动了地址的大修建。对这些变动有个简单认识，对于北京城的布局形势便更觉得亲切。

现在北京最早的基础是唐朝的幽州城，它的中心在现在广安门外以南一带。本为范阳节度使的驻地，安禄山和史思明向唐代政权进攻曾由此发动，所以当时是军事上重要的边城。后来刘仁恭父子割据称帝，把城中的"子城"改建成宫城的规模，有了宫殿。937 年，北方民族的辽势力渐大，五代的石晋割了燕云等十六州给辽，辽人并不曾改动唐的幽州城，只加以修整，将它"升为南京"，这时的北京开始成为边疆上一个相当区域的政治中心了。

到了更北方的民族金人的侵入时，先灭辽，又攻败北宋，将宋的势力压缩到江南地区，自己便承袭辽的"南京"，以它为首都。起初金也没有改建旧城，1151 年才大规模的将辽城扩大，增建宫殿，有意识地模仿北宋汴梁的形制，按图兴修。他把宋东京汴梁（开封）的宫殿苑囿和真定（正定）的潭圃木料拆卸北运，在此大大建设起来，称它作中都，这时的北京便成了半个中国的中心。当然，许多辉煌的建筑仍然是中都的劳动人民和技术匠人，承继着北宋工艺的宝贵传统，又创造出来的。在金人进攻掠夺"中原"的时候，"匠户"也是他们掳劫的对象，所以汴梁的许多匠人曾被迫随着金军到了北京，为金的统治阶级服务。金朝在北京曾不断的营建，规模宏大，最重要的还有当时的离宫，今天的中海、北海。辽以后，金在旧城基础上扩充建设，便是北京第一次的大改建，但它的东面城墙还在现在的琉璃厂以西。

1215年元人破中都，中都的宫城同宋的东京一样遭到剧烈破坏，只有郊外的离宫大略完好。1260年以后，元世祖忽必烈数次到金故中都，都没有进城而驻驿在离宫琼华岛上的宫殿里。这地方便成了今天北京的胚胎，因为到了1267年元代开始建城的时候，就以这离宫为核心建造了新首都。元大都的皇宫是围绕北海和中海而布置的，元代的北京城便围绕着这皇宫成一正方形。

这样，北京的位置由原来的地址向东北迁移了很多。这新城的西南角同旧城的东北角差不多接壤，这就是今天的宣武门以西一带。虽然金城的北面在现在的宣武门内，当时元的新城最南一面却只到现在的东西长安街一线上，所以两城还隔着一个小距离。主要原因是当元建新城时，金的城墙还没有拆掉之故。元代这次新建设是非同小可的，城的全部是一个完整的布局，在制度上有许多仍是承袭中都的传统，只是规模更大了，如宫门楼观、宫墙角楼、护城河、御路、石桥、千步廊的制度，不但保留中都所有，且超过汴梁的规模。还有故意恢复一些古制的，如"左祖右社"的格式，以配合"前朝后市"的形势。

这一次新址发展的主要存在基础不仅是有天然湖沼的离宫和优良的水潭，还有极好的粮运的水道。什刹海曾是航运的终点，成了重要的市中心。当时的城是近乎正方形的，北面在今日北城墙外约二公里，当时的鼓楼便位置在全城的中心点上，在今什刹海北岸。因为船只可以在这一带停泊，钟鼓楼自然是那时热闹的商市中心。这虽是地理条件所形成，但一向许多人说到元代北京形制，总以这"前朝后市"为严格遵循古制的证据。元时建的尚是土城，没有砖面，东、西、南，每面三门，唯有北面只有两门，街道引直，部署井然。当时分全市为五十坊，鼓励官吏、百姓从旧城迁来，这便是辽以后北京第二次的大改变。它的中心宫城基本上就是今天北京的故宫与北海中海。

1368 年明太祖朱元璋灭了元朝，次年就"缩城北五里"，筑了今天所见的北面城墙。原因显然是本来人口就稀疏的北城地区，到了这时，因航运滞塞，不能达到什刹海，因而更萧条不堪，而商业则因金的旧城东壁原有的基础渐在元城的南面郊外繁荣起来。元的北城内地址自多旷废无用，所以索性缩短五里了。

明成祖朱棣迁都北京后，因衙署不足，又没有地址兴修，1419 年便将南面城墙向南展拓，由长安街线上移到现在的位置。南北两墙改建的工程使整个北京城约略向南移动四分之一，这完全是经济和政治的直接影响，且因为元的故宫已故意被破坏过，重建时就又做了若干修改。最重要的是因不满城中南北中轴线为什刹海所切断，将宫城中线向东移了约一百五十公尺，正阳门、钟鼓楼也随着东移，以取得由正阳门到鼓楼、钟楼中轴线的贯通，同时又以景山横亘在皇宫北面如一道屏风。这个变动使景山中峰上的亭子成了全城南北的中心，替代了元朝的鼓楼的地位。这五十年间陆续完成的三次大工程便是北京在辽以后的第三次改建，这时的北京城就是今天北京的内城了。

在明中叶以后，东北的军事威胁逐渐强大，所以要在城的四面再筑一圈外城。原拟在北面利用元旧城，所以就决定内外城的距离照着原来北面所缩的五里。这时正阳门外已非常繁荣，西边宣武门外是金中都东门内外的热闹区域，东边崇文门外这时受航运终点的影响，工商业也发展起来，所以工程由南面开始，先筑南城。开工之后，发现费用太大，尤其是城墙由明代起始改用砖，较过去土墙所费更大，所以就改变计划，仅筑南城一面了。外城东西仅比内城宽出六七百公尺，便折而向北，止于内城西南东南两角上，即今西便门，东便门之处，这是在唐幽州基础上辽以后北京第四次的大改建，北京今天的凸字形状的城墙就这样在 1553 年完成。假使这外城按原计划完成，则东面城墙将在二闸，西面差不多到了公主坟，现在的东岳庙、大钟寺、五塔寺、西郊公园、天宁寺、白云观便都要在外城之内了。

清朝承继了明朝的北京，虽然个别的建筑单位许多经过了重建，对整个布局体系则未改动，一直到了今天。民国以后，北京市内虽然有不少的局部改建，尤其是道路系统，为适合近代使用，有了很多变更，但对于北京的全部规模则尚保存原来秩序，没有大的损害。

由那四次的大改建，我们认识到一个事实，就是城墙的存在也并不能阻碍城区某部分一定的发展，也不能防止某部分的衰落。全城各部分是随着政治、军事、经济的需要而有所兴废。北京过去在体形的发展上，没有被它的城墙限制过它必要的展拓和所展拓的方向，就是一个明证。

北京的水源——全城的生命线

从元建大都以来，北京城就有了一个问题，不断的需要完满解决，到今天问题仍然存在，那就是北京城的水源问题。这问题的解决与否在有铁路和自来水以前的时代里更严重地影响着北京的经济和全市居民的健康。

在有铁路以前，北京与南方的粮运完全靠运河。由北京到通州之间的通惠河一段，顺着西高东低的地势，须靠由西北来的水源。这水源还须供给什刹海、三海和护城河，否则它们立即枯竭，反成孕育病疫的水洼，水源可以说是北京的生命线。

北京近郊的玉泉山的泉源虽然是"天下第一"，但水量到底有限，供给池沼和饮料虽足够，但供给航运则不足了。辽金时代航运水道曾利用高粱河水，元初则大规模的重新计划。起初曾经引永定河水东行，但因夏季山洪暴发，控制困难，不久即放弃。当时的河渠故道在现在西郊新区之北，至今仍可辨认。废弃这条水道之后的计划是另找泉源，于是便由昌平县神山泉引水南下，建造了一条石渠，将水引到瓮山泊（昆明湖）再由一道石渠东引入城，先到什刹海，再流到通惠河。这两条石渠在西北郊都有残迹，城中由什刹海到二闸的南北河道就是现在南北河沿和御河桥一带。元时所引玉泉山的水是与由昌平南下经同昆明湖入城的水分流的，这条水名金水河，沿途严禁老百姓使用，专引入宫苑池沼，主要供皇室的饮水和栽花养鱼之用。金水河由宫中流到护城河，然后同昆明湖什刹海那一股水汇流入通惠河。元朝对水源计划之苦心，水道建设规模之大，后代都不能及。城内地下暗沟也是那时留下绝好的基础，经明增设，到现在还是最可贵的下水道系统。

明朝先都南京，昌平水渠破坏失修，竟然废掉不用。由昆明湖出来的水与由玉泉山出来的水也不两河分流，事实上水源完全靠玉泉山的水。因此水量顿减，航运当然不能入城。到了清初建设时，曾作补救计划，将西山碧云寺、卧佛寺同香山的泉水都加入利用，引到昆明湖。这段水渠又破坏失修后，北京水量一直感到干涩不足。新中国成立之前的若干年，三海和护城河淤塞情形是愈来愈严重，人民健康曾大受影响。龙须沟的情况就是典型的例子。

1950 年，北京市人民政府大力疏浚北京河道，包括三海和什刹海，同时疏通各种沟渠，并在西直门外增凿深井，增加水源。这样大大地改善了北京的环境卫生，是北京水源史中又一次新的纪录。现在我们还可以期待永定河上游水利工程，眼看着将来再努力沟通京津水道航运的事业。过去伟大的通惠运河仍可再用，是我们有利的发展基础 。

（本节部分资料参考侯仁之《北平金水河考》）

北京的城市格式——中轴线的特征

如上文所曾讲到，北京城的凸字形平面是逐步发展而来，它在16世纪中叶完成了现在的特殊形状。城内的全部布局则是由中国历代都市的传统制度，通过特殊的地理条件，和元、明、清三代政治、经济实际情况而发展的具体型式。这个格式的形成，一方面是遵循或承袭过去的一般的制度，一方面又由于所尊崇的制度同自己的特殊条件相结合所产生出来的变化运用。北京的体形大部是由于实际用途而来，又曾经过艺术的处理而达到高度成功的，所以北京的总平面是经得起分析的。过去虽然曾很好地为封建时代服务，今天它仍然能很好地为新民主主义时代的生活服务，并还可以再作社会主义时代的都城，毫不阻碍一切有利的发展。它的累积的创造成绩是永远可以使我们骄傲的。

大略地说，凸字形的北京，北半是内城，南半是外城，故宫为内城核心，也是全城布局重心，全城就是围绕这中心而部署的，但贯通这全部署的是一条直线。一根长达八公里，全世界最长，也最伟大的南北中轴线穿过了全城，北京独有的壮美秩序就由这条中轴的建立而产生。前后起伏左右对称的体形或空间的分配都是以这中轴为依据的，气魄之雄伟就在这个南北引伸、一贯到底的规模。我们可以从外城最南的永定门说起，从这南端正门北行，在中轴线左右是天坛和先农坛两个约略对称的建筑群，经过长长一条市楼对列的大街，到达珠市口的十字街口之后才面向着内城第一个重点——雄伟的正阳门楼。在门前百余公尺的地方，拦路一座大牌楼、一座大石桥，为这第一个重点做了前卫，但这还只是一个序幕。过了此点，从正阳门楼到中华门，由中华门到天安门，一起一伏、一伏而又起，这中间千步廊（民国初年已拆除）御路的长度，和天安门面前的宽度，是最大胆的空间的处理，衬托着建筑重点的安排。这个当时曾经为封建帝王据为己有的禁地，今天是多么恰当地回到人民手里，成为人民自己的广场！由天安门起，是一系列轻重不一的宫门和广庭，金色照耀的琉璃瓦顶，一层又一层的起伏峋峙，一直引导到太和殿顶，便到达中线前半的极点，然后向北，重点逐渐退削，以神武门为尾声。再往北，又"奇峰突起"地立着景山做了宫城背后的衬托。景山中峰上的亭子正在南北的中心点上，由此向北是一波又一波的远距离重点的呼应。由地安门到鼓楼、钟楼，高大的建筑物都继续在中轴线上，但到了钟楼，中轴线便有计划地，也恰到好处地结束了。中线不再向北到达墙根，而将重点平稳地分配给左右分立的两个北面城楼——安定门和德胜门。有这样气魄的建筑总布局，以这样规模来处理空间，世界上就没有第二个！

在中线的东西两侧为北京主要街道的骨干，东西单牌楼和东西四牌楼是四个热闹商市的中心。在城的四周，在宫城的四角上，在内外城的四角和各城门上，立着十几个环卫的突出点。这些城门上的门楼、箭楼及角楼又增强了全城三度空间的抑扬顿挫和起伏高下。因北海和中海、什刹海的湖沼岛屿所产生的不规则布局，和因琼华岛塔和妙应寺白塔所产生的突出点，以及许多坛庙园林的错落，也都增强了规则的布局和不规则的变化的对比。在有了飞机的时代，由空中俯瞰，或仅由各个城楼上或景山顶上遥望，都可以看到北京杰出成就的优异。这是一份伟大的遗产，它是我们人民最宝贵的财产，还有人感觉不到吗？

北京的交通系统及街道系统

北京是华北平原通到蒙古高原、热河山地和东北的几条大路的分岔点，所以在历史上它一向是一个政治、军事重镇。北京在元朝成为大都以后，因为运河的开凿，以取得东南的粮食，才增加了另一条东面的南北交通线。一直到今天，北京与南方联系的两条主要铁路干线都沿着这两条历史的旧路修筑，而京包、京热两线也正筑在我们祖先的足迹上，这是地理条件所决定。因此，北京便很自然地成了华北北部最重要的铁路衔接站。自从汽车运输发达以来，北京也成了一个公路网的中心。西苑、南苑两个飞机场已使北京对外的空运有了站驿。这许多市外的交通网同市区的街道是息息相关互相衔接的，所以北京城是会每日增加它的现代效果和价值的。

今天所存在的城内的街道系统，用现代都市计划的原则来分析，是一个极其合理、完全适合现代化使用的系统。这是一个令人惊讶的事实，是任何一个中世纪城市所没有的。我们不得不又一次敬佩我们祖先伟大的智慧。

这个系统的主要特征在大街与小巷，无论在位置上或大小上，都有明确的分别，大街大致分布成几层合乎现代所采用的"环道"，由"环道"明确的有四向伸出的"幅道"。结果主要的车辆自然会汇集在大街上流通，不致无故地去窜小胡同，胡同里的住宅得到了宁静，就是为此。

所谓几层的环道，最内环是紧绕宫城的东西长安街、南北池子、南北长街、景山前大街，第二环是王府井、府右街，南北两面仍是长安街和景山前大街，第三环以东西交民巷、东单东四，经过铁狮子胡同、后门、北海后门、太平仓、西四、西单而完成。这样还可更向南延长，经宣武门、菜市口、珠市口、磁器口而入崇文门。近年来又逐步地开辟一个第四环，就是东城的南北小街、西城的南北沟沿、北面的北新桥大街、鼓楼东大街，以达新街口，但鼓楼与新街口之间因有什刹海的梗阻，要多少费点事，南面则尚未成环（也许可与交民巷衔接）。这几环中，虽然有多少尚待展宽或未完全打通的段落，但极易完成，这是现代都市计划学家近年来才发现的新原则。欧美许多城市都在它们的弯曲杂乱或呆板单调的街道中努力计划开辟成环道，以适应控制大量汽车流通的迫切需要。我们的北京却可应用六百年前建立的规模，只需稍加展宽整理，便可成为最理想的街道系统。这的确是伟大的祖先留给我们的"余荫"。

有许多人不满北京的胡同，其实胡同的缺点不在其小，而在其泥泞和缺乏小型空场与树木，但它们都是安静的住宅区，有它的一定优良作用。在道路系统的分配上也是一种很优良的秩序，这些便是我们发展的良好基础，可以予以改进和提高的。

北京城的土地使用——分区

我们不敢说我们的祖先计划北京城的时候，曾经计划到它的土地使用或分区，但我们若加以分析，就可看出它大体上是分了区的，而且在位置上大致都适应当时生活的要求和社会条件。

内城除紫禁城为皇宫外，皇城之内的地区是内府官员的住宅区。皇城以外，东西交民巷一带是各衙署所在的行政区（其中东交民巷在辛丑条约之后被划为"使馆区"），而这些住宅的住户，有很多就是各衙署的官员。北城是贵族区和供应他们的商店区，这区内王府特别多。东西四牌楼是东西城的两个主要市场，由它们附近街巷名称，就可看出，如东四牌楼附近是猪市大街、小羊市、驴市（今改"礼士"）胡同等，西四牌楼则有马市大街、羊市大街、羊肉胡同、缸瓦市等。

至于外城，大体地说，正阳门大街以东是工业区和比较简陋的商业区，以西是最繁华的商业区。前门以东以商业命名的街道有鲜鱼口、瓜子店、果子市等，工业的则有打磨厂、梯子胡同等等。以西主要的是珠宝市、钱市胡同、大栅栏等，是主要商店所聚集，但也有粮食店、煤市街。崇文门外则有巾帽胡同、木厂胡同、花市、草市、磁器口等等，都表示着这一带的土地使用性质。宣武门外是京官住宅和各省府州县会馆区，会馆是各省入京应试的举人们的招待所，因此知识分子大量集中在这一带。应景而生的是他们的"文化街"，即供应读书人的琉璃厂的书铺集团，形成了一个"公共图书馆"，其中掺杂着许多古玩铺，又正是供给知识分子观摩的"公共文物馆"。其次要提到的就是文娱区，大多数的戏院都散布在前门外东西两侧的商业区中间。大众化的杂耍场集中在天桥，至于骚人雅士们则常到先农坛以西洼地中的陶然亭吟风咏月，饮酒赋诗。

由上面的分析，我们可以看出，以往北京的土地使用，的确有分区的现象。但是除皇城及它以南的行政区是多少有计划的之外，其他各区都是在发展中自然集中而划分的，这种分区情形，到民国初年还存在。

到现在，除去北城的贵族已不贵了，东交民巷又由"使馆区"收复为行政区而仍然兼是一个有许多已建立邦交的使馆或尚未建立邦交的"使馆"所在区，和西交民巷成了银行集中的商务区之外，大致没有大改变。近二三十年来的改变，则在外城建立了几处工厂。王府井大街因为东安市场之开辟，再加上供应东交民巷帝国主义外交官僚的消费，变成了繁盛的零售商店街，部分夺取了民国初年军阀时代前门外的繁荣。东、西单牌楼之间则因长安街三座门之打通而繁荣起来，产生了沿街"洋式"店楼型制。全城的土地使用，比清末民初时期显然增加了杂乱错综的现象，幸而因为北京以往并不是一个工商业中心，体形环境方面尚未受到不可挽回的损害。

北京城是一个具有计划性的整体

北京是中国（可能是全世界）文物建筑最多的城。元、明、清历代的宫苑、坛庙、塔寺分布在全城，各有它的历史艺术意义，是不用说的，要再指出的是：因为北京是一个先有计划然后建造的城（当然，计划所实现的都曾经因各时代的需要屡次修正，而不断地发展的），它所特具的优点主要就在它那具有计划性的城市的整体。那宏伟而庄严的布局，在处理空间和分配重点上创造出卓越的风格，同时也安排了合理而有秩序的街道系统，而不仅在它内部许多个别建筑物的丰富的历史意义与艺术的表现。所以我们首先必须认识到北京城部署骨干的卓越，北京建筑的整个体系是全世界保存得最完好，而且继续有传统的活力的、最特殊、最珍贵的艺术杰作，这是我们对北京城不可忽略的起码认识。

就大多数的文物建筑而论，也都不仅是单座的建筑物，而往往是若干座合组而成的整体，为极可宝贵的艺术创造，故宫就是最显著的一个例子，其他如坛庙、园苑、府第，无一不是整组的文物建筑，有它全体上的价值。我们爱护文物建筑，不仅应该爱护个别的一殿、一堂、一楼、一塔，而且必须爱护它的周围整体和邻近的环境。我们不能坐视，也不能忍受一座或一组壮丽的建筑物遭受到各种各样直接或间接的破坏，使它们委曲在不调和的周围里，受到不应有的宰割。过去因为帝国主义的侵略，和我们不同体系、不同格调的各型各式的所谓洋式楼房，所谓摩天高楼，模仿到家或不到家的欧美系统的建筑物，庞杂凌乱的大量渗到我们的许多城市中来，长久地劈头拦腰破坏了我们的建筑情调，渐渐地麻痹了我们对于环境的敏感，使我们习惯于不调和的体形或习惯于看着自己优美的建筑物被摒弃到委曲求全的夹缝中，而感到无可奈何。我们今后在建设中，这种错误是应该予以纠正了。代替这种蔓延野生的恶劣建筑，必须是有计划有重点的发展，比如明年，在天安门的前面，广场的中央，将要出现一座庄严雄伟的人民英雄纪念碑。几年以后，广场的外围将要建起整齐壮丽的建筑，将广场衬托起来。长安门（三座门）外将是绿荫平阔的林荫大道，一直通出城墙，使北京向东西城郊发展，那时的天安门广场将要更显得雄壮美丽了。总之，今后我们的建设，必须强调同环境配合，发展新的来保护旧的，这样才能保存优良伟大的基础，使北京城永远保持着美丽、健康和年轻。

北京城内城外无数的文物建筑，尤其是故宫、太庙（现在的劳动人民文化宫）、社稷坛（中山公园）、天坛、先农坛、孔庙、国子监、颐和园等等，都普遍地受到人们的赞美，但是一件极重要而珍贵的文物，竟没有得到应有的注意，乃至被人忽视，那就是伟大的北京城墙。它的产生、它的变动、它的平面形成凸字形的沿革，充满了历史意义，是一个历史现象辩证的发展的卓越标本，已经在上文叙述过了。至于它的朴实雄厚的壁垒，宏丽嶙峋的城门楼、箭楼、角楼，也正是北京体形环境中不可分离的艺术构成部分，我们还需要首先特别提到。苏联人民称斯摩棱斯克的城墙为苏联的项链，我们北京的城墙加上那些美丽的城楼，更应称为一串光彩耀目的中华人民的璎珞了。古史上有许多著名的台——古代封建主的某些殿宇是筑在高台上的，台和城墙有时不分——后来发展成为唐宋的阁与楼时，则是在城墙上含有纪念性的建筑物，大半可供人民登临。前者如春秋战国燕和赵的丛台、西汉的未央宫、汉末曹操和东晋石赵在邺城的先后两个铜雀台，后者如唐宋以来由文字流传后世的滕王阁、黄鹤楼、岳阳楼等。宋代的宫前门楼宣德楼的作用也还略像一座特殊的前殿，不只是一个仅具形式的城楼。北京峭峙着许多壮观的城楼角楼，站在上面俯瞰城郊，远览风景，可以供人娱心悦目，舒畅胸襟。但在过去封建时代里，因人民不得登临，事实上是等于放弃了它的一个可贵的作用，今后我们必须好好利用它为广大人民服务。现在前门箭楼早已恰当地作为文娱之用。在北京市各界人民代表会议中，又有人建议用崇文门、宣武门

▲ 北京的城墙还能负起一个新任务

古 都 构 想

两个城楼做陈列馆，以后不但各城楼都可以同样地利用，并且我们应该把城墙上面的全部面积整理出来，尽量使它发挥它所具有的特长。城墙上面面积宽敞，可以布置花池，栽种花草，安设公园椅，每隔若干距离的敌台上可建凉亭，供人游息。由城墙或城楼上俯视护城河与郊外平原，远望西山远景或禁城宫殿。它将是世界上最特殊公园之一——一个全长达 39.75 公里的立体环城公园！

我们应该怎样保护这庞大的伟大的杰作？

人民中国的首都正在面临着经济建设、文化建设——市政建设高潮的前夕。解放两年以来，北京已在以递加的速率改变，以适合不断发展的需要。今后一二十年之内，无数的新建筑将要接踵地兴建起来，街道系统将加以改善，千百条的大街小巷将要改观，各种不同性质的区域要划分出来。北京城是必须现代化的，同时北京城原有的整体文物性特征和多数个别的文物建筑又是必须保存的。我们必须"古今兼顾，新旧两利"，我们对这许多错综复杂问题应如何处理，是每一个热爱中国人民首都的人所关切的问题。

如同在许多其他的建设工作中一样，先进的苏联已为我们解答了这问题，立下了良好的榜样。在《苏联沦陷区解放后之重建》一书中，苏联的建筑史家 N·窝罗宁教授说：

"计划一个城市的建筑师必须顾到他所计划的地区生活的历史传统和建筑的传统。在他的设计中，必须保留合理的、有历史价值的一切和在房屋类型和都市计划中，过去的经验所形成的特征的一切；同时这城市或村庄必须成为自然环境中的一部分。……新计划的城市的建筑样式必须避免呆板硬性的规格化，因为它将掠夺了城市的个性；他必须采用当地居民所珍贵的一切。

"人民在便利、经济和美感方面的需要，他们在习俗与文化方面的需要，是重建计划中所必须遵守的第一条规则。……"（1944年英文版,16页）

窝罗宁教授在他的书中举了许多实例，其中一个被称为"俄罗斯的博物院"的诺夫哥罗德城，这个城的"历史性文物建筑比任何一个城都多"。

"它的重建是建筑院院士舒舍夫负责的。他的计划作了依照古代都市计划制度重建的准备——当然加上现代化的改善。……在最卓越的历史文物建筑周围的空地将布置成为花园，以便取得文物建筑的观景。若干组的文物建筑群将被保留为国宝；……

"关于这城……的新建筑样式，建筑师们很正确地拒绝了庸俗的'市侩式'建筑，而采取了被称为'地方性的拿破仑时代的'建筑。因为它是该城原有建筑中最典型的样式。……

"……建筑学者们指出：在计划重建新的诺夫哥罗德的设计中，要给予历史性文物建筑以有利的位置，使得在远处近处都可以看见它们的原则的正确性。……

"对于许多类似诺夫哥罗德的古俄罗斯城市之重建的这种研讨将要引导使问题得到最合理的解决，因为每一个意见都是对于以往的俄罗斯文物的热爱的表现。……"

怎样建设"中国的博物院"的北京城，上面引录的原则是正确的。让我们向诺夫哥罗德看齐，向舒舍夫学习。

（本文虽是作者答应担任下来的任务，但在实际写作进行中，都是同林徽因分工合作，有若干部分还偏劳了她，这是作者应该对读者声明的）

1951 年 4 月 15 日脱稿于清华园

人民首都的市政建设 [1]

北京是一个庄严而美丽的都市，自 1949 年 10 月 1 日起，已成为中华人民共和国的首都了。我们的中央人民政府在这里，我们伟大的领袖毛主席在这里。今天，美丽的北京城业已成为亚洲人民解放斗争的灯塔了。

北京又是一个历史名城，无数珍贵的文物古迹刻画着中国劳动人民伟大的历史创造，然而从 1153 年金朝在"燕京"定都以来，经过元、明、清、民国等朝代，在这八百年的漫长期间，这个古老的都城一直是封建帝王压迫人民的中心，是反动统治阶级的行乐场所；广大的劳动人民修筑了皇宫大厦亭台楼榭，自己却始终生活在饥寒交迫之中。

新中国成立以后，全国人民翻了身，古老的北京城也翻了身，光荣地成为人民自己的首都了。

新中国成立之前，北平全市仅有的一点点现代城市设备，如宽一点的平坦柏油马路或水泥马路、自来水，以及舒适的住宅等，几乎全都集中在北平内城东西两部所谓"富贵之区"；至于劳动人民聚居的外城、内城北部、城墙边，就只有破旧、肮脏的小屋和曲折泥泞的街巷，完全是另一番景象。人民掌握了政权以后，就要把旧的北平改成新的北京，因此，人民政府首先就从城市建设的路线和方针上加以根本的改变。这个

---

1 本文于 1952 年由中华全国科学技术普及协会出版单行本，原书附图遗失，故从略。——左川注

186

新方针就是："为生产服务，为劳动人民服务，为首都服务。"

旧的北平是一个典型的消费城市，只有微不足道的一点工业和一些专供剥削阶级享受的手工业。人民政府要使北京由一个消费城市变成一个生产城市，因此，建设方针首先要为生产服务。旧的北平是封建统治阶级享乐的场所，所有的劳动人民都为他们服务。现在劳动人民做了主人，面向生产，所以为生产服务就必须为劳动人民服务，为劳动人民服务也就是为生产服务。此外，北京是中央人民政府所在地，是中华人民共和国的心脏，所以北京的市政建设也就担负起为首都服务的光荣任务了。

为了贯彻这个三重任务的建设方针，北京的建设工作是在四个方面——卫生工程、交通工程、房屋建筑和长期的都市计划——同时推进的。

卫生工程方面

国民党反动派留给我们的北平到处是垃圾堆、污水塘和粪坑。在新中国成立后的第一年内，人民政府就清除了三十三万余吨的垃圾，把城内多年来积存的垃圾一举扫清。这在久居北京的市民看来，简直是一个奇迹。从此以后，北京每天产出的一千二百吨垃圾，当天就可全数运除，市内再没有积存垃圾的现象了。此外，人民政府还取消了城内的粪坑、粪箱、粪厂八百九十个，把所存大粪六十一万吨搬到城外，并添建了二百二十余处公厕和一千一百八十余个秽水池。这两项措施，使北京的环境卫生获得了初步的改善。

北京城内从明朝起就有相当完善的下水道系统，确实知道的有三百一十四公里的总长度。数百年来，尤其是民国以来，在军阀、日伪和国民党反动统治下，年久失修，有许多坍塌了。沟内淤塞情形也极严重，估计淤泥约有十六万立方公尺左右，使下水道失去了排水的作用。新中国成立以后两年内，除掏挖与修理旧下水道和明沟约二百四十三公里外，新修了下水道五十四公里余。其中位于外城东南部的劳动人民聚居两岸的龙须沟，原是一条明沟，已被垃圾、秽水充塞，每到夏季，臭气熏天，成为蚊蝇聚集的渊薮；大雨之后，淤水泛滥，严重地危害着当地居民的生命和健康。现在，这条明沟已改为暗沟，成了一条长约八公里的下水道，因此，季节性的疾病与死亡的威胁就大大地减少了。

与北京环境卫生有密切关系的河湖水系，两年来已获得彻底地整理。北京的河湖水系，也像下水道一样，由于年久失修，多已淤塞。城内有名的三海——北海、中海、南海——以前本来是专供宫廷玩赏游乐的地方，风景十分幽美；还有与北海相连的什刹海，也是人民游乐的地方之一。这四个"海"有极可宝贵的广阔水面，对于城市空气和温度的调节起了很大的作用。可是近数十年来，由于流水通道都已淤塞，它们实际上已成了一系列的大死水坑。一到夏季，蚊虫滋生，成为各种传染病的发源地，对于市内环境卫生十分有害。为了把这四个"海"的死水变成活水，人民政府不仅组织了很大的力量，掏挖了"海"，而且把供给各"海"的水源和河道也疏浚了，挖出淤泥二百五十四万四千余立方公尺，疏浚河道总长达一百二十五公里，疏浚湖泊面积一百二十四万六千六百余平方公尺。另外，还在上游河道沿岸开凿了十眼机井，每日增加水量二万四千立方公尺；建造新式水闸，整修了旧水闸，灵活调度水量。这样，北京城的整个水系就活起来，解放了积水腐蚀之虑，大大地改善了市民的环境卫生。而且还利用了什刹海的一部分，建造了一个能容四千人的人民游泳池。

1952 年，为了配合爱国卫生运动，北京市人民政府又大力淘挖外城南部的洼地和苇塘——陶然亭和龙潭。陶然亭的工程已经竣工，挖土二十六万立方公尺，龙潭的工程比陶然亭更大，现在正在进行。这两处孳育蚊蝇的污水塘，到1954年后，即将成为最美丽的公园了。

此外，在城西的郊区，雨季易遭泛滥的地区，罗道庄的玉渊潭，修建了一座蓄水库和节制闸；在几条河上改建了三十几座原来阻水的桥梁；加固并新砌了城西永定河岸的石堤；发动郊区群众挖了五百二十二条排水沟，共长约四百四十公里。这样就初步解决了郊区蓄水防洪的问题，使大部分耕地免受涝灾。

在改善环境卫生的工作中，人民政府还在劳动人民聚居的地区，大力铺设自来水管。新中国成立前，北京城只在"富贵之区"有总长不到八百公里的自来水管，一百数十万市民中，只有六十二万人喝到自来水。现在北京自来水管的总长度（不包括用户墙内的长度）已增加将近一倍，在城区一百八十万市民中，已有一百五十万人可以饮用自来水了。此外在城西二十五公里的西山门头沟煤矿区，还为矿区工人新建了一个自来水系统，用水人口二万八千余。从前门头沟工人的主要饮水是煤井排泄的脏水，现在已都能饮用清洁的自来水了。

由于环境卫生的改善，以及医疗卫生机构的充实与扩大，新中国成立以来，全市人口虽然急剧增加，而人口死亡的数字比以前却大为降低了。

交通工程方面

在清朝时期，居民都说，北京的街巷"晴天是个香炉，雨天是个墨盒"。从清朝末年到解放为止的四十余年间，反动统治阶级在北京仅仅修了一百九十二公里的马路，这些马路大多数在"富贵之区"。解放三年以来，人民政府就修筑了沥青、水泥、石碴、石卵的道路一百余公里，超过以往四十余年修建的总长度的一半。新建和修整的各种高级和中级路面共计约二百二十六万余平方公尺，并结合生产救灾，以工代赈，修整一千多条胡同（小巷）的土路二十六万余平方公尺，基本上消灭了"香炉、墨盒"的现象。在新建的道路中，最突出的是天安门以东长约一点六公里、宽约一百公尺的林荫大道，这条林荫大道的修成大大地便利了城内东西往来的交通。在每年"五一"和国庆日，人民解放军和民兵的雄壮队伍以及数十万工人、农民、学生、机关干部和市民，就通过这条大道，走向天安门，接受毛主席的检阅，另一条重要的道路就是由城区通到门头沟矿区的京门公路。这条长二十余公里的公路已大部分铺设了水泥路面，联系了北京和石景山工业区及门头沟矿区，有助于北京市工矿生产事业的发展。此外，在东郊和南郊两个工业区的道路，也正在施工中。

在公共交通方面，人民政府增加和改善了电车和公共汽车的行驶，大大便利了市民的交通。解放初期，北京只有五十三辆电车和七辆公共汽车，而且都是破烂不堪的。三年来，电车公司和公共汽车公司的职工们，以主人翁的态度和忘我的劳动热情，钻研创造了各种新办法，修理和制造了许多车辆。今天北京平均每天电车出车一百四十辆，每月乘客由新中国成立前的二百零五万人增加到四百八十六万余人，公共汽车每天出车也增加到一百辆，每月乘客由新中国成立前微不足道的数字增加到约一百九十万人。

为了交通的安全和畅通，在两个交通量最大的城门口两旁——西直门和崇文门——各开辟了新的门洞。使得出入城门的车辆从两个门顺利通行，减少了交通事故，节省了市民的宝贵时间。

与交通有密切关系的就是路灯。在解放初期，北京的路灯仅有一万零九百盏，两年来已增加到一万七千六百盏，便利了市民的夜间交通。

房屋建筑方面

新中国成立两年多以来，为了工厂的建设，为了机关办公，为了发展教育，为了干部和工人居住，北京一共修缮了十三万零三百间房屋，还新盖了十三万四千多间房，面积约一百九十五万一千平方公尺。这个数字是惊人的，其中包括了许多政府机关办公的大楼和工厂、工人宿舍，以及医院、学校等等，尤其值得我们注意的就是其中有六千二百零九间是特别为最贫苦的劳动人民和军属、烈属建造的住宅，使将近二万无家可归或住在极破烂的窝棚里的贫苦人民得到清洁舒适的新房子。在若干这种较大的劳动人民住宅区中间，还适当地配置了花园和广场，作为群众集会和游乐的地方；面临着广场的一排房屋，还留给合作社、百货公司。这样就使这一区的居民有了很好的集体生活的环境，而且可以就近解决了日常生活必需品的供应问题。这种处处为劳动人民着想的建设，是中国历史上所从来不曾有过的。

1952年度计划拟建工人宿舍约三万间，市民住宅约二千间，中小学校舍及学生宿舍约五千间，旅舍约四千间，其中一部分已经完成。

我们已经看到，新中国成立以来短短三年多的时间，由于坚决执行了"为生产服务，为劳动人民服务，为首都服务"的建设方针，依靠工人阶级发挥了积极性和创造性，在广大人民热烈的支持下，北京的市政建设已获得了很大的成绩，而这一切是在美帝国主义者正在朝鲜逞凶，国家财政经济尚未完全改善的困难条件下所进行的。在这样的条件下，唯有人民自己的政府才能够取得这样辉煌的成就，但是作为一个现代化的都城，北京建设的路程还遥远得很，过去三年的成就还仅仅是一个良好的开端，更辉煌更伟大的成就还在后头呢。

古 都 构 想

都市计划方面

为了使我们的北京成为一个庄严伟大、雄奇瑰丽的人民首都，在新中国成立后不久，人民政府就设立了北京市的都市计划委员会，邀请了各方面专家、大学教授，会同有关首都建设的各单位，听取了各界人民的意见，普遍而深入地研究北京将来发展的方向，为今后十五年乃至二十年的发展预作计划。经过两年多的努力，这个计划已得到了一个初步的轮廓。

按照这个计划，北京市政建设范围将由现在城区的六十二平方公里逐步扩大到四百五十平方公里，比现有的城区约略大了七倍余，人口可能增加到四五百万人。

这样一个伟大的首都建设计划是有重大政治作用和历史意义的。天安门以南的地带将要集中全国重要企业的中央管理机关，东郊和南郊是工业区，将要建造许多工厂，西北郊是文化教育区，许多大学、专科学校和研究机关都在这里，文教区以西毗邻西山一带的地方是风景休养区，包括著名的颐和园在内，其余的就是环绕着这些中心地区的住宅用地。

将来首都要建设几个大车站，人民铁道可从这些车站通往全国无数的城市、林镇和工厂、矿山、农场。东郊、丰台、石景山，也可能设货车站。北京所需要的消费品和工业区所需要的原料和生产出的成品都将通过货车站运进来、运出去。

至于市区的道路，一般将采取南北、东西的方向，以与北京原有的城市格式相配合，并将成为一个由几个环形干路和几条放射干路配合而成的系统，而以若干次干道和无数的支路与它们联系起来。这样的计划是求得道路的分工，使高速度的比较长程行驶的车辆都在干道上走，因而保证了各工作地区和住宅区街道里的安全与宁静，已经完成了的天安门以东的林荫大道和通往门头沟的公路就是这个系统中的极小一部分。所有道路的两旁都要种植树木，将来的道路，不仅为了便利交通，而且本身就是连续不断的带形的公园。

全国人民所关心的天安门广场将要扩大约一倍，以便每年"五一"和国庆日，百万以上的队伍在这里集会，接受毛主席的检阅。在广场中心，将耸立着永垂不朽的人民英雄纪念碑。

将来的工厂区是非常优美的。工厂里到处都是花园，因为要做到没有沙尘，便需要多种树木花草，以保障机器和成品的清洁，保障工人的健康。工厂里有许多工人的福利设施，如托儿所、运动场和各种卫生设备。每一个适当的地区就有一个为工人服务的中心，里面有广场、剧院、文化宫、医院等公共设备。工人住宅区就在工厂区的附近，有现代化的住房和集体宿舍。各工厂之间也有便利的交通联系，使工作和生活都很舒适。新中国工人的生活是美满而幸福的。

北京的文教区是全国最重要的文化教育中心，文教区的面积比现在的北京城还要大三分之一，将来这里要有三四十个大学、专科学校和研究机关。文教区的中心是中国科学院，各文教单位将围绕着它建造起来。

这个伟大的计划还包括了北京的河湖系统计划在内。现在北京的水源是很不充足的，将来永定河上游在察哈尔省怀来县官厅镇附近的水库完成以后，北京就可以得到足够的水源。那时不但是三海和什刹海的水有了更可靠的供给，而且可以使北京与天津间的运河得到足够的水量。北京工业区也将取得更方便的出海口，而且工业原料和机械设备的运输费用也可因而大大减低，从而降低了生产的成本。

此外，人民政府还计划将北京许多名胜古迹如故宫、天坛、中海、南海、北海、颐和园、玉泉山以及西山一带的风景休养区和许多名胜古迹，用一些河流和林荫大道把它们联系起来，使北京成为一个绵延不断的公园系统。在风景休养区里，将要设立许多工人、干部休养所和疗养院。这个公园系统计划实现之后，北京的每一条大街、每一条河道都将成为公园的一部分，北京将成为一个最优美的人民首都了。北京城内外的重要文物建筑也将予以缜密的考虑，适当的处理。

在这里还应该着重提到的是建筑上的艺术性问题。我们祖国有伟大而美丽的建筑传统，我们的艺术有我们民族的特性，我们将来的大建筑物必须是在自己宝贵的传统的基础上发展起来，有自己的民族艺术特性，只是在技术方面我们是要吸取一切现代的先进经验。我们的建筑师们已开始在这方向努力，我们的目标是创造毛泽东时代新中国的建筑。对于壮丽的新中国建筑我们是有信心的，我们首都的市容是要充满中国的气魄的。

这就是将来的伟大壮丽的人民首都的一个远景。

总之：新中国成立三年中，我们的首都已在逐步地建设起来了。首先是北京的环境卫生已获得很大的改善，道路和交通也改善了，工业也在发展了，一部分最贫苦的劳动人民已得到舒适的房屋，政府还在继续为将来更美好的首都做长远的计划。今天已经完成的，事实上已是史无前例的市政建设，但比起将来的远景，实在只是一个极微小的开端而已。

大家也许要问：你所说的那个远景，似乎是太理想了，你准知道它能实现吗？我们的回答是肯定的。在中国以往任何一种政权下，都不可能实现这个计划，但是在我们优越的新民主主义制度下面，在以毛主席为首的中国共产党和中央人民政府领导下，这一计划的实现是完全可能的。北京两年来的建设就已经初步地实现了这个伟大的计划的一小部分。我们可以相信，在人民政府之下，一个计划就是一个必然要实行的计划，而不是空想。将来全国的每一个城镇，在经济建设、文化建设高潮到来的时候，都将要大大地发展，也都需要好好地计划，使得全中国每一个城镇都成为美好适用的"为生产服务，为劳动人民服务"的城镇。

最后必须指出：我们首都的这个美丽的远景，是一个十年乃至二十年以后的远景。十年八年之后，大家来到北京时，大致上就可以看见那样一个景象了。它实现的进度将随同经济建设的进度而加速。目前美帝国主义还在侵略朝鲜，还在处心积虑地要侵略我们，还霸占着我们的台湾。全国人民还必须继续尽一切力量支援我们伟大英勇的人民志愿军，还必须继续大力建设强大的国防力量。我们若要想人民首都计划之早日实现，若要使祖国的每个城镇都像北京那样有计划地建设起来，只要热烈响应毛主席的号召，更积极加强支援抗美援朝，努力增产节约，击溃帝国主义的侵略，才能更大规模地进行我们首都的和各城镇的和平建设。

古 都 构 想

关于北京城墙存废问题的讨论 [1]

　　北京成为新中国的新首都了。新首都的都市计划即将开始，古老的城墙应该如何处理，很自然地成了许多人所关心的问题。处理的途径不外拆除和保存两种。城墙的存废在现代的北京都市计划里，在市容上、在交通上、在城市的发展上会产生什么影响，确是一个重要的问题，应该慎重地研讨，得到正确的了解，然后才能在原则上得到正确的结论。

　　有些人主张拆除城墙，理由是：城墙是古代防御的工事，现在已失去了功用，它已尽了它的历史任务了；城墙是封建帝王的遗迹；城墙阻碍交通，限制或阻碍城市的发展；拆了城墙可以取得许多砖，可以取得地皮，利用为公路。简单地说，意思是：留之无用，且有弊害，拆之不但不可惜，且有薄利可图。

　　但是，从不主张拆除城墙的人的论点上说，这种看法是有偏见的、片面的、狭隘的，也是缺乏实际的计算的；由全面城市计划的观点看来，都是知其一不知其二的，见树不见林的。

　　他说：城墙并不阻碍城市的发展，而且把它保留着与发展北京为现代城市不但没有抵触，而且有利。如果发展它的现代作用，它的存在会丰富北京城人民大众的生活。

1　本文原载 1950 年 7 月出版的《新建设》第二卷第六期。——左川注

先说它的有利的现代作用。自从十八、十九世纪以来，欧美的大都市因为工商业无计划、无秩序、无限制地发展，城市本身也跟着演成了野草蔓延式的滋长状态。工业、商业、住宅起先便都混杂在市中心，到市中心积渐地密集起来时，住宅区便向四郊展开。因此工商业随着又向外移。到了四郊又渐形密集时，居民则又向外展移，工商业又追踪而去。结果，市区被密集的建筑物重重包围。在伦敦、纽约等市中心区居住的人，要坐三刻钟乃至一小时以上的地道车才能达到郊野。市内之枯燥嘈杂，既不适于居住，也渐不适于工作，游息的空地都被密集的建筑物和街市所侵占，人民无处游息，各种行动都忍受交通的拥挤和困难。所以现代的都市计划，为市民身心两方面的健康，为解除无限制蔓延的密集，便设法采取了将城市划分为若干较小的区域的办法，小区域之间要用一个园林地带来隔离。这种分区法的目的在使居民能在本区内有工作的方便，每日经常和必要的行动距离合理化，交通方便及安全化；同时使居民很容易接触附近郊野田园之乐，在大自然里休息；而对于行政管理方面，也易于掌握。北京在二十年后，人口可能增加到四百万人以上，分区方法是必须采用的。靠近城墙内外的区域，这城墙正可负起它新的任务，利用它为这种现代的区间的隔离物是很方便的。

这里主张拆除的人会说：隔离固然是隔离了，但是你们所要的园林地带在哪里？而且隔离了交通也就被阻梗了。

主张保存的人说：城墙外面有一道护城河，河与墙之间有一带相当宽的地，现在城东、南、北三面，这地带上都筑了环城铁路。环城铁路因为太近城墙，阻碍城门口的交通，应该拆除向较远的地方展移。拆除后的地带，同护城河一起，可以做成极好的"绿带"公园。护城河在明正统年间，曾经"两涯甃以砖石"，将来也可以如此做。将来引导永定河水一部分流入护城河的计划成功之后，河内可以泛舟钓鱼，冬天又是一个很好的溜冰场。不唯如此，城墙上面，平均宽度约十公尺以上，可以砌花池，栽植丁香、蔷薇一类的灌木，或铺些草地，种植草花，再安放些园椅。夏季黄昏，可供数十万人的纳凉游息。秋高气爽的时节，登高远眺，俯视全城，西北苍苍的西山，东南无际的平原，居住于城市的人民可以这样接近大自然，胸襟壮阔，还有城楼角楼等可以辟为陈列馆、阅览室、茶点铺。这样一带环城的文娱圈，环城立体公园，是全世界独一无二的。北京城内本来很缺乏公园空地，新中国成立后皇宫禁地都是人民大众工作与休息的地方；清明前后几个周末，郊外颐和园一天的门票曾达到八九万张的纪录，正表示北京的市民如何迫切地需要假日休息的公园。古老的城墙正在等候着负起新的任务，它很方便地在城的四面，等候着为人民服务，休息他们的疲劳筋骨，培养他们的优美情绪，以民族文物及自然景色来丰富他们的生活。

不唯如此，假使国防上有必需时，城墙上面即可利用为良好的高射炮阵地，古代防御的工事在现代还能够再尽一次历史任务！

这里主张拆除者说，它是否阻碍交通呢？

主张保存者回答说：这问题只在选择适当地点，多开几个城门，便可解决的。而且现代在道路系统的设计上，我们要控制车流，不使它像洪水一般的到处"泛滥"，而要引导它汇集在几条干道上，以联系各区间的来往。我们正可利用适当位置的城门来完成这控制车流的任务。

但是主张拆除的人强调说：这城墙是封建社会统治者保卫他们的势力的遗迹呀，我们这时代既已用不着，理应拆除它的了。

回答是：这是偏差幼稚的看法。故宫不是帝王的宫殿吗？它今天是人民的博物院。天安门不是皇宫的大门吗？中华人民共和国的诞生就是在天安门上由毛主席昭告全世界的。我们不要忘记，这一切建筑体形的遗物都是古代多少劳动人民创造出来的杰作，虽然曾经为帝王服务，被统治者所专有，今天已属于人民大众，是我们大家的民族纪念文物了。

同样的，北京的城墙也正是几十万劳动人民辛苦事迹所遗留下的纪念物。历史的条件产生了它，它在各时代中形成并执行了任务，它是我们人民所承继来的北京发展史在体形上的遗产。它那凸字形特殊形式的平面就是北京变迁发展史的一部分说明，各时代人民辛勤创造的史实，反映着北京的长成和文化上的进展。我们要记着，从前历史上易朝换代是一个统治者代替了另一个统治者，但一切主要的生产技术及文明的、艺术的创造，却总是从人民手中出来的，为生活便利和安心工作的城市工程也不是例外。

简略说来，1234年元人的统治阶级灭了金人的统治阶级之后，焚毁了比今天北京小得多的中都（在今城西南）。到1267年，元世祖以中都东北郊琼华岛离宫（今北海）为他威权统治的基础核心，古今最美的皇宫之一，外面四围另筑了一周规模极大的、近乎正方形的大城；现在内城的东西两面就仍然是元代旧的城墙部位，北面在现在的北面城墙之北五里之处（土城至今尚存），南面则在今长安街线上。当时城的东南角就是现在尚存的，郭守敬所创建的观象台地点。那时所要的是强调皇宫的威仪，"面朝背市"的制度，即宫在南端，市在宫的北面的部局。当时运河以什刹海为终点，所以商业中心，即"市"的位置，便在钟鼓楼一带。当时以手工业为主的劳动人民便都围绕着这个皇宫之北的市心而生活。运河是由城南入城的，现在的北河沿和南河沿就是它的故道，所以沿着现时的六国饭店、军管会、翠明庄、北大的三院、民主广场、中法大学河道一直北上[1]，尽是外来的船舶，由南方将物资运到什刹海。什刹海在元朝便相等于今日的前门车站交通终点的，后来运河失修，河运只达城南，城北部人烟稀少了，而城南却更便于工商业。在 1370 年前后，明太祖重建城墙的时候，就为了这个原因，将城北面"缩"了五里，建造了今天的安定门和德胜门一线的城墙。商业中心既南移，人口亦向城南集中，但明永乐时迁都北京，城内却缺少修建衙署的地方，所以在 1419 年，将南面城墙拆了展到现在所在的线上。南面所展宽的土地，以修衙署为主，开辟了新的行政区。现在的司法部街原名"新刑部街"，是由西单牌楼的"旧刑部街"迁过来的。换一句话说，就是把东西交民巷那两条"郊民"的小街"巷"让出为衙署地区，而使郊民更向南移。

　　现在内城南部的位置是经过这样展拓而形成的，正阳门外也在那以后更加繁荣起来。到了明朝中叶，统治者势力渐弱，反抗的军事威力渐渐严重起来，因为城南人多，所以计划以元城北面为基础，四周再筑一城。故外城由南面开始，当中开辟永定门，但开工之后，发现财力不足，所以马马虎虎，东西未达到预定长度，就将城墙北折，止于内城的南方，于 1553 年完成了今天这个凸字形的特殊形状。它的形成及其在位置上的发展，明显的是辩证的，处处都反映各时期中政治、经济上的变化及其

1　六国饭店，位于今东交民巷与正义路交叉路口的东南角，是北京历史上第一家大饭店，始建于 1902 年，20 世纪 80 年代中期被拆除。建首都宾馆，后改为首都大酒店。翠明庄，今南河沿大街 1 号，位于南河沿大街与东华门大街交叉路口的西南角，是 1946 年中共军调处所在地。北大三院，原北京大学译文馆（今外语系前身）所在地，位于北河沿大街西侧，今北河沿大街 145 ～ 147 号址。民主广场，北大红楼北侧广场，今北河沿大街甲 83 号院内。中法大学，由蔡元培等人创建于 1920 年，1925 年其文学院移建于今黄城根街甲 20 号处，位于北河沿大街东侧。

在军事上的要求。

这个城墙由于劳动的创造，它的工程表现出伟大的集体创造与成功的力量。这环绕北京的城墙，主要虽为防御而设，但从艺术的观点看来，它是一件气魄雄伟、精神壮丽的杰作。它的朴质无华的结构，单纯壮硕的体形，反映出为解决某种的需要，经由劳动的血汗，劳动的精神与实力，人民集体所成功的技术上的创造。它不只是一堆平凡叠积的砖堆，它是举世无匹的大胆的建筑纪念物，磊拓嵯峨、意味深厚的艺术创造。无论是它壮硕的品质，或是它轩昂的外像，或是那样年年历尽风雨甘辛，同北京人民共甘苦的象征意味，总都要引起后人复杂的情感的。

苏联斯莫冷斯克的城墙，周围七公里，被称为"俄罗斯的颈环"，大战中受了损害，苏联人民百般爱护地把它修复，北京的城墙无疑的也可当"中国的颈环"乃至"世界的颈环"的尊号而无愧。它是我们的国宝，也是世界人类的文物遗迹。我们既承继了这样可珍贵的一件历史遗产，我们岂可随便把它毁掉！

那么，主张拆除者又问了：有利的方面在哪儿呢？我们计算利用城墙上那些砖，拆下来协助其他建设的看法，难道就不该加以考虑吗？

这里反对者方面更有强有力的辩驳了。

他说：城砖固然可能完整地拆下很多，以整个北京城来计算，那数目也的确不小，但北京的城墙，除去内外各有厚约一公尺的砖皮外，内心全是"灰土"，就是石灰黄土的混凝土。这些三四百年乃至五六百年的灰土坚硬如同岩石，据约略估计，约有一千一百万吨。假使能把它清除，用由二十节十八吨的车皮组成的列车每日运送一次，要八十三年才能运完！请问这一列车在八十三年之中可以运输多少有用的东西？而且这些坚硬的灰土，既不能用以种植，又不能用作建筑材料，用来筑路却又不够坚实，不

古 都 构 想

适使用，完全是毫无用处的废料。不但如此，因为这混凝土的坚硬性质，拆除时没有工具可以挖动它，还必须使用炸药，因此北京的市民还要听若干年每天不断的爆炸声！还不止如此，即使能把灰土炸开、挖松、运走，这一千一百万吨的废料的体积约等于十一二个景山，又在何处安放呢？主张拆除者在这些问题上面没有费过脑筋，也许是由于根本没有想到，乃至不知道墙心内有混凝土的问题吧。

就说绕过这样一个问题而不讨论，假设北京同其他县城的城墙一样是比较简单的工程，计算把城砖拆下做成暗沟，用灰土将护城河填平，铺好公路，到底是不是一举两得一种便宜的建设呢？

由主张保存者的立场来回答是：苦心的朋友们，北京城外并不缺少土地呀，四面都是广阔的平原，我们又为什么要费这样大的人力，一两个野战军的人数，来取得这一带之地呢？拆除城墙所需的庞大的劳动力是可以积极生产许多有利于人民的果实的。将来我们有力量建设，砖窑业是必要发展的，用不着这样费事去取得。如此浪费人力，同时还要毁掉环绕着北京的一件国宝文物——一圈对于北京形体的壮丽有莫大关系的古代工程，对于北京卫生有莫大功用的环城护城河——这不但是庸人自扰，简直是罪过的行动了。

这样辩论斗争的结果，双方的意见是不应该不趋向一致的。事实上，凡是参加过这样辩论的，结论便都是认为城墙的确不但不应拆除，且应保护整理，与护城河一起作为一个整体的计划，善予利用，使它成为将来北京市都市计划中的有利的、仍为现代所重用的一座纪念性的古代工程。这样由它的物质的特殊和珍贵，形体的朴实雄壮，反映到我们感觉上来，它会丰富我们对北京的喜爱，增强我们民族精神的饱满。

1950 年 4 月 24 日于清华大学

北平文物必须整理与保存 [1]

　　北平文物整理的工作近来颇受社会注意，尤其因为在经济凋敝的景况下，毁誉的论说，各有所见。关于这工作之意义和牵涉到的问题，也许有略加申述之必要，使社会人士对于这工作之有无必要，更有真切的认识。

　　北平市之整个建筑部署，无论由都市计划、历史，或艺术的观点上看，都是世界上罕见的瑰宝，这早经一般人承认。至于北平全城的体形秩序的概念与创造——所谓形制气魄——实在都是艺术的大手笔，也灿烂而具体的放在我们面前。但更要注意的是：虽然北平是现存世界上中古大都市之"孤本"，它却不仅是历史或艺术的"遗迹"，它同时也还是今日仍然活着的一个大都市，它尚有一个活着的都市问题需要继续不断的解决。

　　今日之北平仍有庞大数目的市民在里面经常生活着，所以北平市仍是这许多市民每日生活的体形环境，它仍在执行着一个活的城市的任务，无论该市——乃至全国——近来经济状况如何凋落，它仍须继续地给予市民正常的居住、交通、工作、娱乐及休息的种种便利，也就是说它要适应市民日常生活环境所需要的精神或物质的条件，同其他没有文物古迹的都市并无多大分别。所以全市的市容、道路、公园、公共建筑、商店、住宅、公用事业、卫生设备等种种方面，都必如其他每城每市那样有许多机构不

1　此文 1948 年由原"行政院北平文物整理委员会"以单行本印发。

断的负责修整与管理，是理之当然，所不同的是北平市内年代久远而有纪念性的建筑物多，而分布在城区各处显著地位者尤多。建筑物受自然的侵蚀倾圮毁坏的趋势一经开端便无限制的进展，绝无止境。就是坍塌之后，拆除残骸清理废址，亦须有管理的机构及相当的经费，故此北平市市政方面比一个通常都市却多了一重责任。

我们假设把北平文物建筑视作废而无用的古迹，从今不再整理，听其自然，则二三十年后，所有的宫殿坛庙牌坊等等都成了断瓦颓垣，如同邦卑（Pompeii）故城[1]（那是绝对可能的）。试问那时，即不顾全国爱好文物人士的浩叹惋惜，其对于尚居住在北平的全市市民物质与精神上的影响将若何？其不方便与不健全自不待言。在那样颓败倾圮的环境中生活着，到处破廊倒壁，触目伤心，必将给市民愤慨与难堪。一两位文学天才也许可以因此做出近代的《连昌宫词》[2]，但对于大多数正常的市民必是不愉快的刺激及实际的压迫，这现象是每一个健全的公民的责任心所不许的。

论都市计划的价值，北平城原有（亦即现存）的平面配置与立体组织，在当时建立帝都的条件下，是非常完美的体形秩序，就是从现代的都市计划理论分析，如容纳车马主流的交通干道（大街）与次要道路（分达住宅的胡同）之明显而合理的划分，公园（御苑坛庙）分布之适当，都是现代许多大都市所努力而未能达到的。美国都市计划权威 Henry S.

1　邦卑（Pompeii）故城，现通译庞贝古城，位于意大利南部维苏威火山东南麓，公元 79 年被火山喷发掩埋，1748 年开始发掘，现为历史遗址。——王世仁注

2　《连昌宫词》，唐代诗人元稹（779—831）的七言古诗，作于元和十二年（817 年）。连昌宫是唐朝的一处行宫，位于河南郡寿安县（今河南省宜阳县）。诗中借一位住在宫旁老人的叙述，描写出自"安史之乱"以来连昌宫废弃衰败的景象。——王世仁注

Churchill[1] 在他的近著《都市就是人民》(《The City is the People》) 里，由现代的观点分析北平，赞扬备至。

北平的整个形制既是世界上可贵的孤例，而同时又是艺术的杰作，城内外许多建筑物却又各个的是在历史上、建筑史上、艺术史上的至宝。整个的故宫不必说，其他许多各个的文物建筑大多数是富有历史意义的艺术品。它们综合起来是一个庞大的"历史艺术陈列馆"，历史的文物对于人民有一种特殊的精神影响，最能触发人们对民族对人类的自信心。无论世界何处，人们无不以游览古迹参观古代艺术为快事，亦不自知其所以然（这几天北平游春的青年们莫不到郊外园苑或较近的天坛、三殿、太庙、北海等处。他们除了上意识地感到天朗气清聚游之乐外，潜意识里还得到我们这些过去文物规制所遗留下美善形体所给予他们精神上的启发及自信的坚定）。无论如何，我们除非否认艺术，否认历史，或否认北平文物在艺术上历史上的价值，则它们必须得到我们的爱护与保存是无可疑问的。

在民国二十二年前后，北平当时市政当局有鉴于此，并得到北平学术界的赞助与合作，于二十四年成立了故都文物整理委员会，直棣行政院，会辖的执行机关为文整会实施事务处[2]，由市长工务局长分别兼任正副

1　Henry S. Churchill，生于 1893 年，美国著名建筑师，城市规划理论家，《The city is the people》(ReyrtaL& Ittrheack, heryork 1945)。——作者注

2　文整会实施处，为旧（散）都文物整理委员会的执行机构，见《全国重要文物简目》附录注①。技术负责人杨廷宝（1901—1982）著名建筑大师，当时为基础工程司（建筑事务所）建筑师；顾问朱桂辛（启钤，1872—1964），清末任京师内、外巡警厅丞，民国初年任交通总务会会长兼京都市政督办（市长），是中国近代警察和市政管理的开创者，1928 年创办中国营造学社，顾问梁思成、刘敦桢。刘敦桢（1897—1968），毕业于日本东京高等工业学校建筑科，1928 年参与创办了中国第一所大学（中央大学）建筑系，1930 年加入中国营造学社，任文献部主任；处长为史良，副处长河申、谭炳训为工程师（技正），先后任北平市工务局长。——王世仁注

处长；在技术方面，委托一位对于中国建筑——尤其是明清两代法式——学识渊深的建筑师杨廷宝先生负责，同时委托中国营造学社朱桂辛先生及几位专家做顾问，副处长先后为汪申、谭炳训两先生，他们并以工务局的经常工作与文整工作相配合。自成立以至抗战开始，曾将历史艺术价值最高而最亟待整理的建筑加以修葺。每项工程，在经委员会决定整理之后，都由建筑师会同顾问先作实测调查，然后设计，又复详细审核，方付实施。杨先生在两年多的期间，日间跋涉工地，攀梁上瓦，夜间埋头书案，夜以继日地工作，连星期日都不休息，备极辛劳，为文整工作立下极好的基础和传统精神。修葺的原则最着重的在结构之加强，但当时工作伊始，因市民对于文整工作有等着看"金碧辉煌，焕然一新"的传统式期待，而且油漆的基本功用本来就是木料之保护，所以当时修葺的建筑，在这双重需要之下，大多数施以油漆彩画。至抗战开始时，完成了主要单位有天坛全部、孔庙、辟雍、智化寺、大高玄殿角楼牌楼、正阳门五牌楼、紫禁城角楼、东西四牌楼、若干处城楼箭楼、东南角楼、真觉寺（五塔寺）金刚宝座塔、玉泉山五峰塔等等数十单位[1]。当时尚有其他机关团体使用文物建筑，如故宫博物院、古物陈列所[2]、中南海及北海公园，对于文物负有保护之责，在当时比较宽裕的经济状况下，也曾修缮了许多建筑物。其中贤明的主管长官，大多在技术上请求文整会或专家的协助。

---

1 完成了主要单位有天坛全部等数十单位，文中所列已修葺的文物建筑中，大高玄殿角楼（习礼亭）、牌楼为明代建筑，于 1954—1955 年拆除；东西四牌楼在 1934—1935 年通有轨电车时全部改建，增高加宽，并将其改为钢筋混凝土结构，于 1954 年拆除。——王世仁注

2 古物陈列所，1912 年建立民国后，将清朝热河行宫、承德避暑山庄、盛京宫殿（沈阳故宫）的一些重要文物和其他一些社会文物集中到北京，成立古物陈列所，北京故宫乾清门以南的"外朝"部分即该所使用，1947 年 9 月后并入故宫博物院。——王世仁注

北平沦陷期间，连伪组织都知道这工作的重要性，不敢停止，由伪建设总署继续做了些小规模的整理，未尝间断。复员以后，伪建设总署工作曾由工务局暂时继续，但不久战前的一部分委员及技术人员逐渐归来，故又重新成立，并改称北平文物整理委员会，仍隶行政院，执行机构则改称工程处，正副处长仍由市长及工务局长分别兼任，委员会决定文物整理之选择及预算。实施方面，谭先生仍回任副处长，虽然杨先生已离开，因为技术人员大多已是训练多年驾轻就熟的专才，所以完全由工程处负责，而每项工程计划，则由委员中对于中国建筑有专门研究者予以最后审核。

复员以后的工作，除却在工务局暂行负责的短期间油饰了天安门及东西三座门外，都是抽梁换柱，修整构架，揭瓦检漏一类的工作，做完了在外面看不见的。有人批评油饰是粉饰太平，老实说，在那唯一的一次中，当时他们的确有"粉饰胜利"的作用。刚在抗战胜利大家复员的兴奋情绪下，这一次的粉饰也是情有可原的。

朱自清先生最近在《文物 · 旧书 · 毛笔》[1]一文里提到北平文物整理。对于古建筑的修葺，他虽"赞成保存古物"，但认为"若分别轻重"，则"这种是该缓办的"，他没有"抢救的意思"。他又说"保存只是保存而止，让这些东西像化石一样"。朱先生所谓保存它们到"像化石一样"，不知是否说听其自然之意。果尔，则这种看法实在是只看见一方面的偏见，也可以说是对于建筑工程方面种种问题不大谅解的看法。

单就北平古建筑的目前情形来说，它就牵涉到一个严重问题，假使建筑物果能如朱先生所希望，变成化石，问题就简单了，可惜事与愿违。

---

1 《文物 · 旧忆 · 毛笔》载 1948 年 3 月 31 日《大公报》。作者朱自清（1898—1948），中国现代著名诗人、散文家，时为清华大学教授。——左川注

古 都 构 想

北平的文物建筑，若不加修缮，在短短数十年间就可以达到破烂的程度。失修倾圮的迅速，不唯是中国建筑如此，在钢筋水泥发明以前的一切建筑物莫不如此，连全部石构的高直式（Gothic）建筑也如此（也许比较可多延数十年）。因为屋顶——连钢筋洋灰上铺油毡的在内——经过相当时期莫不漏，屋顶一漏，梁架即开始腐朽，继续下去就坍塌，修房如治牙补衣，以早为妙，否则"涓涓不壅，将成江河"。在外始浸漏时即加修理，所费有限，愈拖延则工程愈大，费用愈繁。不唯如此，在开始腐朽以至坍塌的期间，还有一段相当长久的溃烂时期。溃烂到某阶段时，那些建筑将成为建筑条例中所谓"危险建筑物"，危害市民安全，既不堪重修，又不能听其存在，必须拆除。届时拆除的工作可能比现在局部的小修缮艰巨得多，费用可能增大若干倍。还不只如此，拆除之后，更有善后问题：大堆的碎砖烂瓦，朽梁腐柱，人多不堪再用（北平地下碎砖的蕴藏已经太多了），只是为北平市的清道夫和垃圾车增加了工作，所费人力物力又不知比现在修缮的费用增大多少（现在文整工作就遭遇了一部分这种令人不愉快而必须的拆除及清理废址的工作）。到那时北平市不惟丧失了无法挽回的美善的体形环境，丧失了无可代替的历史艺术文物，而且为市民或政府增加了本可避免的负担。北平文物整理与否的利害问题，单打这一下算盘，就很显然了。

现在正在修缮中的朝阳门箭楼[1]就是一个最典型的例子。这楼于数年前曾经落雷，电流由东面南端第二"金柱"通过下地，把柱子烧毁了大半。现在东南角檐部已经倾斜，若不立即修理，眼看着瓦檐就要崩落，

---

1 朝阳门箭楼。朝阳门为北京内城东墙南面城门，建于明正统间（15世纪中），清乾隆时（18世纪中）维修，箭楼于1900年被"八国联军"炮毁，1902年修复，1957年拆除，1958年拆除城楼。——王世仁注

危害城门下出入的行人车马。若拆除，则不能仅拆除一部分，因为少了一根柱子，危害全建筑物的坚固，毁坏倾颓的程序必须继续增进。全部拆除，则又为事实所不允许。除了修葺，别无第二条可走的途径。文整的工作大都是属于这类性质的。

抗战以前，若干使用或保管文物建筑的机关团体，尚能将筹得的款修缮在他们保管下的建筑。如故宫博物院之修葺景山万春亭[1]、古物陈列所之修葺文渊阁[2]、北海公园中山公园之经常修葺园内建筑物等等，对于文物都尽了妥善保管与维护之责。

但这种各行其是的修葺，假使主管人对于所修建筑缺乏认识，或计划不当，可能损害文物。例如冯玉祥在开封，把城砖拆作他用，而在鼓楼屋顶上添了一个美国殖民地时代式（Colonial Style）的教堂钟塔[3]，成了一个不伦不类的怪物，因而开封有了"城墙剥了皮，鼓楼添个把儿"的歌谣。又如北平禄米仓智化寺是明正统年间所建，现在还保存着原来精美的彩画，为明代彩画罕见的佳例。日寇以寺之一部分做了啤酒工厂。复员以后，接收的机关要继续在这古寺里酿制啤酒，若非文整会力争，这一处文物又将毁去。恭王府是清代王府中之最精最大最有来历者，现在归了辅仁大学，但因修改不当，已经面目全非，殊堪惋惜。又如不久以前胡适之先生等五人致李德邻先生请饬保护爱惜文物的函中所提各单位，如延庆楼、

1　景山万春亭，景山山顶正中方亭，建于清乾隆十五年（1750 年）。——王世仁注

2　文渊阁，清代宫殿外朝文华殿后部藏书楼，建于清乾隆三十九年（1774 年），为贮存《四库全书》之处。——王世仁注

3　在鼓楼顶屋上添了一个美式教堂钟塔，这是二三十年代中小城市追求四方风格的一种时尚。古建筑中加欧式钟楼较古风行，现存的实例如太原督军府（原巡抚衙门）后面的钟楼，宁波鼓楼屋顶突出的钟楼等。——王世仁注

春藕斋等，或失慎焚毁，或局部损坏。所举各例，都是极可惋惜的事实，反之如中央研究院及北平图书馆之先后借用北海镜清斋、松坡图书馆之借用北海快雪堂、清华大学之使用清华园水木清华殿（工字厅），以及玉泉山疗养院最近请得文整会的许可，将原有船坞改建为礼堂，乃至如几家饮食商人之借用北海漪澜堂、五龙亭等处，都能顾全原制，而使其适用于现代的需要。使用文物建筑与其保存本可兼收其利的，因此之故，必须特立机构，专司整理修缮以及使用保管之指导与监督。而且战前有力修葺自己保管下文物的机关团体，现在大多无力于此，因此文整工作较前尤为切要。例如北海快雪堂松坡图书馆屋顶浸漏、午门历史博物馆金柱腐蚀、故宫太和殿东角廊大梁折断、北海万佛楼大梁折断等等，各该机关团体都无力修葺，文整会是唯一能出这笔费用并能为解决工程技术的机构。这些处工程现在都正在动工或即将动工中。

清华大学有一个工程委员会，凡是校内建筑与工程方面的大事小事，自一座大楼以至一片玻璃，都由该会负责。教职员学生住用学校的房产，无能力对于房屋的修葺负责，也不该擅自改建其任何部分，一切必须经由工程委员会办理。文物整理委员会之于北平市，犹如工程委员会之于清华大学，是同样负责修缮切实审查工程不可少的机构。

还有一点：北平文物虽不能成为不朽的化石，但文整工作也不是为它们苟延残喘而已。木构建筑物的寿命，若保护得当，可能甚长。我亲自实地调查所知，山西五台山佛光寺大殿，唐大中十一年建，至今已一千零九十一年；河北蓟县独乐寺观音阁及山门，辽统和二年建，已九百六十四年；山西榆次永寿寺雨华宫[1]，宋大中祥符元年建，已九百四十

1　雨华宫，1947—1948 年拆毁。——王世仁注

年。此外宋辽金木构，我调查过的就有四十余处，元明木构更多。日本尚且有飞鸟时代（我隋朝）的京都法隆寺已一千三百三十余年。北平文物建筑中最古的木构，社稷坛享殿（中山公园中山堂），建于明永乐十九年，仅五百二十一岁（此外孔庙大成门外戟门可能部分的属于元代），若善于保护，我们可以把它再保留五百年。也许那时早已发明了绝对有效的木材防火防腐剂，这些文物就真可以同化石一样，不用再频加修缮了。到民国五百三十七年时，我们的子孙对于这些文物如何处置，可以听他们自便。在民国三十七年，我们除了整理保存，别无第二个办法。我们承袭了祖先留下这一笔古今中外独一无二的遗产，对于维护它的责任，是我们这一代人所绝不能推诿的。

朱先生将文物、旧书、毛笔三者相提并论。毛笔与旧书本在水文题外，但朱先生既将它们并论，则我不能不提出它们不能并论的理由。毛笔是一种工具，为善事而利器，废止强迫学生用毛笔的规定我十分赞同。旧书是文字所寄的物体，主要的在文字而不在书籍的物体。不过毛笔书籍也有物体本身是一件艺术品或含有历史意义的，与普通毛笔旧书不同，理应有人保存。至于北平文物建筑，它们本身固然也是一种工具，但它们现时已是——种富有历史性而长期存在的艺术品。假使教育部规定"凡中小学学生做国文必须用毛笔，所有教科书必须用木板刻板，用毛边纸印刷，用线装订，所有学校建筑必须采用北平古殿宇形制"，我们才可以把文物、旧书、毛笔三者并论，那样才是朱先生所谓"正是一套"，否则三者是不能并论的。

至于朱先生所提"拨用巨款"的问题由上文的算盘上看来，已显然是极经济的。文整会除了不支薪金的各委员及正副处长外，工程处自技正秘书以至雇员，名额仅三十三人，实在是一个极小而工作效率颇高的机构，所费国币实在有限，朱先生的意思要等衣食足然后做这种不急之务。除了上文所讲不能拖延的理由外，这工作也还有一个理由说起来可怜，中国自有史以来，恐怕从来没有达到过全国庶众都丰衣足食的理想境界。今日的中国的确正陷在一个衣食极端不足的时期，但是文整工作却正为这经济凋敝土木不兴的北平市里一部分贫困的工匠解决了他们的职业，亦即他们的衣食问题，同时也帮着北平维持一小部分的工商业。钱还是回到老百姓手里去的。若问"巨款"有多少？今年上半年度可得到五十亿，折合战前的购买力，不到二万元。我们若能每半年以这微小的"巨款"为市民保存下美善的体形环境，为国家为人类保存历史艺术的文物，为现在一部分市民解决衣食问题，为将来的市民免除了可能的惨淡的住在如邦贝故城之中，受到精神刺激和物质上的不便，免除了可能的一笔大开销和负担，实在是太便宜了。

许多国家对于文物建筑都有类似北平文物整理委员会的机构和工作。英国除政府外尚有民间的组织，日本文部省有专管国宝建筑物的部门，例如上文所提京都法隆寺，除去经常修缮外，且因寺在乡间，没有自来水，特拨巨款，在附近山上专建蓄水池，引管入寺，在全寺中装了自动消防设备。法国有美术部，是这种工作管理的最高机关。意大利也有美术部，苏联的克里姆林宫，以文物建筑做政府最高行政机构的所在，自不待说，其他许多中世纪以来的文物建筑，莫不在政府管理保护之下。每个民族每个国家莫不爱护自己的文物，因为文物不唯是人民体形环境之一部分，对于人民除给予通常美好的环境所能刺发的愉快感外，且更有触发民族自信心的精神能力。他们不惟爱护自己的文物，而且注意到别国的文物和活动。1936 年伦敦的中国艺术展览会中，英美法苏德比瑞挪丹等国都贡献出多件他们所保存的中国精品。战时我们在成都发掘王建墓，连纳粹的柏林广播电台都作为重要的文化新闻予以报道。美军在欧洲作战时，每团以上都有"文物参谋"——都是艺术家和艺术史家，其中许多大学教授——协助指挥炮火，避免毁坏文物。意大利 San Gimignano 之攻夺，一个小小山城里林立着十三座中世纪的钟楼，攻下之后，全城夷为平地，但是教堂无恙，十三座钟楼只毁了一座。法国 Chartres 著名的高直时代大教堂，在一个德军主要机场的边沿上，机场接受了几千吨炸弹，而教堂只受了一处——仅仅一处（！）——碎片伤。对于文物艺术之保护是连战时敌对的国际界限也隔绝不了的，何况我们自己的文物。我们对于北平文物整理之必然性实在不应再有所踌躇或怀疑！

关于中央人民政府行政中心区位置的建议[1]

梁思成　陈占祥[2]

　　　　建议：早日决定首都行政中心区所在地，并请考虑按实际的要求和在发展上有利条件，展拓旧城与西郊新市区之间地区建立新中心，并配合目前财政状况逐步建造。

　　为解决目前一方面因土地面积被城墙所限制的城内极端缺乏可使用的空地情况，和另一方面西郊敌伪时代所辟的"新市区"又离城过远，脱离实际上所必需的衔接，不适用于建立行政中心的困难，建议展拓城外西面郊区公主坟以东、月坛以西的适中地点，有计划地为政府行政工作开辟政府行政机关所必需足用的地址，定为首都的行政中心区域。

　　西面接连现在已有基础的新市区，便利即刻建造各级行政人员住宅，及其附属建设，亦便于日后发展。

1　本文由梁思成、陈占祥合写于 1950 年 2 月，当时印了百余份，分送中央人民政府、中共北京市委、北京市人民政府有关单位。——左川注

2　陈占祥（1916—2001），20 世纪 40 年代曾在英国利物浦大学获城市规划专业硕士学位，后又读伦敦大学城市规划专业博士。回国后，任南京内政部营造司正工程师。1949 年任北京市都市计划委员会企划处处长和北京市建筑设计院副总建筑师，"文革"后任中国城市规划设计研究院总规划师。

东面以四条主要东西干道,经西直门、阜成门、复兴门、广安门同旧城联络,入复兴门之干道则直通旧城内长安街干道上各重点:如市人民政府、新华门中央人民政府、天安门广场等。

新中心同城内文化风景区、博物馆区、庆典集会大广场、商业繁荣区、市行政区的供应设备,以及北城、西城原有住宅区,都密切联系着,有合理的短距离。新中心的中轴线距复兴门不到两公里。

这整个新行政区南面向着将来的铁路总站,南北展开,建立一新南北中轴线,以便发展的要求,解决旧城区内拥挤的问题。北端解决政府各部机关的工作地址,南端解决即将发生的全国性工商企业业务办公需要的地区面积。

目的在不费周折地平衡发展大北京市,合理地解决行政区所需要的地址面积和合适的位置,便利它的交通和立刻逐步建造的工程程序。这样可以解决政府办公,也逐渐疏散城中密度已过高的人口,并便利其他区域,因工业的推进,与行政区在合理的关系中同时或先后发展。

以下分三节讨论:

第一节——必须早日决定行政中心区的理由

第二节——需要发展西面城郊建立行政中心区的理由

(一)建设首都行政机关,有什么客观条件。

(二)旧城区内建筑政府行政机关的困难和缺点。

(三)逃避解决区域面积的分配,片面地设法建造办公楼,不是解决问题,还加增全市性的严重问题。

(四)在西郊近城空址建立行政中心区域是全面解决问题,是切合实际的计划。

第三节——发展西郊行政区可以逐步实施程序,以配合目前财政状况，比较拆改旧区为经济合理。

第一节　必须早日决定行政中心区的理由

政府机构中心或行政区的位置，是北京全部都市计划关键所系的先决条件。

北京不只是一个普通的工商业城市，而是全国神经中枢的首都。我们不但计划它成为生产城市，合理依据北京地理条件，在东郊建设工业，同旧城的东北东南联络，我们同时是作建都的设计——我们要为繁重的政府行政工作计划一合理位置的区域，来建造政府行政各机关单位，成立一个有现代效率的政治中心。

政府行政的繁复的机构是这次发展中大项的建设之一。这整个行政机构所需要的地址面积，按工作人口平均所需地区面积计算，要大过于旧城内的皇城（所必需附属的住宅区，则要三倍于此）。故如何布置这个区域将决定北京市发展的方向和今后计划的原则，为计划时最主要的因素。

更具体地说，安排这庞大的、现代的政府行政机构中的无数建筑在何地区，将影响全市区域分配原则和交通的系统。各部门分布的基础，如工作区域、服务区域、人口的密度、工作与住宿区域间的交通距离等，都将依据着行政区的位置，或得到合理的解决，或发生难以纠正的基本上错误，长期成为不得解决的问题。

行政中心地区的决定，同时也决定了对北京旧城改善的政策，北京的现况有两方面可注意的。

一为人口密集于旧城区以内，这有限的土地已过度使用为房屋建造部分，所应留的公园、空场、树林区极端缺乏，少过于现代的应有比率太多。

二为北京为故都及历史名城，许多旧日的建筑已为今日有纪念性的文物，不但它们的形体美丽，不允许伤毁，它们的位置部署上的秩序和整个文物环境，正是这名城壮美特点之一，也必须在保护之列，不允许随意掺杂不调和的形体，加以破坏，所以目前的政策必须确定，即：是否决意展拓新区域，加增可用为建造的面积，逐步建造新工作所需要的房屋和工作人口所需要的住宅、公寓、宿舍之类；也就是说，以展拓建设为原则，逐渐全面改善、疏散、调整、分配北京市，对文物及其环境加以应有的保护。或是决意在几年中完成大规模的迁移，改变旧城区的大部使用为原则——即将现时一百三十万居民逐渐迁出九十万人，到了只余四十万人左右，以保留四十万的数额给迁入的政府工作人员及其服务人员，两数共达八十万人的标准额，使行政工作人员全部安置在旧城之内，大部居民迁住他处为原则。现时即开始在旧市区内一面加增密集的多层建筑为政府机关，先用文物风景区或大干道等较空地区为其地址，一面再不断地收买拆除已有高额人口的民房商店区域，利用其址建造政府机关房屋，以达到这目的（不考虑如何处理迁徙居民的复杂细节，或实际上迁出后居民所必需有的居住房屋的建造问题；也不考虑短期内骤增的政府工作人员的居住问题和改变北京外貌的问题）。

这两个方面的决定，是原则上问题，政策上的决定问题，亦是在今后处理方法上是否合理及可能，有利或经济的问题，今日必须缜密周详地考虑到。

总之，如何安排这政府机关建筑的区域是会影响全城整个的计划原则、所有的区域道路系统和体形外观的，如果原则上发生错误，以后会发生一系列难以纠正的错误，关系北京百万人民的工作、居住和交通。所以

古 都 构 想

在计划开始的时候，政府中心地址问题必须最先决定，否则一切无由正确进行。

因此，我们建议按客观条件详细考虑发展西城郊址是否适当，早日决定，俾其他一切有所遵循，北京市都市计划可以迅速推进。

第二节　需要发展西面城郊建立行政中心区的理由

需要发展西面城郊地址为行政区的理由可由下面四段分别讨论：

（一）建设首都行政机关，有什么客观条件。

定为首都的北京市的一切发展必须依据全市有计划的区域部署的基础，及其间的交通联系，所以我们必须客观地明了北京现时情况及将来发展的客观条件，加以缜密的考虑。

参考苏联 1943 年起重建所收复的沦陷过的有历史价值城市的宗旨，她的建筑史家 N · 窝罗宁教授在他所著《苏联卫国战争被毁地区之重建》一书中，曾提到许多历史名城如诺夫哥洛、加里宁、斯莫冷斯克及伊斯特拉等城在重建时之特殊问题，他提纲挈领的建议是：

"计划一个城市的建筑师，必须顾到所计划的地区的生活历史传统和建筑的传统，在他的设计之中，必须保留合理的、有历史价值的一切，和在房屋型类和都市计划上特征的一切；同时这城市必须成为自然环境中的一部分……并且要避免恶劣意义的标准化；他必须采纳当地人民所珍贵的一切。第一条必须遵守的规则是人民的便利、人民的经济的和美感的条件和习惯的、文化的需要。最后的计划是依据这些要点而决定的……"

他又说：

> "在计划的时候，都市计划者必须有预见将来的眼光，他必须知道并且感觉出一个地区生活所取的方向，他的建筑必须使他的房屋和他的城市能与生活的进步一同生长发展，不是阻挠，而是按照今天进展的速度予以协助，所以基本计划应该为城市今后十年至十五年的期间的发展而设计的。"

这是极其正确的看法，现在我们实际上的问题也是必须为人民的便利、人民的经济的和美感的条件和习惯的、文化的需要，而计划能与生活的进步一同生长发展的北京市。

根据这些原则去研究，寻求建筑政府行政机关地区的最重要的客观条件，我们认为有以下十一条：

第一个条件，要合于部署原则。

（1）"须预感出地区生活所取的方向"——即把握北京为首都的事实，行政工作为它的特殊方向，注意其重要性质。

（2）行政中心区的部署的本身必须为改善并发展大北京计划之一部分。在面积已21倍于旧城区的北京市中，行政区所选择的位置必须是协助发展的位置，它必须不妨碍本身和其他区域发展的趋势。

（3）行政区同他种作用的区域须有合理的关系，有便利与经济的联络，而不是将政府机关房屋混杂到其他区域之内。

（4）"为文化及习惯的需要"，保留中国都市计划的优美特征，不模仿不合便利条件、不合美感条件，或破坏本国优美传统的欧洲城市类型（亦即避免欧洲19世纪以大建筑物长线的沿街建造，迫邻交通干道所产生的大错误）。遵守民族传统，建立有中心线的布局，每一个单位各有足够的广庭空间的托衬，有东方艺术的组织。尤其因为这种部署能符合最现代空间同建筑物的比率，最现代控制交通和解决停车问题的形制，所以更应采用。

（5）它全部显著地表现出中华人民共和国人民政府中心所在及被人民所爱护尊崇的印象，产生精神作用，为庄严整肃的环境。

第二个条件，要由建筑形体上决定。

建筑本身的形体必须是适合于现时代有发展性的工作需要的布置；必须忠实地依据现代经济的材料和技术；必须能同时利用本土材料，表现民族传统特征及现时代精神的创造；不是盲目地模仿古制或外国形式。

第三个条件，要有足用的面积。

行政区本身的区域的范围，须按各单位所需之地址面积和它们之间彼此联系的合理距离而定，以取得现代行政工作的最高效率。地址必须为庞大数目的政府机关基本人员（暂时为六万人左右，发展足额时，或不止此数的双倍），连同附属服务人员，共约三十余万人足用的面积。

第四个条件，要有发展余地。

面积不单为今日人数计算，必须设在有发展余地的地方，以适应将来的需要，解决陆续嬗变扩充的问题。

第五个条件，须省事省时，避免劳民伤财。

不必为新建设劳民伤财，迁徙大量居民，拆除大量房屋，增加复杂手续，耽误时间。考虑选择的地址以能直接设计建造行政区的一部和住宅的一部为最妥。

第六个条件，不增加水电工程上困难而是发展。

在经济条件下，配合新建设，发展进步的水电供应设备，不必改良修理已过分不适用及过分繁复的旧工程系统，是必须考虑的。

第七个条件，与住宅区有合理的联系。

政府区必须与同他有密切关联的住宅区及其供应服务的各种设备地点没有不合理的远距离，以加增每日交通的负担。

第八个条件，要使全市平衡发展。

这新政府中心的建立必须使大市区平衡发展繁荣，不应使形成过度拥挤，不易纠正的密集区，一切须预先估计，不应将建设密集在旧城以内，使人口因接近工作而增加，商业因供应之需要而增加，都无法控制。

第九个条件，地区的选定能控制车辆合理流量。

必须顾到交通线方面问题，不使因新建设反而产生不可挽回的车辆流量过大及过于复杂的畸形地区，违反现代部署的目的。

第十个条件，不勉强夹杂在不适宜的环境中间。

这崭新的全国政治中心的建筑群，绝不能放弃自己合理的安排及秩序，而去夹杂在北京原有文物的布局或旧市中间，一方面损失旧城体形的和谐，或侵占市内不易得的文物风景区，或大量的居民住区，或已有相当基础的商业区，另一方面本身亦受到极不合理的限制，全部凌乱，没有重心。

第十一个条件，要保护旧文物建筑。

在新建设的计划上，必须兼顾北京原来的布局及体形的作风，我们有特殊责任尽力保护北京城的精华，不但消极地避免直接破坏文物，亦须积极地计划避免间接因新旧作风不同而破坏文物的主要环境。我们应该学习苏联在这次战后重建中对他们的历史名城诺夫哥洛等之用心，由专家研讨保存旧观。

以上十一个不同的条件大部分正是为人民的便利及经济条件，一小部

古 都 构 想

分为美感习惯及文化的需要。它们都是基本的要求，无法不加以考虑。

对于以上十一个条件，旧城区内和西郊公主坟以东的地区，哪一处能满足它们？哪一处在发展上较为有利、经济，节省人力、物力、时间？我们在下面分别加以检讨分析。

（二）旧城区内建筑政府行政机关的困难与缺点。

在旧城区内建筑政府中心的困难有两大方面：

第一，北京原来布局的系统和它的完整，正是今天不可能安置庞大工作中心区域的因素。

第二，现代行政机构所需要的总面积至少要大过于旧日的皇城，还要保留若干发展余地，在城垣以内不可能寻出位置适当而又足够的面积。

要了解上面第一种困难，我们必须对旧城有最基本的两个认识。

第一个认识是，北京城之所以为艺术文物而著名，就是因为它原是有计划的壮美城市，而到现在仍然很完整地保存着。除却历史价值外，北京的建筑形体同它的街道区域的秩序都有极大的艺术价值，非常完美。所以北京旧城区是保留着中国古代规制，具有都市计划传统的完整艺术实物。

这个特征在世界上是罕贵无比的。欧洲的大城市都是蔓延滋长，几经剧烈改变所形成的庞杂组合。它们大半是由中古城堡、市集，杂以 18 世纪以后仿古宫殿大苑，到 19 世纪初期工业无秩序的发展后，又受到工厂掺杂密集和商业化沿街高楼的损害，铸成区域紊乱、交通困难的大错，到了近三十年来才又设法"清除"改善，以求建立秩序的。

不过，北京城的有秩序部署，有许多方面是过去政治制度所促成的。它特别强调皇城的中心性，将主要的建筑组群集中在南北中轴线上，所分布的区域是六平方公里强的皇城，所以内城的其他区域都是环绕或左右辅翼这皇城的狭窄长条地带，再没有开展的其他中心。中轴线的左右，东西对视着的是贯通南北的两条大街干道，即是东单东四、西单西四等牌楼所在，所谓商业的区域。由这干道分出去的，都是向着东西走的小型街道（即所谓胡同），为居民居住区。这种布局的紧凑，也就使今日北京城内没有虚隙地址，可以适当地安置另有中心性质的，尤其是要适合现代便利的大工作地区。

第二个认识是，北京的城墙是适应当时防御的需要而产生的，无形中它便限制了市区的面积。事实上近年的情况，人口已增至两倍，建造的面积早已猛烈地增大，空址稀少，园林愈小。平均每平方公里人口到了二万一千四百余人的密度，超出每平方公里八千余人的现代标准甚多，但因为城墙在心理上的约束，新的兴建仍然在城区以内拥挤着进行，而不像其他没有城墙的城市那样向郊外发展。多开辟新城门，城乡交通本是不成问题的，在新时代的市区内，城墙的约束事实上并不存在，城乡不应尖锐对立。今日城区的拥挤，人口密度之高，空地之缺乏，园林之稀少，街道宽度之未合标准，房荒之甚，一切事实都显示着必须发展郊区的政策，其实市人民政府所划的大北京市界内的面积已 21 倍于旧城区，政策方向早已确定。旧时代政治经济上的阻碍早经消除，今天的计划，当然应该适合于今后首都的发展，不应再被心理上一道城墙所限制、所迷惑。现在这首都建设中两项主要的巨大工作——发展工业和领导全国行政——都是前所未有的。它们需要有中心的区域，在旧城内不可能有适当的地址，是太显然了。

再讲以上第二点所提到的困难，城内地区面积的不足问题，这也是事实上具体的限制。北京的历史从辽到金、元，每次移动发展过程，都是因为地区不足，随着生活发展，或增大城区，或开辟新址。到了明朝初年，

223

就又有衙署地区不足的现象和民居商业区不足的现象，将内城垣南移，取得东西交民巷区的史实，就可以证明前一点（司法部街就是展拓后的新刑部所在），增筑外城则可证实后一点。

这个城，外为当时防御必要的城垣，内则因当时政治制度，把当中最主要的位置留给皇城，其全部建筑群，占据极大面积（由中华门到地安门，长达3.2公里的中轴线上，为一整体的宫廷部署，现在已是人民的公园、人民的博物馆，也是整个的保存着）。这个故宫中心本来将城之南半东西隔绝，民国以后虽打通天安门广场，将东西长安街贯通，辟为寻常孔道，开放皇城为寻常区域，并且开了景山前大街，为北面的东西干道。但故宫的位置仍然广大，占据着城的核心。内城中心区内所余的区域都是环卫辅翼故宫禁城而形成的窄条地带，旧时内府供应及衙署地址，如南北长街、府右街、南北池子和皇城外的王府井大街等，再无任何可以开展之区。内城最外环的干线，如由东单牌楼至东四牌楼，西单牌楼至西四牌楼，则一向为民用的主要街市，由此主要干道分入，个别的"胡同"型的住宅区域已到了城边，这些亦是有秩序的部署，不留开展的区域。

面积相当大，自己能起中心作用，有南北中轴线，而入口又面临干道的，只余中南海一处，现时为中央人民政府，这是北京城唯一不规则的部署所产生的偏旁中线。更偏西一点，现时市政府所在之地，或可说亦能满足有南北轴线而面临干道的条件，所以这两处被选择为今天中央人民政府及市人民政府的地址绝不是偶然的。

东城经过庚子之劫，变动甚大，现时东交民巷一区，为许多有固定用途的建筑物，如各国使馆等所占用，并产生了王府井大街的商业供应区，而西交民巷则已形成相当繁荣的商务职业区。所余公安街、西皮市（房屋或较简陋，易于拆建），地区既狭隘，又是辅助天安门负担东西城间交通的干道，也不足容下现代全部行政机构的主体。

我们已不是简单的三省六部时代，我们的政府是一个组织繁复、各种工作必须有分合联系的现代机构，现在有中央人民政府，有政治协商会议，有三十个部的政务院及许多委员会，将来可能还要增加十余部门和人民代表大会，此外还有军事机构、新闻广播、各种会议、文娱与供应设备所需的地址，我们所要求的面积是可以人数及其平均需要面积计算的（约由六平方公里至十四五平方公里）。

像这样庞大的建设没有中心布局，显然是不适当的。若合理布置成为有中心的组织，则城内绝无有这样大面积的合适地区。即使不用中心布局，仅建造分散的房屋，结果仍必需拆改民居，委曲求全地挤在城内，侵入旧文物区域中间。

北京在平面上及立体上的秩序尚完善地大体保存，未受半殖民地时代作风的割裂破坏，是幸而得免的。因为北京过去幸而不是工商业发展的城市，所以密集的、西化恶化的杂式洋楼的体形尚未大量地侵入城内庄严美丽的布局中间。今后我们则应有自觉的责任，有原则性地来保护它，永远为人民保护这有历史艺术价值的文物环境。今日新材料结构所产生的民族形式的新建筑，确是不适宜于掺杂到这个区域中的。

所以总结说来，在旧城区内建造新行政区，不但困难甚大，而且缺点太多，如：

（1）它必定增加人口，而我们目前密度已过高，必须疏散，这矛盾的现象如何解决？

（2）如果占用若干已有房屋的地址，以平均面积内房屋计算（根据房屋清管局的统计），约需拆除房屋十三万余间，即是必须迁出十八万二千余人口，即使实在数目只有这数的一半，亦极庞大可观，这个在实施上如

古 都 构 想

何处置？

（3）如果把大量建造新时代高楼在文物中心区域，它必会改变整个北京街型，破坏其外貌，这同我们保护文物的原则抵触。

（4）加增建筑物在主要干道上，立刻加增交通的流量及复杂性。过境车与入境车的混乱剧烈加增，必生车祸问题。这是近来都市设计所极力避免的错误。

（5）政府机关各单位间的长线距离，办公区同住宿区的城郊间大距离，必然产生交通上最严重的问题，交通运输的负担与工作人员时间精力的消耗，数字惊人，处理方法不堪设想。

这不过是大略举其可能的缺点，这些缺点就是北京计划方针所不能不考虑的。

（三）逃避解决区域面积的分配，片面地设法建造办公楼，不是解决问题，还加增全市性的严重问题。

如果我们不顾都市计划是有原则性的分配区域和人口，并解决交通上的联系，将建设政府行政区解释为片面的建筑许多办公房屋的单纯问题，即是不考虑以一千人占用四公顷的原则分配区域，却在其他工作区域内设法寻求和侵占若干分散的、不足标准面积的地址来应付。如果假定这样的决定，便可假定以下两种建筑的办法。

（甲）沿街建筑高楼的办法

假定以东单广场的空址为出发点，由崇文门起，沿着东西长安街、公安街，绕西皮市到府右街，沿街建筑高至五层的高楼，以容纳大数量政府人员办公，第一个实际估计应看在数量上它们能否解决问题，所得的结论是建筑物的总数所能解决的机关房屋只是政府机关房屋总数的五分之一，其他部分仍须另寻地址。以无数政府行政大厦列成蛇形蜿蜒长线，或夹道而立，或环绕极大广场之外周，使各单位沿着同一干道长线排列，车辆不断地在这一带流动，不但流量很不合理地增加，停车的不便也会很严重，这就是基本产生欧洲街型的交通问题。这样模仿了欧洲建筑习惯的市容，背弃我们不改北京外貌的原则，在体形外貌上、交通系统上，完全将北京的中国民族形式的和谐加以破坏，是没有必要的，并且各办公楼本身面向着嘈杂的交通干道，同车声尘土为伍，不得安静，是非常妨害工作和健康的。

20 年来，就是欧洲各国改善的城市中，也都逐渐各按环境，规定大建筑物的高度限制。他们也提倡各建筑单位前后开展，以一定的比率，保留一定的空场的制度；有适宜的布置，不迫临街沿，以加增阳光，避免嘈杂，可制节车流，减少停车问题。这实类似我国旧有的，较有深度的庭院规模。我们不能在建设之始，反而逆退落后，同时违反本国民族传统优良的特征。

（乙）用中国部署的建筑单位办法

如果我们另外假定在建筑各单位上可以略加折中，建筑物不高过两层或三层，部署亦按中国原有的院落原则，如现时的北海图书馆、燕京大学前楼。在建筑和街道形制上，虽略能同旧文物调和，办公楼屋亦得到安静，但这样的组织如保持合理的空地和交通比率，在内城地区分布起来，所用面积更大。按一千人四公顷计算为六平方公里，地址之大，侵占居民所需迁移人民，就是在现时居民少而公用房屋较多的地域，亦约在十万人以上。因此按理又须先另划地区，先建造大量人民住宅，然后迁徙他们，然后才能拆除旧屋，利用它们的地址。这种种工程步骤都成了建造政府机关的实际阻碍。即使暂时只先建造五分之一的政府机关，其余五分之四的问题仍然存在，日后仍需解决，解决时仍有迁移大数量居民的问题。

古 都 构 想

我们再检讨这样迁徙拆除、劳民伤财、延误时间的办法，所换得的结果又如何呢？行政中心仍然分散错杂，不切合时代要求，没有合理的联系及集中，产生交通上的难题，且没有发展的余地。

　　这片面性的两种办法都没有解决问题，反而产生问题，最严重的是同住宅区的地址距离，没有考虑所产生的交通问题。因为行政区设在城中，政府干部住宅所需面积甚大，势必不能在城内解决，所以必在郊外，因此住宿区同办公地点的距离便大到不合实际。更可怕的是每早每晚可以多到七八万至十五万人在政府办公地点与郊外住宿区间的往返奔驰，产生大量用交通工具运输他们的问题。且城内已繁荣的商业地区，如东单、王府井大街等又将更加繁荣，造成不平衡的发展，街上经常的人口车辆都过度拥挤，且发生大量停车困难。到了北京主要干道不足用时，唯一补救办法就要想到地道车一类的工程——重复近来欧美大城已发现的痛苦，而需要不断耗费地用近代技术去纠正的。这不是经济，而是耗费的计划。

　　若因东单广场为今日唯一空地，不需移民购地，因而估计以这地址开始建造为经济。这个看法过分忽略都市计划全面的立场和科学原则，日后如因此而继续在城内沿街造楼，强使北京成欧洲式的街型，造成人口密度太高，交通发生问题的一系列难以纠正的错误，则这首次决定将成为扰乱北京市体形秩序的祸根。为一处空址眼前方便而失去这时代适当展拓计划的基础，实太可惜。以上这些可能的错误都是很明显的，我们参加计划的人不能不及早见到，早做缜密的考虑。我们的结论是，如果将建设新行政中心计划误认为仅在旧城内建筑办公楼，这不是解决问题而是加增问题。这种片面的行动，不是发展科学的都市计划，而是阻碍。

　　我们希望能遵循苏联最近重修历史名城的原则对文物及社会新发展

两方面的顾全。一面注重文物及历史传统，一面估计社会的发展方向。旧城区内如果不适合这两个方面所包括的一切条件，如我们所列举的十一条，我们必须决心展拓新址，在大北京界区内，建立切合实际的、有发展性的与有秩序的计划。

（四）在西郊近城空址建立行政中心区域是全面解决问题，是切合实际的计划。

假使以西郊月坛与公主坟之间的地区为政府行政中心，就是将它安排在旧城区同现时的"西郊新市区"之间的一个适中区域上，利用旧城及新市区的两个基础，郊外新地址同旧城区密切连接最为合适。这样便可以极自然地满足上边所举过的十一个条件，这地区现时尚是郊野空地，土地改革之后，在这里进行建筑极为自然，合于最便利及最经济的条件。能同时顾全为人民节省许多人力、物力和时间，为建立进步的都市，为保持有历史价值的北京文物秩序的三方面，这个安排是很理想又极实际的。发展之后所解决的问题都是全面性的，能长期便利北京市人民的工作和生活的。具体的分析如下：

（1）因为根据大北京市区全面计划原则着手，所以是增加建设、疏散人口的措施。

大北京的市界已大大推广，超出城垣的约束，整个形势是为了纠正旧城区人口过密的情形和发展现代建设两方面而展开的，总面积21倍于旧城区，所以今日设计必须依据大北京地理范畴，使各区域平衡分布，互相联系，平均地由旧城向外发展，以达到发展建设、疏散人口的目的。新建设不应限于有历史性的城垣以内，那样会阻碍发展，密集人口，是无法否认的，西郊地区的选择即为此。

（2）因为注重政府中心行政区的性质是一个基本工作的区域。

区域分工作、住宿、文娱三大种类，它们之间必须有极短距离的联系，谓之交通。工作又分基本工作同服务工作两大类，它们中间也必须有合理的联络。

在积极的设计之始，不但工业——基本工作之一种——必须在城外适当地展开，毗连着若干工人的住宅区；不但学校——基本工作之又一种——须位置在适当安静的郊区；在首都里政府庞大组织的行政也是基本工作主要的一种。它的区域，自然也必须有它自己的适宜合用的地点，在一个开朗的地区里，建立必须有的重点和中心，并且它必须同足用的住区密切相连，经济地解决交通问题，减轻机械化的交通负担。此外，这三种基本工作都应同商业供应区域，市行政机关（其他服务工作之种种）及文娱游息地带同有合理的接近。

简单地说，今日所谓计划，就是客观而科学的、缜密的而不是急躁的。在北京地面上安排这许多区域，使它本身地位合理，同别的关系也合理，且在进行建设时不背弃旧的基础。西郊是经过这样的考虑而被认为能满足客观条件的。

（3）承认建设行政办公地点主要是需要面积的问题。

我们建设北京的首项实际要求是可工作、可住宿的地区面积。北京显然的情势是需要各面新地区的展拓，尤其是最先需要的两方面，都是新的方面：一个是足够的工业发展及足够的工人住宿的地方，一个是政府行政足够办公和公务人员足够住宿的地方。东郊及西郊新建设面积，都必须增加，是无法否认的。既然如此，则我们实不必，也不应该在已密集的、各有用途的古代所计划的旧市区中，勉强加入行政新建筑。我们不应在旧城垣以内去寻求、去宰割侵占本不够用、亦不合用的地区，不顾这崭新时代不断发展的要求，更不该在原有的道路系统中再加增交通上过重的流量，产生新问题。

按现代科学的都市计划原则，建筑物同其前后空地布置是有严格比率的。多一座建筑物就必须多若干空的地区，及若干交通线路，大量建筑就无法逃避它是大量需要地区面积的事实。西郊空址不但面积足用，且能保留将来发展余地。

（4）是解决人口密度最基本而自然的办法。

现在北京市区人口密度过高和房荒，显然都到了极度，成了严重问题，但人口密度过高同单纯的房荒的问题根本不同。后者是房屋不够的现象，解决它只有增加建造。前者是人口所分布的区域土地已不足用的现象，解决它在增加可建造的土地面积，添设工作与居住的地区。

详纠地说：房荒是人口多过于已有的房屋正常所能容下的数目，但如果房屋所散布的区域面积，以每人应占的面积计算，尚大过于现代一般规定的健康标准（每人约一百二十平方公尺），这房荒问题就可以采取在原来区域内增加房屋来解决。

人口密度过高则是一个已有一定面积的市区的界内，已有过多的房屋及其他建设，不过住在内中的人口更超过这些房屋所能容的数目。解决这问题，不但不应在这区界以内任何空地上增建房屋，而且还要"清除"若干过于密集的建筑，再产生空地，永远留为空地。至于解决超出房屋所能容的人口的房屋，则在于增开完全新的工作区及住宿区，展拓在原来区界之外，然后在那里建造房屋。

北京今日面对的问题是双面的，所以解决它们也要双面的。旧城内人口密度太高，而又有房荒的问题。解决它们当然不能在原区界以内增加房屋，而必是先增加新区域，然后在新区内增加房屋，然后在旧区内清除改建，全面来调整，全面来解决。

人口密度过高的原因有两面，一是社会经济制度不健全所产生的密集；一是单纯的人口增加，原来区界渐不够用。从前面一点看，北京因不是工商业畸形发展的地方，近年来也不是政治中心，它的密集人口不是由于工作而来，而是因其他不幸原因，消费者同失业者在此聚集。如何疏散这不合理、不正常的消费者，减轻密度，就是解决问题。疏散他们，最主要是经由经济政策领导所开辟的各种新的工作，使许多人口可随同新工作迁到新工作所发展的地区。这也就说明新发展的工作地点必须在已密集的区界以外，才能解决人口密度问题。从后面单纯人口增加一点看，北京人口的确较十五年前增至一倍，原来的区界，在旧时城墙限制以内的面积，确已不够分配。结论必然也是应陈展开新区界，为市内工作人口增设若干可工作的、可住宿的，且有文娱供应设备的区域，建立新的、方便的交通线，来适应他们的需要。

现在北京行政同工业两大方面是新展开的工作，当然首先需要新的工作地区和接连着的住区。我们应注意，脱离工作地点的住区单独建立在郊外是不合实际的。它立刻为交通产生严重问题。工作者的时间精力，及人民为交通工具所费的财力、物力都必须考虑到。发展工作区和其附属住区才是最自然的疏散，解决人口密集，也解决交通。发展西郊新中心，利用原来"新市区"基础为住区，就是本此原则解决问题的，故最有考虑的价值。

反此办法，在已密集的旧市区内增添新工作所需要的建筑，不但压迫已拥挤的城内交通，且工作者为要接近工作，大都会在附近住区拥挤着而直接加增人口密度。这不但立刻产生问题，且为十年、十五年后工业更发展，人口增多时更增加问题。

在一个现代化城市中，纠正建筑上的错误与区域分配上的错误，都是耗费而极端困难的事。计划时必须预先见到一切的利弊，估计得愈科学，愈客观，愈能解决问题，愈不至为将来增加不可解决的难题，犯了时代主观的错误。

附带地讲所谓疏散人口，在程序上必须在新建设区域有了相当房屋以后，居民才有地方可以开始迁出。目前如先求大量旧区地址拆改应用，则必须先迁居民，而这些居民又无处可迁，这是加增问题。居民工作的脱节、疲劳、疾病、食宿上困苦以及其连带后果都是政府所关心的；在西郊建设行政区和干部住区不会产生这种问题，也是可注意的。

（并且在此新中心之东面，旧城内的西部若干胡同旧宅，现时为政府机关的，将来亦可很方便地利用为政府人员之适宜住区的另一部，如此则政府中心之东西两面都有适当的住宅区与之相配合。）

（5）是新旧两全的安排。

所谓两全，是保全北京旧城中心的文物环境，同时也是避免新行政区本身不利的部署。

为北京文物的单面着想，它的环境布局极为可贵，不应该稍受伤毁。现存事实上已是博物院、公园、庆典中心，更不该把它改变成为繁杂密集的外国街型的区域。静穆庄严的文物风景，不应被重要的忙碌的工作机关所围绕，被各种川流不息的车辆所侵扰，是很明显的道理，大众人民能见及这点的很普遍。在专门建筑与都市计划工作者和许多历史文艺工作者的眼中，民族形式不单指一个建筑单位而说，北京的正中线布局，从寻常的面上看，到了天安门一带"千步廊"广场的豁然开朗，实是登峰造极的杰作；从景山或高处远望，整个中枢布局的秩序，颜色和形体是一个完整的结构。那么单纯壮丽，饱含我民族在技术及艺术上的特质，只要明白这一点，绝没有一个人舍得或敢去剧烈地改变它原来的面目的。

为行政中心着想，政府机关的中间夹着一个重要的文化游览区，也是不便的。文化游览区是工作的人民在假期聚集的地方，行政区是工作区域，不应该被游览区所必有的交通量所牵连混杂，发生不便，且给游览休息的人民以不便。

且行政区自己没有区域，没有范围，长列在干道的两旁，由东城至西城，没有一个集中点，且绕着故宫或广场，增加了很大的距离。它的区域就是其他区域间的交通孔道，也是不妥当的。只有避开这旧区的正中位置，另求中心，才是两个方面合理的解决。西郊公主坟以东一带，就是具体地解决这个问题，是行政区较合理的新位置。

（6）是以人口工作性质，分析旧区，配合新区，使成合理的关系。

当我们将市的工作人口分成基本与服务及附属三大类时，旧区在用途上的性质已非常确定。最主要的为博物馆及纪念性的文物区、旧苑坛庙所改的公园休息区和特殊文娱庆典中心的大广场。其余一部为市政服务机关，一部为商业服务的机构场所，包括现时全国性的企业和金融业务机关。在基本工作方面，有一小部分为有历史的学校及文化机关，一小部分为手工业集聚的区域。此外就是供应这些部门所需的住宅区和必须同住宅区在一起的小学校，及日常供应商业。

现在把东郊及东南郊基本工作定为工业，人口为工人，所连着的北面建筑是他们的住宅。把西郊基本工作定为行政，人口为政府人员，所连着的西面——已略有基础的"新市区"——建造他们的住宅。北郊基本工作为教育，人口为学生和服务的教育工作者，也连着他们的住区。这样的分配是极平均的，它们围绕着有历史价值的旧城，使它成为各区共有的文娱公园中心和商业服务及市政服务的地点和若干住宅，也是便利而合实际的。

（7）在大北京市中能有新中线的建立。

旧城同新中心之间横贯着的东西干道，都毫无问题地可以穿出城垣（如复兴门、广安门、阜成门、西直门等），最合适的是直贯这西郊政府中心的南北新中线（这条中线东距城垣约2公里，据新华门约4.2公里，距天安门约5.2公里）。这条中线在大北京的布局中确能建立一条庄严而适用的轴心。这个行政区东连旧城，西接"新市区"，北面为海淀、香山等教育风景区，南面则为丰台区铁路交通总汇（总车站及全国性工商企业业务机关正可设在这个新中线上。东面又可同广安门引直，利用旧城若干商业基础。在文物点缀方面有白云观、天宁寺等）。一切都是地理上现成形势所促成，毫无勉强之处。

（8）能适当满足以上所举的十一个条件。

以寻取地址而论，我们确是不用大量迁移居民（第五条），我们可以不伤毁旧文物中心（第十一条），绝对可以满足部署原则（第一条），有足用与发展的余地（第三条、第四条），能使全市平衡发展，疏散人口（第八条），根据时代精神及民族的传统特征的建筑形体（第二条）在西郊区很方便地可以自成系统，不受牵制，如果将来增建四五层的建筑物亦无妨碍。

其他一切都是迎刃而解，没有不自然不经济的成分，尤其是解决数十万人的住宅区，免除交通负担，利用现成新市区基础，最为实际。政府人员由新市区到公主坟与月坛间地区之距程，比到天安门或东单，分别之大，在交通经济上是极重要的一点。

新中心能同时满足十一个条件，而同时又都是旧城内任何地点所不能满足的，显然证明发展新行政中心之自然与合理。

目前另有一个问题可以在此附带地讨论一下，就是一道城墙在心理上所造成的障碍。假使城墙在公主坟或八宝山一带，而这块土地是一块空址在城垣以内，我们相信在这地区建造政府区，将为许多人所立刻建议，不成问题。今日这一道城墙已是个历史文物艺术的点缀，我们生活发展的需要不应被它所约束。其实城墙上面是极好的人民公园，是可以散步、乘凉、读书、阅报、眺望远景的地方（这并且是中国传统的习惯）。底下可以按交通的需要开辟新门，城墙在心理上的障碍是应予击破的。

第三节　发展西郊行政区可以逐步实施程序，以配合目前财政状况，比较拆改旧区为经济合理

首先我们试把在城内建造政府办公楼所需费用和在城西月坛与公主坟之间建造政府行政中心所需费用作一个比较。

（一）在城内建造政府办公楼的费用有以下七项：

1. 购买民房地产费。

2. 被迁移居民的迁移费（或为居民方面的负担）。

3. 为被迁移的居民在郊外另建房屋费，或可鼓励合作经营（部分为干部住宅）。

4. 为郊外居民住宅区修筑道路并敷设上下水道及电线费。

5. 拆除购得房屋及清理地址工费及运费。

6. 新办公楼建造费。

7. 植树费。

（二）在城西月坛与公主坟之间建造政府行政中心的费用有以下四项：

1. 修筑道路并敷设上下水道及电线费。

2. 新办公楼建造费。

3. 干部住宅建造费。

4. 植树费。

在以上两项费用的比较表中，第（二）项的1、2、3、4四种费用就是第（一）项中的3、4、6、7四种费用。而在月坛与公主坟之间的地区，目前是农田，居民村落稀少，土改之后，即可将土地保留，收购民房的费用也极少。在城内建造政府办公楼显然是较费事，又费时，更费钱的。

行政区是庞大的政府工作的地区，工业区亦是庞大的工厂工作地区，这两个地区既无法在旧城区内觅得适当地点，足够容纳所定人数，亦不宜于在城区内建立主要的重心，集中工作人口。因此按照各种客观条件，分别布置在东西两边的近郊，与旧城区密切地联系着，而利用旧城区内已建设的基础，作为服务的中心，保留故宫文物区为文娱中心，给两方面的便利，留出中南海为中央人民政府，这是使大北京市能得到平衡发展的合理计划。但两区的建设，规模巨大，在实施方面却要按实际发展的需要，有计划地逐步进行，以配合财政情况及技术上的问题的。

行政区的道路系统及各单位划分的计划，可采取中国坊制的街型，部署而成。在整体上讲，它是有机性地将各单位集中在一个区域内，使各方面的联系紧密，可以发挥高度的行政效率。从每一单位每一坊来讲，它们都自成一小整体，建立中线，有它主要的和辅翼的建筑物。因此在建造的过程中，当一单位或一幢建筑物建造完成时，不至于因为整个行政区的未完成而影响了它的效能，或失去了它的完整性。在发展各阶段中，每次完成无论若干单位，都又自成一整体。

关于计划的实施建造，为了配合政府当前和以后的情形，可以按下列几个步骤，逐渐推进：

（一）由于现在复兴门外往西到新市区的林荫干道已经完成，为了照

237

顾交通上的便利起见，根据目前财政情形，第一步可以按照需要，将沿林荫干道北面的各单位先行建造。每一单位或一坊，可以建造一处容纳两千人的办公房屋（三座或四座大楼，每座容数百人）及其附属供应，乃至于干部宿舍楼一幢。

配合近于西面单位中办公人员的需要，在现在新市区已有的基础上，建立接近行政区的一个完整的"邻里单位"（或称"社区单位"），建造他们所需要的住宅区及其附属的小学校、托儿所、合作社、文娱中心等建筑，同样的也是配合财政能力及需要缓急的程度，逐渐发展成为将来的大住宅区。

沿干道的这些地点，目前在交通上所需要的道路、水的供应设备、电的供应设备，以及排水的设备，都是现成的，而且由于这干道和旧城区的联系，可直接利用北城同西城的一切住宅及商业供应。

由新行政区进城到新华门的距离，同由新华门到崇文门的距离约略相等，所以除掉一道城墙的心理障碍以外，在交通上的便利同在一个城内是无分别的。

（二）以复兴门外东西向的林荫干道为出发点，依着计划所定的其他街道的伸展，种植树木，有计划地绿化全区，奠定了区内街型和其环境的点缀，同时逐步敷设区内道路的上下水道及其他公用设备。路面及其铺筑的宽度，亦按财政情况俭省地逐渐修筑。

（三）在最短可能的时期内修建新的北京总车站，利用广安门内的干道通达旧区的前门大街商业区及旅舍区，并吸引部分商业及运输业旅舍等在附近地区建立，而逐渐繁荣车站附近地区，疏散旧城前门外的密集人口。

以上仅表示整个计划在建造的程序上是可以灵活运用的，一切具体

238

细则办法当然必须配合实际情况而逐步实施，这在整个大北京市计划中，是切实地全面解决北京将来的发展。

我们经过半年缜密反复研究，依据种种客观存在的事实分析的结果，认为无论是为全面解决北京建设的问题，或是只为政府办公房屋寻找地址，都应该采取向城外展拓的政策。如果展拓，我们认为：

政府行政中心区域最合理的位置是西郊月坛以西、公主坟以东的地区。

因此我们很慎重地如此建议。

我们相信，为着解决北京市的问题，使它能平衡地发展来适应全面性的需要；为着使政府机关各单位间得到合理的且能增进工作效率的布置；为着工作人员住处与工作地区的便于来往的短距离；为着避免一时期中大量迁移居民；为着适宜地保存旧城以内的文物；为着减低城内人口过高的密度；为着长期保持街道的正常交通量；为着建立便利而又艺术的新首都，现时西郊这个地区都完全能够适合条件。

至于我们这些观察和意见是否完全正确、没有错误，我们希望大家研究和讨论，早日作出一个决定。

我们现在正在依据这个展拓的假定，草拟大北京市的总计划，初稿完成之后再提出请大家研究和讨论。

1950 年 2 月

天津特别市物质建设方案 [1]

梁思成　张锐

序

近代都市，需要相当计划方案，始可得循序的进展，殆为一般人士所公认，欧美各市咸以此为市政建设之先声。东邻日本有鉴于此，年来亦复奋起直追。观其东京复兴计划之伟大周密，诚足使吾人钦佩无既。国内都市，自地方自治言，自物质建设言，均难逃欧西中世纪城市之评语。近来各地创办市政之声洋溢于耳，考其实际，成绩殊鲜。其所以致此之故固甚多，而缺乏良好之建设方案实为一极大之原因：譬之家宅，苟其布置失当，置厨灶于客厅中，设寝具于盥洗室。虽多费金钱，加以点缀，亦难得物质上之安乐，精神上之愉快。近代市政，本不只限于修筑道路。兹姑以修筑道路为例，苟无全盘之精密筹划，任意措置，其结果匪特不能增进交通之便利，且往往足以妨碍全市将来之适当发展。兴办市政者首宜顾及全市之设计，盖以此也。国民政府奠都南京之后，思建国都，为天下范。因聘中外专家，设国都设计技术专员办事处，总理首都设计事务，费时年余，规模粗备，计划纲领，蔚然可观，洵为国内各

1　此文为专著，于 1930 年 9 月印刷发行，书名为《城市设计实用手册——天津特别市物质建设方案》。——傅熹年注

市大规模设计之始。近天津特别市政府市政当局深悉此项工作之重要，登报招致物质建设方案，以备采择。作者等自问对于近代城市设计技术曾有相当之研究与经验，不揣简陋，草成此项方案。迫于时间，难免挂漏。评定结果，幸获首选。市政同学，驰函索阅，怂恿付梓，佥谓本文虽只限于天津，而原则却未尝不可施用于他处。且国内城市设计实际工作不假手于外人者，当以此为嚆矢。理应公诸同好，俾便研究。因加修正，即付排印。国内外人家如能进而教之，则作者等之大幸。

（一）大天津市物质建设的基础

所贵乎计划者，期能终见实行也。欲见此项方案之实施，必先知天津物质建设的基础。窃考天津物质建设方案之先决问题，至少应有下列六项：

一、鼓励生产，培植工商业，促进本市繁荣

古代都市盖起源于交易而发达于形胜。自农工业革命而后，人口之城市化更为显著，而工商业与都市繁荣之关系愈趋密切。历考各国都市，除少数政治及教育等市外，一市之盛衰多视其工商业之盛衰为转移。天津为华北南埠之巨擘，欲谈物质建设首应促进本市之繁荣；欲使本市繁盛，尤非从鼓励生产、培植工商业入手不可。天津工业，以纺织、面粉等为最大。至于塘沽之久大精盐及永利制碱二厂，亦与天津市有密切关系。年来工潮迭兴，商苦重税，国内各工商业咸呈奄奄待毙之势，天津亦非例外。故天津特别市政府理应注意及此，在可能范围内，力筹保护之策，俾工商业可以兴起，本固枝荣，天津市之物质建设，亦可以不致徒托空言矣。查刻下国内生产之障碍，略而述之，可得六焉：内战不息，军费

甚重，一也。交通梗阻，消费无力，二也。萑苻不靖，产地日减，三也。苛征繁重，负担逾量，四也。国信不立，外资不能利用，五也。商业不振，投资者寡，金融紧急，接济无力，六也。上列六点，市政府固乏全力加以纠正，然亦不无局部救济方策。至于工潮澎湃，市政府社会局应负调解之责，尤应设法提倡劳资合作。生产不增，工业凋谢，不第资方亏累，即劳工亦将有失业之虞也。

二、提倡市政公民教育，培养开明的市民，以树地方自治之基

城市物质建设之原动力，大略言之，可得二焉。一为好胜的君王，伯锐可士（Pericles）之于雅典、阿格斯特斯（Ausustus）之于罗马、秦始皇及汉诸帝之于长安、拿破仑三世之于巴黎，均其例也。二为开明的市民。如刻下英美各国市民之市政改善热是。秦汉以降，政治统一，全国视听，集于首都，秦始皇及汉诸帝，先后移各地疆宗大侠豪富以实长安，所谓"三选七迁，充奉陵邑，所以强干弱枝，隆上都而观万国"。其政策与法王路易十四之铺张巴黎极相仿佛。此种由英俊有为之独夫所支配的市政建设盖莫复能用于今日。易辞言之，今日之市政建设，规模较前宏大，兴趣较前复杂，苟无市民之助力，必难有良好之效果，市民对于市政之兴趣多随世界文明之进化而俱增。何以言之。世界文明进化，交通利便，书籍杂志增加，知识思想之交换较易，工商业发达，市政问题亦必随之增加。人民之经济环境既有更变，其适应新境之心理亦必逐渐兴起。然而此种只靠天然变化不假人力促进之办法，实有缺陷，故吾人尤不得不注意于人为的市民对于市政兴趣之促进方法。其一为提倡市政公民教育，发扬民治，培植市自治之基础，胥在乎是。市内各大学校必须设置市政专科，中学校对于公民学及初步市政学教材亦应多加采用。市政府每年应置关于本市市政之论文奖金、奖学金等以资鼓励。各中学校

每年必举行一市政日，专为讨论各项市政问题。其二即为市政改进会之设立，由市政府导各街村长副组织之，每月开例会一次，讨论本市市政及自治各项问题。

三、改善现有组织，以得经济的与能率的行政

近年来国内各市之行政组织固较前者大有进步，然亦不乏尚待改善之处，责任专一、职责集中实为市行政组织最佳之原则。组织系统由上而下，如臂运手，如手使指。相同性质之工作应设法纳诸一处，以免重床叠架，呼应不灵之弊。天津特别市政府对于其所属各机关应有较为严密之监督。秘书处应有扩大之组织，将现代市政府之总务工作尽纳于其中，而处中人员均应各有专责，始可有实事求是之效。

四、采用新式吏治法规，实行尚贤与能的原则

吾国自来科举制度，素为政府之基石，积久弊生，古意渐失。科举既废，分赃盛行；吏无常轨，政失其平。从政者咸以循规为耻，幸进为荣，吏治之混乱久矣。科举之意，盖以长于文者，必为良吏。此于往昔政府工作简单之时，尚可说也。时至今日，不复可用。近代政府，工作复杂，舍专家盖无由治。譬之治病，必求于医。譬之补鞋，必求于匠。有病找鞋匠，鞋破找医生，人必以为大笑话。实则此种笑话，直日日扮演于吾人之眼而不之觉耳。遍观各国，市政组织虽有出入，而任用专家则为其相同之点。人得其用则百事易举。故曰：采用新式吏治法规，杜绝不论资格滥用亲旧之恶习，实行天下为公尚贤与能之原则，实本市物质建设之基础也。

五、推行新式预算划一市政府会计簿记制度，使财政得以真正公开

英伦政伟格雷斯通（Gladstone）之言曰："预算者，非仅数目字而已也，其于各个人之财富，各阶级之相互关系，国家之强弱兴亡，均有莫大之关系焉。"斯言也，可谓极智。美国近二十年来之市政改革颇注意于此

点，国内各市对于此点如不奋起直追，市行政上之经济与能率盖难言也。至于新式簿记会计及审计之采用，尤为修明市财政之先决条件，有此始可以谈预算决算，始可以言廉洁政府，始可得真正的物质建设。

六、唤起民众，打倒帝国主义，一致努力誓归租界

本市各租界之理应收回，尽人而知。各租界不特为政治犯之逋逃薮，且为娼赌匪徒聚集之所，于本市之各项行政，掣肘之处极多。最重要者，租界存在，大规模之设计方案，因事权不能统一，决难见诸实施。作者等此项方案，并各租界地亦加设计，非敢好高骛远，实因非此不可。苟届时租界尚未全数收回，则本市当局应联络租界当局合组一共同之委员会处理一切。

（二）大天津市的区域范围问题

天津依据国民政府现行特别市组织法规成立特别市政府，最初市政当局接事后认为"本市划分区域之要点，必以能否使本埠商业发展为标准"，故主张将天津全县及宁河、宝坻、静海、沧县等四县之一部分划归天津市内，且主张"俟必要时，再行呈请变更或扩大之"。此项计划，省方迄未同意，悬而未决。直至现任市政当局莅任后，乃将以前计划缩小范围，议定区域最低限度。所谓最低限度者，即："除公安局所辖警察区域不计外，并应将大沽、北塘及海河以南，金钟河以北各二十里，划入本特别市区域范围以内，藉资发展工商业，以维持本市之繁盛，而仍保留天津之县制。将来市之区域，再有扩大之必要时，再行区划。"此项计划最堪注意之点，尚不在地域范围之缩小，而在保留天津之县制，同时依据天津市政委员会与特别市土地局之意见，均主张废除天津县，以求

得事权上之统一。此项省市政界问题，案悬经年迄未得相当之解决。故目前天津特别市之行政权，仍困于此狭小之区域内，而在此狭小之区域中，市县并存，既有重床叠架之嫌，复不无互相掣肘之弊。故吾辈讨论大天津之物质建设方案时，对于此点难安缄默，不得不加以研究也。

查天津特别市区域问题，诂以市政学术语，即"大市问题"是。近代各国较大都市繁荣发展之时，其吸引力往往可使近郊各地作共同的发展。结果本市有如北辰而环市各地则成为拱卫北辰之众星，存亡利害，休戚相关。因此，本市工作故不能只限于本市。诸如修筑道路、建设公园、设计交通利器、组织各种公用事业等等均应有通盘的筹划，权利义务亦应有公平的分配。大市有如蛛网，本市则赫然盘踞网中之蜘蛛也。苟无此网，蜘蛛之生活固感困难，苟无蜘蛛，网又何自而起。故天津市与其近郊之关系，实至密切，不容漠视者也。

市县合并，各国素有先例可援。其故有四：

（1）县的工作，通常只限于代表高级政府而执行者。市的工作，则不限于此，常有其单独的地方工作。

（2）县的工作，多含有"乡"的意味。对于近代市政，势难办理妥善。

（3）市县并存，在同一区域之中，有两种政府同时存在，双方组织工作势必有重床叠架或互相推诿之弊。

（4）市县合并，行政可得统一。财务、人才、物料均可较为经济。

天津特别市与天津县之行政区域，相差不多，双方工作上之重复与办事上之冲突，自所难免。市县实难并存。吾人如主张反市为乡，则应主张取消天津市。否则天津县制之取消，势难避免也。

天津为华北商埠之巨擘，中国之农业革命如无进展则已，否则天津市之日臻繁荣，盖意中事。作者等认为天津特别市区域之扩大实为时间问

古 都 构 想

题，故敢作下列建议：

（1）调查　大天津市之区域及组织问题，如欲有完满的解决，首应有正确事实之根据。

（2）废县　此为大天津市发展之第二部工作。废县后市乡地方的税捐分配问题，尤应加以注意。

（3）正式扩充地域范围　着手组织各区政府，以免工作过于集中之弊。刻下天津县制未废，市区域亦未扩充；作者等设计之时，只能限于现存区域而此项计划应如何而可适应将来环境之处，尤为作者等所念念不敢或忘者也。

（三）道路系统之规划

一、道路系统之重要　道路之于市，犹血管之于人然。市内道路系统苟无相当之规划，其他物质建设，盖难言也。查近代都市道路系统之规划各地不同，大略言之，可分为下列数类：

（甲）有规则的　此类之中，复可分为棋盘式、圆周式、直角交叉式、中央放射式、几何规律式等等。

（乙）无规则的　无规则的道路系统，并非无计划的道路系统，其用意在取上列有规则的各式之长而去其短，其计划并不只限于一式。就中有棋盘，有圆周，有直角交叉，有中央放射，亦有几何规律。虽曰无规则，而规则在其中矣。

二、天津市道路规划之方针　美市道路系统，多采棋盘式。国内都市，以为此项计划，简单易行，故争先效法。殊不知只用棋盘式而不参以他种式样，并非良策。市内交通既不能得充分之便利，而棋盘式排列颇为单调，对于审美方面，亦觉欠妥。是故近来美国都市设计，已不专重棋盘式，对于其他各式，亦多采用。天津市内道路，除河北一带，三特别区域及各租界外，均无一定的系统，统视全局，尤无固定的计划。河北一带，特别一区，特别二区，法、日、意三国租界均为棋盘式。英国租界为不规则的棋盘式，特别三区为棋盘式及直角交叉式之混合。今查本市道路系统之最大弱点在于缺乏全盘的设计，各部分各自为政，不相贯属，其影响于本市之交通及发展者至大。故作者等对于此点，极为注意。至于作者等规划之方针，首顾及本市地势之特殊情形。对于原有道路，充分利用，务期免生吞活剥之讥，而市民在建设进行期间，亦不致有莫须有之不便。道路系统，并不拘拘于一式，以便得各式之长而无其短。

　　三、所拟道路系统图解释　根据前述各点，计划本市道路，共分干道、次要道路、林荫大道、内街及公道五种，分述如次：

　　（1）干道　本市道路，缺乏通盘之筹划，前已言之。所拟之干道，即为补救此项缺点而设。干道之标准宽度，应为二十八公尺，除两旁各筑五公尺之便道外，尚余十八公尺，备行驶六行车辆之用。其建筑，在可能范围内，当以正直为主。如必须改用较长之弧线时，曲度亦不应过大。两路相接，除对角线路外，其余相切之角度，概以不小于四十五度为标准。

　　（2）次要道路　次要道路为每一区域内互相贯通之道路，具主要目标在辅佐干道便利交通，划分房屋土地段落，供给街旁房屋之光线与空气。河北一带，三特别区及各国租界之现存道路，均可列为次要道路。至于城厢及城厢附近地带，铁路左近如金家窑、陈家沟、沈庄子、工庄子、郭庄子一带道路素乏系统，必须依据原有街道情形，设计新次要道路，以便与其他各地得有平等发展之机会。次要道路，复可分为下列数种：

　　（甲）零售商业区通路　此项道路标准宽度定为二十二公尺，其中

古 都 构 想

十二公尺为路面，两旁便道，各五公尺。旧有道路如不足此项标准者，可逐渐加宽之。

（乙）工业区道路　标准宽度定为二十二公尺，其中十二公尺为路面，两旁便道，各五公尺。

（丙）住宅区道路　新辟上等住宅区之道路宽度，应定为十八公尺。路旁铺草植树，路面暂时可建六公尺，日后可增至十二公尺而无障碍。两旁便道，各四公尺。旧有住宅区之道路亦应逐渐加宽，其不宽辟者，则改为内街或内巷。

（3）内街　原有道路之过窄者，将来概改为内街，标准宽度定为六公尺。汽车不得行驶之内街应在两方街口，各立洋灰柱二条，相距一公尺半，俾人力车可以通行无阻，而汽车不能驶入。

（4）林荫大道　林荫大道为壮丽都雅之干道，道旁多植树木，设有座椅，既便交通，复可作路人游憩之所。此项道路全线无标准的宽度，但平均总应在三十公尺以上。所拟林荫大道有二，其一由天津总站，至河北大经路至市行政中心区，折而南，沿海河东岸直达旧比国租界；其二由西沽近郊公园越城厢直下至八里台，折而东行，沿马厂道经特别一区至海河西岸。将来新桥落成后，此二林荫大道即可互相沟通。特别二区及金家窑一带之临河房屋，类皆简陋，应由市政府平价购得。将来路功告成之时，重新分段出售，必获大利。由海光寺至八里台之臭水河如南开蓄水池排泄问题完满解决之后（请参看本方案之下水计划），臭味自可消除于无形，河中可供游人泛舟之用。将来两岸柳暗花明之时，河神亦将以一洗奇臭为荣也。

（5）公道　公道者，为本市与四乡及其他各市相连贯之道路。其在本市区域范围内者，应由市政府修筑；其在市外者，则由本市与其他各该行政机关共筹处理。此项公道之修筑，省政府应酌予补助。

　　四、拟定道路系统实施步骤　前项拟定路线，一经采用公布之后，无论何人均不得再在此项路线之上建筑房屋。所拟计划，势难一蹴立就，理应分期进行，逐渐改善。故作者等复将计划中之重要道路分别轻重缓急，分为五期进行。民国三十年为一段落，四十年为一段落，五十年为一段落，六十年为一段落，七十年为一段落。预计在民国七十年以前，所拟道路计划必可完全实施。准以天津特别市之财力，每期中之负担，实不为重也。

（四）路面

　　路面之选择，大抵均以下列数点为标准：①建筑费低廉，②路命长久，③路面平滑，④音响不大，⑤易于扫除，⑥尘土不致飞扬。然而欲求一尽合乎上列标准者，固不易得，要在因地制宜，因时制宜，以求得一比较上最合宜之路面。且全市道路种类不同，为用各异，亦难固定标准路面，强施之于全市。查天津市刻下所可用之路面，有下列数种：

　　（1）砖基渣石路。下置立绉[1]红砖基一层，上用二英寸渣石铺八英寸厚路面。估价每方丈约需洋十六元。便道下置六英寸厚灰土基一层，上平铺青砖一层；每方丈约需洋十三元。侧石及卧石。5″×12″×3′—0″ 侧石。6″×12″×3′—0″ 卧石。六英寸厚，一英尺八寸宽灰土基。每十英尺约需洋十六元。

　　（2）二层砖基渣石路。此种路面做法与前相同，惟下置立绉红砖基二层。每方丈约需洋二十一元。

1　即侧立砌砖，俗称"宵砖"，"宵"与"绉"音近，可通用。——傅熹年注

古　都　构　想

（3）砖基三合土路。此项路基用立绉红砖基一层，上铺六英寸厚一三五三合土一层，路面用一二四三合土厚二英寸。每方丈估价约为四十八元。如路面三合土厚度改为一英寸，则每方丈可省六元左右。便道下用六寸厚灰土基一层，上平铺十寸见方洋灰便道面，每方丈约需洋二十四元足矣。

（4）三合土基石块路。用六寸厚一三六三合土基，中置一寸厚白灰细沙混合褥一层，路面用 4"×7"×12" 石块铺砌，每方丈约需洋九十八元。如用洋灰砖便道，下铺六寸厚灰土基，上平铺十寸见方洋灰砖便道面，每方丈约需洋二十四元。

（5）三合工基木块路。路基用六寸厚一三六三合土基，上置一寸厚白灰细沙混合褥一层，路面用 3"×6"×10" 美松木块，每方丈约需洋一百一十元。

（6）红砖渣石基地沥青路。路基用立绉红砖基一层，上铺二寸渣石一层，厚八寸，路面用寸半厚地沥青，每方丈约需洋三十九元。

（7）红砖三合土基地沥青路。路基用立绉红砖基一层，上铺五寸厚一三六三合土一层，路面用二寸厚地沥青分三次压实，每方丈约需洋六十四元。

（8）沥青麦坎达路，或称沥青碎石路。此项路面为国都设计技术专员所拟定之南京标准路面，首都计划报告书中有曰："此种路面，建筑之费颇廉。其厚度宜因各地所载之重量不同，酌量分别敷砌，务以经久耐用，修养便易为目的。若分三层筑至二十公分（即八英寸）之厚，而所用之沥青，复选择得宜，则每日平均能受行驶两千辆汽车之重量。"今将此项路面之详细建筑说明书附录于后，以备参考。此项路面，每方丈约需洋四十元至六十元。

前列八种路面，各有优劣，价格亦不相同，颇难选择一种作为标准路面，以施用于全市各项道路。今依照各道路之性质决定应采用之路面如此：

（1）干道　本市干道此后均应采用红砖三合土基地沥青路。干道上车辆来往极多，负载甚重，非用此种路面，不能支持。

（2）次要道路

（甲）零售商业区道路　此项道路，交通亦极频繁。应采用三合土基地沥青路，可少修理之烦。

（乙）工业区道路　重工业区道路应采用三合土基石块路，轻工业区道路可采砖基三合土路。

（丙）住宅区道路　高等住宅区道路用沥青麦坎达路面，次等住宅区可用二层砖基渣石路。

（一）内街。内街用单层砖基渣石路。

（二）林荫大道。林荫大道用红砖三合土基地沥青路。

（三）公道。公道用沥青麦坎达路。

砖基渣石路代价虽廉而损坏极易，养路费数倍于他项路面，合而计之，实非经济之道。故本方案中仅建议内街一项采用此项路面也，其他道路建筑，应本宁缺毋滥之原则而进行。筑路在质不在量，苟经济不充裕，多筑劣质道路，又无养路费以作补救，其结果必败坏不堪问，路政盖难言也。

（五）南京所拟定之首都标准路面建筑沥青麦坎达路面说明书

路面可分底层、顶层建筑，底层之下为路基，顶层之上，有用油类敷面者，因其建筑程序依次说明之。路面以碎石为主体，宜采用机力轧碎者，因其大小类别如下：

一等　穿过四分之一英寸直径之筛孔者。

二等　穿过四分之三英寸直径之筛孔，而停留在四分之一英寸直径之筛孔者。

三等　穿过二又四分之一英寸直径之筛孔，而停留在四分之三英寸直径之筛孔者。

四等　穿过三又二分之一英寸直径之筛孔，而停留在二又四分之一英寸直径之筛孔者。

（甲）路基

一、泥土路基　用适宜之方法造成拱形，便与筑成之路面相似。然后施以碾压，此拱形之斜度为每一英尺之宽度其相差之高度为四分之一英寸。未铺砌路面之前两边路肩及所应有之泄水设备，须建筑完竣。

二、石块路基　如泥土未臻巩固，应用石块为路基。石块须坚实耐用，不宜直卸于路底及就地划平，须用人工铺砌。以石块长度横过路线，以高度坚立宽度，平放路底，务须衔接缜密。石块之高度，不得超过路基之厚度，最高亦不得过九英寸，其宽度不得超过高度，其长度不得超过高度之一倍半，最长亦不得过十二英寸。铺砌完竣，则用十吨以上之碾地机尽量碾压，然后将碎石、碎砖、鹅卵石，或铁滓填于空隙，继行碾压，至罅孔全行填满及石块坚实不动为止。如有碾地机难施工之处，可用重铺以代之。

（乙）路面之底层

一、路基筑成后，铺以四等碎石、碎砖、鹅卵石，或铁滓，或三等与四等之混合物。匀平铺放，施以碾压，至规定厚度为止。

二、如碾压后之厚度超过四英寸，应分二层或数层放，逐层碾压之。

每层在未碾压前之层，不得超过五英寸。

三、所有路面石料之厚度，概用立方木度之。

四、所有石料不得直卸于路基或任何层之路面，须先倾积于石子贮存台，由该台取铺于路面，唯已堆积在道路两旁者可取用之。

五、石料不可大小各聚一方，应于铺放时用铁耗拨下，使粗细参差，均匀得宜。

六、每层碎石铺放妥当后，用十吨以上之三轮碾地机，从两旁向中施行碾压，以致在碾机前之碎石不能转动为止。

七、每层完全辗实后，即将一等碎石、鹅卵石、铁滓或锐洁之沙铺于其上，而以竹帚或铁帚扫之，以填塞空隙，乘干碾压之。工竣后，将留在面上过多之填隙物尽行扫除，又所有车辆除运送上层材料者外，不准在路面通行。

八、所有一等石料须于该层未兴筑之前，运堆道路两旁，以便应用。

九、每层一次同时铺放碾压之，长度不得超过五百英尺。

十、如底层系分数层建筑者，每层须遵照上项规定依次造成。

十一、如路基太软或湿，或经车辆行驶，故当碾压底层时，发生浮动，承建人须即将此浮动之处改筑，换以坚洁石料，依法铺放，碾压至监工工程师满意为止。

（丙）路面之顶层

一、顶层石料须用三等石、灰石、级形石、花岗石，或其他坚实耐用之石。其磨耗系数（French Coefficient of Wear）不得少于七，其强韧性（Toughness）不得少于六。

二、底层筑成后，铺以四英寸厚前条所规定之三等碎石，即以十吨重以上之三轮碾地机碾压之。此层所用之碎石，概须卸于石子贮存台，然后

253

用铁耙拨下，务须铺配均匀，无大小各处一方之弊。碾压须从路边将碾地机一轮之车据路肩上逐渐向路中进行，碾压至碎石之在机前者不动为止。铺放碎石及碾压时，须勿使路面参差不平，若有不符规定拱形之处，须在碾压完竣及填隙前改正之。

三、顶层之碎石碾实至经监工工程师认可后，将预堆在路旁之一等石，灰碎石铺于其上，以为填隙及胶结之用。用铲乘干铺放，即以竹帚或铁帚扫入空隙充分碾压之。于铺放时所当注意者，每次加增碎石，只宜用少量，不可太多，逐次遍扫入罅，碾压至所有串隙完全增满，乘干不能再容时，然后洒水于路面，再行碾压，继续加铺一等碎石扫填空隙，施行碾压，至空隙完全填满为止。当碾机行动时，有成浪纹之浆水一条，在其前面发见者，是无余隙之明证也。顶层须全无余隙，始可着手洒水。如碾压时，路面发生如浪纹之浮动，是因路基受湿所致，即顶层孔隙未能填塞妥当之明证。至此须移去碾机，俾其自干，在两旁路肩掘一V形小沟，以促其效。路基坚实后，再行补填之。建筑工竣可任其自干，后此二日，便可通行车辆。

四、路面经车辆通行后，每隔一日须薄铺以一等石灰碎石，及洒之以水，然后碾压，俾成坚久之路面。此目的既达，则用铁帚将剩余碎石尽行扫除，全路现一平坦之嵌石路面矣。

（丁）油类敷面之冷敷法

一、碎石路面，依上项规定，建筑完成后，即可敷油。所用油类，非遵照大沥青冷敷说明书，如美国材料力量学会所规定者，即须遵照柏油冷敷说明书所规定者也。

二、先以铁帚将路面完全扫清，然后敷油，以用机力射出者为宜。每方码（即九英尺）路面用油半加伦，须将全路面一致均匀敷涂之。

254

三、路面敷油后，立刻以二等锐洁碎石之石屑铺之。此二等碎石，须无灰尘，及一等碎石掺杂其中。所用石屑以铺过油面为度，铺石屑后，立刻以十吨重之碾地机碾压之。如是工程告成，便可通车矣。

（戊）油类敷面之热敷法

热敷法之手续与上述之冷敷法相同，惟所用之油类，其质较重，及须煮热，方能施之于路面耳。如铺土沥青，其热度须在华氏表三百至三百五十度之间。如用柏油则不得超过二百五十度，但须在二百度以上也。如路面潮湿或在华氏表五十度以下之天气，不论冷敷热敷，概不得举行，盖路面愈热，热敷之结果愈好也。

（六）道旁树木之种植

道路系统及路面决定后，即应注意于道旁树木之栽植以及路灯之装置。欧美都市，树木与道路殆有不可或离之关系，有树木而无道路者有之，有道路而无树木者盖寡。我国对于林业素少注意，郊外固多牛山濯濯，市内亦皆有路无树，较之各租界地内道路之整洁，树木之繁茂，实相形而见绌。本市当地情形，亦非例外。此于本市之美观以及市民之卫生，均有不良之影响。建设新天津时，允宜加以注意也。

本市道旁树木之选择，应以下列数点为标准：

（1）适宜于本地风土易于滋生者。

（2）有益于市民之卫生者。夏季可以庇荫道路，冬季可以透射日光。

（3）姿势既壮，风致亦佳，且不妨碍他种物体者。

（4）树叶宜大且厚，落叶期间较短，可免多次扫除之劳者。

（5）树梢树枝，虽加剪切，亦无伤于本树之生命者。

（6）寿命长久者。

依据上列标准，本市应采植下列各树：

一、公孙树。又名银杏，欲称白果树，属公孙树科。干挺直，枝叶繁茂，高至九十尺，直径达八尺。树冠平展可至八十方尺。叶作扇形，又似鸭脚。全叶迎风摇曳，楚楚有致。

二、白杨。属杨柳科，为大乔木，高达八十尺至百尺。本埠英租界、法租界中街一带即间有之，以其萧萧作声，不宜植于住宅区中。

三、垂柳。属杨柳科，高可四十尺。生长迅速，可以插条繁殖。枝条下垂，迎风婀娜，以柳腰形容美人，良有以也，尤宜植于临河两岸。

四、泽胡桃。为胡桃科，落叶乔木，树干直长，生长甚速，亦宜植于河旁。

五、榆树。属榆科，干高可达百尺内外。冠作扇形，颇美观，叶亦娇艳，宋孔平仲诗："镂雪裁绡个个圆，日斜风定稳如穿。凭谁细与东君说，买住青春费几钱？"即咏此树之果实也。

六、槐。属豆科，本市各地所有者，多为洋槐，极易培植。几可称为天津市之标准道旁树，尤适宜于住宅区。

七、樗。属苦本科，俗称臭椿。叶花均有臭味，幸雌雄异株，雌树臭味较微，躯干甚大，极易培植，几于无处不可滋生。本埠各租界地颇多采用。

津市道旁土壤，其品质各处不同。普遍于栽植树本之土壤，约含砂百分之七十，黏土百分之二十，腐殖土百分之十。其土壤瘠恶之地，宜多施肥料，再事栽植，或用客土法以作补救。所谓客土法者，即将植树地方填以他处良好土壤也。植树地方至少应有三尺见方之肥土，植树时树间距离，不可过密，否则有碍树木之生长，即生长后，亦难免枝叶有相耳交错重叠之处。其距离应以二十英尺至五十英尺为限，依树种之性质而定。较窄道路，两旁树木应参互栽植，否则均应对峙植种，以增美观。十字街道之角隅，不得栽植，当在角隅二十英尺之外栽种，以免阻碍开车者之视线，同一街上，在可能范围内，所栽树种似应采取同种树木，以求整齐。

树木种植之后，尤须注意保护方法，诸如灌溉、施肥、修剪等等，均应时加处理，如此天津市路政始可焕然一新。凡兹所言，仅限于道旁树木之种植，至于市外近郊之造林工作，本方案势难备赘，然其重要，固不待言者也。

（七）路灯与电线

路灯之装置对于市民福利之关系至大，美国城市中汽车肇祸之原因，有百分之十七均由于路灯装置失当所致。美人对此项技术，素极注意，而其结果，尚复如是。中国各市情形，当更不堪问。即以本市而论，路灯之装置，殊乏良善之标准。华界以及各租界之路灯，类均采用高架悬空格式，以横线悬挂于马路中线之上。此种装置，在多数地带实不如改用便道边竖柱装设法，较为适用。至于路灯之配制方法，应依各路之性质而定：

一、商业区道路

每柱灯数　　一盏

烛光　　　　六百支至一千五百支

灯柱距离　　八十至一百英尺

灯柱高度　　十四至十六英尺

灯柱排列　　两面对峙

二、干道

每柱灯数　　一盏

烛光　　　　四百支至一千支

灯柱距离　　一百五十至二百英尺

灯柱高度　　十五至十八英尺

（如因道旁树木繁茂之故，必须采用悬空格式，则灯柱高度应为二十至二十五英尺，悬空横架应在六英尺以上）

灯柱排列　　两面参互排列

三、林荫大道

每柱灯数　　一盏

烛光　　　　二百五十至六百

灯柱距离　　一百五十至二百英尺

灯柱高度　　十五至十八英尺

灯柱排列　　两面对峙或参互排列均可

四、高等住宅区

每柱灯数　　一盏

烛光　　　　二百支至四百支

灯柱距离　　一百五十至二百英尺

灯柱高度　　十三至十五英尺

（如用悬空格式，则高度应为十六至二十英尺，横架长在四英尺以上）

灯柱排列两面参互排列

五、次等住宅区

每柱灯数　　一盏

烛光　　　　二百支至四百支

灯柱距离　　二百至三百英尺

灯柱高度　　二十至二十五英尺悬空格式

灯柱排列　　两面参互排列

六、市行政中心区

市行政中心区一带路灯，因建筑形式上之关系，故路灯之样式亦应与他处不同。其配制方法如下：

每柱灯数　　一盏

烛光　　　　二百支至四百支

灯柱距离　　一百五十至二百英尺

灯柱高度　　十三至十五英尺

灯柱排列　　两面对峙

上述路灯计划，应依照各项路线逐年完成，最近期间应设法改良现有状况。尤应极力制止浪费，细加考核，以免天津电车电灯公司因此将其报效费用减轻，使本市财源受一打击。至于本市现有电线，类皆架空设置，既损美观，复多危险，应设法移设地下，假以时日，必可有成。新电线之安设，应以采用地下管子为原则。此项电线管子应设在路旁便道之下而不应设在路面之下，以免修理时拆路之烦。高压电流之变压器（即俗称转电处）本市所有者，亦均设置于路旁便道之电杆上，亦非良法。市府应有明文禁止，从速设法将之迁移地下也。

（八）下水与垃圾

一、下水道形式之选择　道路修筑之时，下水道必须预为安置。旧式下水道，为时过久，其下部之沉淀物极多，水流往往因以不畅。卵形下水

259

道可免此弊，故作者等建议以之作为本市标准下水道。此种下水道，无论用合流制或分流制均可适用。

二、分流制与合流制　下水之来源大致可以分别为二：一为雨水，二为污水。雨水量少质清，其排泄方法较易。污水量多质浊，其处理方法较难。雨水污水合归一道名曰合流制，分成二道即为分流制。本市华界及各租界之有下水道者多采用合流制，其故盖因合流制初次建筑费用较为低廉之故。实则合流制并非良法，证以美国城市近年来时有改合流为分流者，可见一斑。天津市理应早日采用分流制度，以免因循将就，积重难返，补救维艰。且作者等拟定之下水处置方法，内有一下水区域系用灌溉方法，尤不可用合流制。其他地带，所拟先将下水加以澄制，然后放之下河，亦不应采合流制以增加澄制之费用也。

三、下水道之位置　污水下水道之位置应在道路之中央，但过宽之路下，污水下水道亦可设在路之两旁。财力充裕，即较窄道路之下亦可设在两旁，下水之通行必更畅快，路旁房屋接管时亦可较为便利，至于雨水下水道则应设在便道之下。此项下水道之入土深度大可不必与污水道取同一深度。

四、下水区域与下水处置　本市下水系统，应分为五个区域，以便宣泄。近代城市污水下水入河之前例须先有一番处置，以免沿河下流居民取作饮料时发生传染病症。无下水处置方法各地，其虎列拉等传染病之死亡率必高，此实确切不移之理。作者等所拟本市污水下水处置方法共有二种：一为沉淀滤治法，二为灌溉法。甲、乙、丙、丁四区用沉淀法。戊区用灌溉法。甲、乙、丙、丁四区每区设一沉淀抽水站。污水下水至站时先以抽水机迫至澄淀池，然后再经滤治，滤治后入河。甲区沉淀抽水站设在特一区梁家园附近，乙区设在甲区水站之对岸，丙区设在河北西窑洼左近，丁区设在丙区水站之对岸，戊区之抽水机仍设在南开蓄水池，然后再由南开蓄水池引至中国跑马场西部乡区第二所地方以作大规模的灌溉之用。此种以污水下水肥田之法，德国柏林用之极著成效。天津不妨以戊区作小规模的试验，既可开国内下水田之先河，复可保存一部分之排泄肥料，不得谓非良策也。

五、垃圾处置方法　本市垃圾，类由各处自由处理，并无通盘计划。以致良好住宅之旁以及沿河一带往往垃圾堆积如山，穷儿野犬，竞相捡拾，既碍观瞻，复害卫生。夏日更为蚊蚋蝇虫繁殖之所，对于市民幸福关系甚大，故应早日定有全盘处置计划。市政府卫生局应购置载重汽车或宽轮大车每日将市内各地垃圾运送至四乡地方填补洼地。

（九）六角形街道分段制

本市华界及各租界之街道划分地段格式，多采长方格式或四方格式，对于美观及实用上，均欠圆满。城厢一带毫无计划之地段，更毋论矣。旧有地段之重新划分事实上极感困难，恐难办到。唯新地带之发展，如西沽一带，西湖园以南一带，老西开六里台一带未经划分之地段，作者等均主张采用六角形街道分段制。此种制度在近代城市设计中占一极重要之位置，惜以其稍涉新奇，国内人士知之者极鲜。实则此种分段制度实最新式的，最进步的、最合适用的制度也。六角形街道之好点甚多，其较重要者如下：（1）可以免去东西正角路，北向房屋冬日亦可得有阳光。（2）六角形街道旁之房屋可得较多之阳光。（3）房屋园地可以较广。（4）三岔路可减少交通上的危险。（5）六角形地段较之长方形地段可以少用街道，筑路费、便道费、下水道设置费均可减低。

（十）海河两岸

一、河岸与都市物质建设之关系　河岸与市政建设之关系有三：其一，近代都市，大抵为工商业都市，邻近河川，航运必繁。河岸两旁之码头建筑，实为一大问题，其设计之良否，往往影响于全市之发展者至巨，不可不细加考虑也。其二，河岸附近地带，如为住宅区，甲第连云。多喜滨河而居，空气既佳，风景亦好。此种地带，苟能加意培植，地价之得以增高，意中事也。其三，欧美都市，多采河岸地带善加修饰，辟为河旁公园，备游人休憩游玩之用。都市美化之工作，此其一也。

二、天津市之码头设计　天津市刻下之码头，多在英租界紫竹林一带，特别一区及特别三区亦右之。英租界法租界货栈林立，繁荣特甚。日租界之发展，亦有赖于此焉。旧法国铁桥建筑时，开桥时两端相距过近，较大轮船不能溯河而上，说者谓此系外人处心积虑不欲使华界有建筑码头之机会。及万国铁桥落成后，此弊已除，海河情形见好时，较大轮船，便可驶过万国桥。日人有鉴于此，已在其租界河岸筹备建筑大规模之码头，以与英法相竞争。意租界当局亦有意效法。我国市政当局虽一度有在金汤桥下特别二区及其对岸建筑码头之意，旋即作罢。窃意为天津市将来之有序发展计划，为使华界与各租界可有共同发展之机会计，此项问题，均不得不加以注意。

查天津市刻下码头之情形，实非合理的发展，何以言之。码头发展理应邻近铁路，刻下天津市各码头则否。天津为华北第一商埠，实为华北进出口之枢纽。航运货物之入口者，多转运于内地，并不尽供津地市民之消耗。码头既不邻近铁道，运输方面，需要大车甚多，于是本市路面之维持费因以增高。作者等认为根本解决问题应在旧比国租界及特别一区沿河一带速建码头以与各租界相抗，更有大直沽地带建筑北宁铁路支线车站，以便运输。将来码头落成后，特别一区以海河路为运输中枢，特别三区及旧比国租界将以六纬路为主干，旧比界将来可成为绝佳之码头货栈聚集地。查航运货物之来津者，其应在天津本地销售之货物，可在特一区码头上岸，距市场较近，运费亦可较省。其运销内地者，则将在旧比界上岸，上岸后便可用火车转运内地，出口货亦然。

查码头建筑之法颇多，须因地而制宜。海河河身颇窄，筑码头时应将岸边陆地挖去，使码头缩进岸内，便可不致减少河身之宽度，且不必另筑地基，足以挖河之工费相抵。至于货栈面积及建筑式样之规划，理应依据所储货物之性质多少而定，不在本文之范围内，故不备赘。所在码头货栈之建筑，最好由市政府自营，其由商人举办者，亦应受市政府港务处之监督。都市所需码头之长度，多依其人口为比例。此项比例，各地不同，例如利物浦为每千人二六八英尺，伦敦每千人则只有三十英尺。国都设计技术专员办事处预计南京人口将来约为二百万，估计南京所需码头长度为五万英尺，此项估计，实不为多。天津苟欲为华北第一商场，则每千人至少应有码头二十英尺，如以二百万人口计算，则将来至少应有码头二万英尺。

三、河岸与都市美　前所言者，不过解决天津河岸问题之一部耳，码头以上之一带河岸均应有缜密之计划。依照本方案，海河下流码头落成后，英租界码头必受影响。将来租界收回后，即可规定自特一区及英租界交界以上，不得建筑码头货栈。海河东岸林荫大道筑成之后，河东临河一带，必成为绝妙之住宅区，纽约之临河道（Riverside Drive）可为先例。如此不特地价可以增高，且河岸亦可得保护，全市美观，亦可得以增进。将来河西沿岸一带，亦可如法炮制，使河东一带，不得专美于前也。

古 都 构 想

（十一）公共建筑物

一、公共建筑之位置分布　　自位置之立脚点而言，市内公共建筑物大都可分为三类：其一，须集中的：此项建筑物，须置于适中之地点，以便利用，以壮观瞻，例如市政府、邮局、市立大图书馆等皆是。所谓适中之地点者，非指市地理上之中心而言，乃指市内各处居民，用所有的交通利器，较易到达之地点而言。其二，须分散的：此种公共建筑物如初级学校、各区图书馆、阅报室、演讲室以及警察之消防分驻所等等，因其特殊之功用，故应普遍而不应集中，但所谓分散云者，决非为无意义之分散，则可断言焉耳。其三，须有特殊之地点者：因其功用之不同，几种公共建筑物，颇须有特殊之地点者，如公共浴场须设于近水之处，公共厕所须设于合宜之静僻地点，市立医院不宜设于车马喧器之场所，皆是。至于监狱、贫儿院、救济院等等，市民多不愿与之为邻，亦应有其特殊之位置也。

二、天津市行政中心区之位置　　天津市公共建筑之位置分布，应依上项原则规划，就中尤以市行政中心区之设计最关重要。近代都市，对于此点均极注意。其故盖因市行政中心区如规划得宜，不特市行政之经济与能率可以增高，且市民对于此庄严伟丽之市政府将发生一种不可自抑之敬仰爱慕，其爱市之心亦可油然而生。天津特别市政府现在地址比较狭隘，故市政府直辖各局之办公地点，均分散于他处，例如教育局在中山公园内，财政局在河北，土地、工务、社会、卫生四局均在特别二区之类。于办事上既感不便，于建筑上亦有不集中难有大规模的计划之苦。作者等认为市政府直辖各局办公地点，除公安局应有其特殊的位置外，其他各局均应乔迁于集中之地点，俾可形成大规模之天津市行政中心区。此项行政中心区之地点，作者等认为现市政府所在地最为适宜。

其故有三：（1）刻下市内向有公共建筑，当以市政府所在地为最宏大，邻近复多官署衙门，将来较易改建，且此项地段距繁盛商业区域如大胡同一带虽其近便，而地价则较廉。附近地带，非官署，即民宅。趁此地价不高之时，市政府可酌量购置，以备将来发展地用。较之采取其他地点代价既廉，手续亦较简单也。（2）此项地带，前清即为总督衙门，民国以来，地方长官，均以此为衙署，有此悠长之历史，市民心目中已认此为全市精神上之行政中心区域。一经改善，益可增其尊严。（3）市政府与一般市民具有直接或间接之关系。将来市议会正式成立之后，市民与市府之关系益见亲密，故该区所在地务须交通便利，与主要干道接近而又不致成为车马必经之孔道，以免发生莫须有的拥挤。依此而言，刻下市政府所在地亦为最适宜之市行政中心区域。有此三点利益，故作者等仅建议采用现在市政府所在地带为将来市行政中心区。

三、公共建筑物形式之选择 考各国历来建筑因历史背景、地方关系、美术观念及科学知识之不同，形式繁杂，自成家派。中国溯自维新以还，事事模仿欧美，建筑亦非例外。但刻下国内已有之西洋建筑完美者殊不多见，察其原因，因由于国内经济能力较低，材料粗糙，工匠技艺低劣，而最大缺点，盖由于缺乏建筑专家之指导，国内大建筑，三十年来多聘请外国工程师监造，而所谓外国工程师者，则有英有德有法有美以至于意大利、荷兰、比利时等等。试想各国建筑，因地理关系，已甚不同，再因建筑与日常生活最有密切关系，因某地之生活状态，科学之发达程度，人民之美术观念以及风俗习惯等等，其所影响于建筑形式及布置处，不胜枚举。各国之工程师本其各国建筑形式为我国都会建造，其混杂，不雅驯，不适用，自不待言也。美好之建筑，至少应包括三点：（1）美术上之价值;（2）建造上之坚固;（3）实用上之利便。中国旧有建筑，在美术之价值，色彩美，轮廓美，早经世界审美学家所公认，毋庸赘述，至于建造上之坚固，则国内建筑材料以木为主。木料易于焚毁，且限于树木之大小，难于建造新时代巨大之建筑物。实用便利方面，则中国建筑在海通以前，与旧有习惯生活并无不洽之处。欧风东渐，社会习惯为之一变。团体生活增加，所有各项公共建筑物势必应运而起，如强中国旧有建筑以适合现代环境，必有不相符合之处。总之，今日中国之建筑形式，既不可任凭各国市侩工程师之随意建造，又不能用纯粹中国旧式房屋牵强附会，势必有一种最满意之式样，一方面可以保持中国固有之建筑美而同时又可以适用于现代生活环境者，此种合并中西美术之新式中国建筑近年来已渐风行。最初为少数外国专家了解重视中国美术者所创造，其后本国留学欧美之诸专家亦皆尽心研究力求中国新建筑之实现，本方案中所拟定市行政中心区之建筑形式，即本此项原则而行。抑又有进者，建筑为文化之代表，凡占据古代已湮没之民族文化者，莫不以其民族所遗之建筑残余为根本材料。凡考察现代各国文明者，莫不游历各国都市，观览其城市建筑之规模及其优劣。

　　是一国之文明程度呈现于其建筑为不可讳之事实。借用或模仿别国建筑形式者，如日本之仿德荷建筑，比京之仿巴黎，南美洲诸国之仿西班牙、葡萄牙。自一方面言之，固不能不有抄袭他人之作终难得其神似之感，故在日本东京骤见德国宫殿式戏院或在北平偶遇法国路易十四式之银行实属刺目。近代工业化各国，人民生活状态大同小异，中世纪之地方色彩逐渐消失。科学发明又不限于某国某城，所有近代便利，一经发明，即供全世界之享用。又因运输便利，所有建筑材料方法，各国所用均大略相同，故专家称现代为洋灰铁筋时代。在此种情况之下，建筑式样，大致已无国家地方分别，但因各建筑物功用之不同而异其形式。日本东京复兴以来，有鉴于此，所有各项公共建筑，均本此意计划。简单壮丽，摒除一切无谓的雕饰，而用心于各部分权衡（Proportioe）及结构之适当。今日之中国已渐趋工业化，生活状态日与他国相接近，此种新派实用建筑亦极适用于中国。故本方案所拟定之重要公共建筑物除市行政中心区建筑因有其特殊的关系外，均应尽量采取新倾向之形式及布置。美观，坚固，适用二点，始可兼筹而并顾矣。

四、重要之公共建筑　本方案所拟定之重要公共建筑有下列数项：

（1）市行政中心区建筑。包括市议会、市行政机关及地方法院三机关。市议会未成立前，该处可用作市党部办公地点及市民团体集会之所。市行政机关所占部分最大，将来逐渐建筑，市政府直辖各机关，除公安局外，均可聚集于一处，既增市府之尊严，复可增加办公上之便利。此项计划系依据刻下市政府之建筑加以改造，其样式系采新派中国式，合并中国固有的美术与现代建筑之实用各点。

（2）火车总站。本方案拟定之新火车总站地点在刻下之东站（俗称老站），因其位置与全市路线计划最为合适。

（3）美术馆。市立美术馆位在特二区河沿，面向林荫大道。

（4）图书馆。市立图书馆位海光寺，临近行将开辟之公园，复当林荫大道之冲，与南开大学及第二工学院相呼应。

（5）民众剧场。戏剧本为民众的艺术，其于民众艺术观念之陶养关系颇大。本市剧场林立而真能以提倡艺术为己任者殊鲜，本市财力充裕之时，理应对于此点加以注意，亦发扬民智之一助也。

（6）公营住宅。公营住宅在城市设计中实不可少，其用意有二：①供给政府职工住用。②供给因拆屋而无家可归之居民住用。凡此二者，市政府均应早日分别筹划以应需要。

（十二）公园系统

市内设置公园，不特可以增进物质之美，且能使市民公余之暇有正当的休憩娱乐之地。徜徉于花草山水之间，身心泰然，精神为之一爽。公园与市民之健康与幸福的关系至大，不容漠视者也。天津市内，各租界类均有公园之设，整齐都雅，居民称便，国人自设之公园，相形之下，反见绌焉。查刻下天津市内国人自办之公园，除特别三区公园及河北之中山公园尚有可观外，其他均不足称述。以公园所占市内土地面积与本市人口密度较，公园地带实嫌太少，作者等认为本市公园实有添设之必要。查近代公园一词，其含义颇广，可分为下列数种：

（1）学校运动场。此项运动场多指附设于市内小学校邻近地带之运动场而言，内设各种运动器具。

（2）儿童游戏场。分设于各住宅区中，以便儿童就近使用。

（3）公共体育场。如足球场、队球场、网球场等是，多为成人而设。

（4）小公园。小规模之公园，如刻下意租界及特别一区之公园是。

（5）大公园。如河北中山公园，特三区公园是。

（6）近郊公园。设于近郊富于野趣之大公园。

（7）林荫大道。此种大道之性质，与公园颇相似。道旁遍植树木，杂以花草，间置座椅，以供路人之休憩。

本市公园系统之规划应依照下列各点：

一、本系统图仅包括规模较大之公园，其散处各地之学校运动场及儿童游戏场等并未列入。市政当局应早日设法以公平价格购买市内便于用作学校运动场、儿童游戏场、公共体育场及小公园等地段，俾便逐渐发展。

二、在最近十年内设法整顿现有各公园，使之不落各租界地内公园之后，本系统图之公园系统建设计划共分三期进行：属于甲类者，必须于民国三十年以前整顿妥善，或设置完备。属于乙类者，必须于民国四十年以前完成。属于丙类者，必须于民国五十年以前完成。至于林荫大道之分期施工计划则请于"逐年完成道路图"中得之。

三、新辟公园之重要者有四：其一为西沽近邻公园。西沽附近，风景秀丽。每届春日，津沽人士均相率泛舟西沽，观赏桃花。两岸落红如茵，颇便野餐。在此设置近郊大公园，最为相宜。其二为海光寺以西，西湖园以北一带之洼地公园。此洼地，用作大公园，面积甚广。该处刻下地价不高，购买较易，将来市立大图书馆即设于其中。林荫大道完成后，复可与西沽近郊公园、南开大学、特三区公园及河北中山公园相呼应和相衔接，便利美观，不待言矣。其三为芥园公园。其四为新大王庄公园。此二公园者，分据本市东西两端。此二部分居民实感公园之缺乏，得此亦可以吐气矣。

四、本方案所设计之公共体育场，占地极少而规模完备。在市内任取一小地段，便可适用。

（十三）航空场站

近数十年来，各国航空事业之进展至速。自美国林伯大尉单人独机飞渡大西洋，德国徐柏林飞船往返大西洋、太平洋二洋之后，欧美各地之航空热益复有增无减。最近将来航空利器将与水陆交通利器鼎足而三，平分交通界之春色，殆意中事。中国航空事业，目前固极幼稚，将来必可发展。天津如欲保持其工商业重心之位置，对于此点，允宜及早注意。兴谈天津市物质建设方案之时，必须顾及航空场站之计划。此项场站，所需面积颇大，且应有其特殊的位置，故必早日设计，始可以节靡费而省麻烦。查各项飞机升落时所需跑道之长度，因飞机之性质而异。轻便飞机，所需跑道较短，八百英尺足矣，笨重飞机则非一千至二千英尺不办。且飞机甫离地上升之时，往往因机件不灵，复须即刻落下，故飞机场之跑道长度至少应有二千七百至三千英尺方为妥当。

本市航空场站之位置以裕源纺纱厂西，土城以北之一带地方最为相宜。将来计划中之干道完成后，由此至商业地带及新火车总站地带，均不甚远。作者等设计此项场站之时，曾顾及目前之财力与将来之发展。此项整个图案，虽为全圆形，然而修筑时尽可分期进行，且对于场站之利用上，决无不便。其建筑程序，第一步先决定本场站之中心点，修筑一六十度角之扇形场站，其半径长约三千五百英尺。三千英尺为跑路，五百英尺为中心圈，备设置旅舍、飞机停放场、修机厂等等，此后财力充裕需要增加之时，可以增建此项扇形场站，直至全圆形完全告成为止。圆形站完成后，一半可定为出站机场，一半定为入站机场。出站时向外上升，入站时向中心点下降。

（十四）公用事业之监督

公用事业因其特殊专利关系，必须有相当的政府监督，本政府对于公用事业之监督方法有三：（1）市政府发给公用事业营业特许状况或签订合同之时，将监督条件明载于其中；（2）市政府或省政府设立公用事业监理机关，对于此项事业随时加以监督；（3）所有重要公用事业完全收归市营市办。天津市公用事业之最重要者曰电车电灯，曰自来水，曰公共汽车，曰瓦斯。前二项刻下均已存在，均由商家承办而政府素乏监督实权。公共汽车一项虽甚需要，并无大规模的计划与发展，瓦斯则根本无人议及。作者等认为此四项公用事业均应由市政府逐渐举办，暂时不能由市政府自营自办者，亦应妥筹监督之策，始可以为市民谋福利，为市府裕财源。

（十五）自来水

自来水为全市公用事业之最重要者，盖以饮料之清浊有关于市民之康健卫生者至大，故自来水事业，欧美、日本各市多由市政府自营自办。天津市民饮料供给多数仰给于济安自来水公司，水价既昂，水质亦不见佳。市政府如能收回办理，善自经营，则不特市民可得较好饮料，且市政府亦可获利。日本大阪市自来水事业每年纯益可逾三百万元，天津市即以三分之一计，亦可得百万之数。今将良好饮料水之标准列下，以备参考：

（1）无色，无臭，无恶味。

（2）温度四季少变化。

（3）可溶成分之总量无色，加热后亦无黑色，此项成分在 IL 中不得超过五百毫克。

（4）硬度不可超过十八度。

（5）不可含有有毒金属。

（6）虽含有细菌，务须极少。

（7）天然水中所含之物质，以百万分之一为单位。所含之铅不得过 0.1，铜不得过 0.2，锌不得过 5，硫酸根不得过 250，镁不得过 100，固体不得过 1000，氯不得过 250，铁不得过 0.3。

（8）滤治后不得有碱性，不得有嗅氯及味，如曾经硫酸铝或他种铝化物之消毒，其所余之碱性至少须有十万分之一。钠与钾之碳酸盐以第一碳酸钙计，不得过十万分之五。

（十六）电车电灯

天津电车电灯公司由比商营办，获利甚多，故年来时闻收归市府之声，然以格于合同，市政府又无彻底解决办法，虽有收归市有之声，却无收归市有之实。为今之计，市政府应于每年税收项下拨作一部分逐年妥存，以备买回之用。此外并可发行公债，以收回后之电车电灯公司资产作为担保，以作买回费用之一部，如此始可免空谈收回之讥。在正式收回之前，市政府对于该公司之设施，诸如电车电灯路线之推广，电车电灯费用之增减等等，均应有合理的监督。该公司对于市政府之报效以及路灯费用之扣减亦应加以会计上的监督，至于收回时之估价则应由双方各举专家若干人定之。电车路线之推广无论官办私营，均须依照下图（略）所载而行，始可与全市将来之交通系统相得益彰。

（十七）公共汽车路线计划

近代城市中比较普遍的交通利器有五：地底电车（地铁）、高架电车、电车、无轨电车、公共汽车。地底电车行驶最速，危险复少，市中长途交通以此为最便，但建筑费极昂，津市财力，实难设置，且人口二百万以下之城市亦无设置此项交通利器之必要。高架电车，既阻日光，又极喧嚣，附近一带居民必感种种的不快，其结果沿路地价必将因而低减。其建筑费虽较地底电车为廉，然统计全市因建筑高架电车而受之损失，亦属甚大，故天津市亦不应采用也。无轨电车将来市面繁盛时可以采用。电车与公共汽车相较，除电车运费较廉外，其他各点较之公共汽车均有相形见绌之势。南京首都设计技术专员办事处之报告中曾列举电车之不便，摘述于此，以备参考：

（1）行驶时必须循路中之轨道，每当街道拥挤之时，不能越轨而过，延误时刻。

（2）路轨所经之处，若遭火患，或在前行驶之车辆偶有损坏，全部交通势必停顿。

（3）悬空电线，既碍观瞻，且易发生危险，对于消防，亦多阻碍。

（4）乘客稀少时，车辆亦须行驶，无伸缩之余地，徒耗电力。

（5）市民工作时间，多有一定，朝出暮归之时，咸趋乘先至之车。沿路各站，停车较久，且客多量重，行驶必缓。后至之车，不能越前以分载前方各站之乘客。

（6）敷设单轨地方，一车偶误时刻，全部因而停滞。

（7）轮声隆隆，有碍居民之安息。

（8）偶值修理街道之时，不能绕道行驶。

上述各点，公共汽车均可纠正，且举办公共汽车，并无敷设电杆轨道之烦，轻而易举。本埠英法租界海大道一带已有公共汽车之行驶，市政当局亦曾在华界鼓励提倡，然而此种零星片段的发展，实非良法。窃意天津公共汽车事业，将来势必发展，刻下理应予以全盘的筹划，始可与本市交通计划互相印证，不致有妨碍冲突之处也。本方案所拟公共汽车路线即依照此意办理。

（十八）分区问题

本节之所谓分区问题，非如本市现存之警区然，可以随意划分也。分区云者，非无意义的地理上的区分，乃为一种职业上的分区。数十年前，勒则的克氏（Les Cedickes）划法兰克福市（Frankfort）为多数之区域，如商业、工业、住居等等，佛兰克福市因得有循序的进展，世人乃了然于分区之重要。近年来谈市政建设者，均以此为城市设计之首要问题，盖种种设计，多待分区而后可以决定。分区之要义即在使各部分自成一区域：居家者既无机声、煤烟之苦，而工厂、商店等亦可免左右掣肘之患，全市土地亦可利用得宜。各区有其特殊管理方法，故便利较多。既有分区，并可固定其土地之价格，使其不致因特种建筑物之关系，而有暴涨暴落之危险。分区计划，在新城市中，比较甚易，在旧有市中，因有以往历史关系，补救较难。是以本市之分区问题，尤非详加研究不可。作者等决定此项分区计划，曾将本市固有情形，细加考察，然后加以设计，预期不致有生吞活剥之讥。苟有遗漏，实非得已。天津情形，虽甚复杂，但此项计划倘能早日订成条例，严厉执行，则本市之将来发展，必可收循规蹈矩之效矣。

本市城市设计及分区授权法案与分区条例可以采用最近首都建筑委员会技术专员办事处所拟定者。此项法规，施诸本市，尚无削足适履之弊。附载于此，以便应用，且对于作者等所拟定之本市分区图亦可得一较为明确的观念也。

本方案所拟定之分区计划关于第二工业区之分配只有旧比界以下及南开以西二地带，似乎较少，实则不然。因近代城市设计，多置笨重工业于市外较远之地，以免机声煤烟之苦。所谓工业之离是发展，最称普遍。将来天津工业发展，应自本计划中所规定之第二工业区域向外移动，则作者等之微意也。

（十九）本市分区条例草案

第一条　分区

（甲）本条例划分本市为下列各区：

1. 公园区

2. 第一住宅区

3. 第二住宅区

4. 第三住宅区

5. 第一商业区

6. 第二商业区

7. 第一工业区

8. 第二工业区

（乙）各分区之界址详志于分区图内，如发生界址争执，由设计委员会判决之。

（丙）本条例及分区图存本市工务局，市民可向该局取阅。

（丁）任何建筑物及土地之建筑或使用有与本条例抵触者均以犯例论。

第二条　释义

1. 除围墙外凡建筑物皆称屋宇。

2. 地段之意义系指土地之一部，包括已建或拟建屋宇及四围空地。

3. 地段界线之意义系指明地之界址，如非前后界线，俱作旁界线。

4. 地段宽度之量法系沿前面界线由一旁界线量至他旁界线。

5. 后院之意义系在同一屋宇之内，由此旁界线至彼旁界线及由屋后之界线至地段后界线之空间。

6. 前院之意义系指在同一屋宇之内由屋前之界线至地段前界线之空间。

7. 旁院之意义系指在同一屋宇之内，由屋旁界线至地段旁界线之空间，但不包括前项规定前院或后院之任何部分在内。

8. 屋宇之面积系从四围墙基外面连同骑楼地面而量度者。

9. 屋宇之贴连一街或数街者以何方为前面，由该业主在地段平面图指定之。

10. 屋宇之高度系指由屋宇前面街道平均高度处直量至屋之最高点，但为第十三条所规定者，不在此限。

11. 屋宇层数之限制系指除地下室及地窖外有楼若干层。

12. 地下室乃屋之一层在地面下者，其高度之半最少须逾该室所在街面之平均高度。

13. 地窖乃屋之一层在地面下者，其高度之半不得逾该窖所在街面之平均高度。

14. 一家指同居一屋及日用一厨房者。

15. 一住宅指一屋内至多有两家同居，并各有厨房者。

16. 平排住宅指一排住宅之一间，其一面或两面之墙与邻居公用者。

17. 联居住宅指居住屋宇非一住宅亦非旅馆者。

18. 旅馆指居住屋宇有房间逐日出租者。

19. 附用或附屋指附属使用或附属屋宇同在其主要使用或主要屋宇之地段者。

20. 天井指在同一地段屋宇三露天空间，而非上文所述之前院、后院、旁院者，内天井指天井为同一屋宇四面或多面墙壁所包围者。

第三条　公园区

（甲）所有公园区之土地应由市政府于本条例公布后以公平之价格收买之，其价格由市土地局规定。

（乙）在公园区内有私人房屋或产业及将盖造或更改之房屋，不得为下列各项以外之使用，且须得设计委员会之许可。

1. 不连属之房屋，其性质为临时者。

2. 图书馆、博物院、学校。

3. 公园、游戏场、体育场、飞机场及自来水之水塘、水井、水塔，及滤清池等。

4. 敷设火车路轨，但不得建筑存车场。

5. 农田、果园、菜圃。

（丙）在公园区内所有居住之房屋，不得高过一层，或三公尺，其全部或一部分非为居住之用者，不得盖至两层以上，或不得高过六公尺，层数或高度之限制，各择其取缔最严者。

第四条　第一住宅区

（甲）在第一住宅区内所有新建或改造之屋宇或地方除作下列一种或数种使用外，不得作别种使用。

1. 公园区内特准使用之一。

2. 不相连住宅。

3. 庙宇、教堂。

4. 公园、游戏场、运动场、自来水塘、水井、水塔、滤水池。

5. 火车搭客车站。

6. 电话分所，但须无公众办事室、修理室、储藏室或货仓在内者。

7. 容载不过二辆汽车之车房，且系私人所用者。

（乙）在第一住宅区内屋宇高度不得逾三层楼或十一公尺或所在街之宽度，就中取其最低之一项，以为限制。

（丙）在第一住宅区内每地段面积最少须有五百四十方公尺（即五千八百一十二方英尺），其最窄之宽度须有十八公尺（即五十九英尺）。

（丁）在第一住宅区内旁院宽度最少须有二公尺，两旁院宽度之和最少须有五公尺。

（戊）在第一住宅区内后院之深度最少须有八公尺。

（己）在第一住宅区内前院之深度最少须有七公尺。

（庚）在第一住宅区内屋宇及附属之总面积不得超过该地段面积十分之四。

第五条　第二住宅区

（甲）在第二住宅区内所有新建或改造之屋宇或地方除作下列之一种或数种使用外，不得作别种使用。

1. 公园区特许使用之一及第一住宅区内所许可之各项使用。

2. 平排住宅，或联居住宅。

3. 旅馆。

4. 私立俱乐部。

5. 公众会所。

6. 私人汽车房，只可容在该地段每家一汽车之数，且该汽车系作附用者。

（乙）在第二住宅区内屋宇高度不得逾四层楼，或十四公尺，或所在街之宽度，就中取其最低之一项以为限制。

（丙）在第二住宅区内每地段面积最少须有三百五十方公尺（即

三千七百六十七方英尺），其最窄之宽度须有十一公尺。

（丁）在第二住宅区内屋宇无须建旁院，欲建者听；唯有旁院之住宅其旁院宽度不得少过一公尺，其有旁院而非住宅之屋宇，如旁院宽度不逾该屋高度之八分之一或一公尺，或两旁院宽度之和不及四公尺者，须有天井，如本条例第十二条所规定者。

（戊）在第二住宅区内后院之深度最少须有七公尺。

（己）在第二住宅区内前院之深度最少须有六公尺。

（庚）在第二住宅区内有旁院之屋宇及其附屋之总面积不得超过该地段面积百分之四十五，如无旁院者不得超过该地段面积百分之五十五。

第六条　第三住宅区

（甲）在第三住宅区内所有新建或改造之屋宇或地方，除作下列之一种或数种使用外，不得别种使用。

1. 公园区特许使用之一，及第一或第二住宅区内所许可之各项使用。

2. 私立会所或慈善机关。

3. 医院或疗养院，而非治疗癫狂、神经衰弱、传染症或烟酒癖者。

（乙）在第三住宅区内屋宇高度不得逾四层楼或十四公尺或所在街之宽度。就中所定最低之一项，以为限制。

（丙）在第三住宅区内每地段面积最少须有二百方公尺，其最窄之宽度须有八公尺。

（丁）在第三住宅区内屋宇无须建旁院，欲建者听；唯有旁院之住宅，其旁院宽度不得少过一公尺，其有旁院而非住宅之屋宇，如旁院宽度不逾该房高度之八分之一或一公尺者，须有天井，如本条例第十二条所规定者。

（戊）在第三住宅区屋内后院之深度最少须有七公尺。

279

（己）在第三住宅区内前院之深度最少须有三公尺。

（庚）在第三住宅区内有旁院之屋宇及其附屋之总面积不得超过该地段面积十分之五，如无旁院者，不得超过该地面积十分之六。

第七条　第一商业区

（甲）在第一商业区内所有新建或改造之屋宇或地方，除作下列一种或数种使用外，不得作别种使用。

1. 公园区内特许使用之一，及任何住宅区内所许可之各项使用。

2. 银行、事务所、照相馆、浴室。

3. 零售商店、成衣市场、餐馆、面食馆、洗衣馆。

4. 汽车房，但容量不得超过十辆及不得有修理之设备。

5. 汽车上油或其他燃料站。

（乙）在第一商业区内屋宇高度不得逾四层楼或十四公尺或所在街之宽度。就中所定最低之一项，以为限制。

（丙）在第一商业区内屋宇无须建房院，欲建者听；惟有房院之住宅，其旁院宽度不得少过一公尺，其有旁院而非住宅之屋宇，如旁院宽度不逾该屋高度之八分之一或一公尺者，须有天井，如本条例第十二条所规定者。

（丁）在第一商业区内后院之深度最少须有七公尺。

（戊）在第一商业区内前院之深度最少须有三公尺。

（己）在第一商业区内屋宇及其附屋之总面积不得超过该地段面积百分之五十五。

第八条　第二商业区

（甲）在第二商业区内所有新建或改造之屋宇或地方，除作下列一种或数种使用外，不得作别种使用。

1. 公园区特准使用之一及任何住宅区及第一商业区内所许可之各项使用。

2. 戏园、影戏园、公众会堂。

3. 公众汽车房、修理汽车店、马房货车厂、兽医院。

4. 发行商店、货仓或栈房，所贮为建筑器料、衣服、棉花、药料、布匹、秣刍、食物、家私、铜铁器、造冰机、五金、油类及煤油（其量不得逾一柜车）、颜料、树胶、商店用品、羊毛或烟草。

5. 电话总局。

6. 感化院、医院或疗养院。

7. 印刷所。

8. 打铁店。

9. 造冰厂、糖果制造厂、牛奶装瓶或分发厂、牛奶房、面包房。

10. 染房或干洗衣馆，其雇佣不逾五人者。

11. 鸡鸭行或就地屠宰或零沽鸡鸭场所。

12. 布匹或地毯制造厂。

13. 除本条例第九条（甲）、（乙）二款所列各种工业外，得设置本条例所未载之各种制造厂，但所用机器不得超过五匹马力，制造时不得发生有泥尘臭味，煤烟喧声或致震动地面，而与本条例第九条（甲）、（乙）二款所列各使用之性质或分量相等者。

（乙）在第二商业区内屋宇高度不得逾五层楼，或十七公尺，或所在街之宽度，就中取其最低之一项，以为限制，但为本条例第十三条所规定者，不在此限。

（丙）在第二商业区内屋宇无须建旁院，欲建者听；唯有旁院之住宅，其旁院宽度不得少过一公尺，其非住宅之屋宇，如其旁院从第一层楼面筑

古 都 构 想

起，而宽度不逾该屋高度之八分之一或一公尺者，则在第一层楼以上须有天井，如本条例第十二条所规定者。

（丁）在第二商业区内后院之深度，最少须有七公尺。

（戊）在第二商业区内屋宇及其附屋之总面积如在第一层楼面以上，不得超过该地段面积十分之六，在第一层楼以下，不得超过十分之八。

第九条　第一及第二工业区

（甲）在第一工业区内所有新建或改造之屋宇或地方，除作下列之一种或数种使用外，不得作别种使用。

1. 公园区特许使用之一及任何住宅区或商业区内所许可之各项使用。

2. 存贮废铁或旧货之货仓。

3. 铸造厂、蒸汽或机器洗衣厂。

4. 石器或碑碣制造厂。

5. 砖瓦、瓷砖或水泥砖制造厂、沙或碎石坑。

6. 铁路货车站、铁路车厂、电力厂。

7. 铸铁厂、机器碎石厂、车辆制造厂。

8. 码头、船坞、造船厂。

9. 除本条乙款所列各种使用外，得设置本条例所未载之各种工业或制造厂，但制造时不得发生有泥尘臭味，煤烟喧声或致震动地面，而与本条乙款所列各种使用之性质或分量相等者。

（乙）在第二工业区内所有新建或改造之屋宇或地方，除作下列之一种或数种使用外，不得作别种使用。

1. 公园区所许之使用，及任何住宅区商业区或第一工业区内所许可之各项使用。

2. 皂胰制造厂。

3. 囊袋及地毯洗涤所。

4. 蒸酿洒水厂。

5. 鸡鸭及牲口屠宰场。

6. 酱糊糖酱或淀粉制造厂。

7. 焙谷厂、刍秣制造厂、机器磨麦或磨刍厂。

8. 用煤制造之煤气焦炭或煤油厂或该项煤气仓。

9. 碳素或油烟制造厂，容量逾一柜车之煤油仓、枪弹制造厂、火药制造厂或贮藏所。

10. 废物亘厂。

11. 制纸厂。

12. 其他为本条例所未载之工业或制造而发生有泥尘臭味、喧声或致震动地面较多于本条例所列各种使用者。

（丙）在第一或第二工业区内屋宇高度不得逾五层楼，或十七公尺，或所在街之宽度，就中取其最低之一项以为限制，但为本条例第十三条所规定者，不在此限。

（丁）在第一或第二工业区内屋宇在第一层楼面以上之面积，不得超过该地段面积十分之七。

（戊）在第一或第二工业区内屋宇无须建旁院，欲建者听；如有旁院之住宅，其旁院宽度不得少过一公尺，其非住宅之屋宇如其旁院从第一层楼面筑起，而宽度不逾该屋高度之八分之一或一公尺者，则在第一层楼面以上须有天井，如本条例第十二条所规定者。

（己）在第一工业区内凡非营业住宅须有一后院，在地面之深度最少须有七公尺，凡经营商业或工业之屋宇，须有一后院在第一层楼面之深度最少须有七公尺，但第一层楼面以下可免筑后院。

第十条　附用

1. 凡使用在习惯上附属于所准许之使用者准作附用。

2. 住宅区内不得张挂招牌或广告牌，惟自由职业之姓名或招租小牌得许作附用。

3. 凡买卖或营业之店户不得作为附用，惟医生诊病室及凡平常在家庭内所经营之事业而雇用助手不过二人者，概准其在私宅作附用。

第十一条　不符规定之使用

1. 凡原有物业之使用在本条例未通过时而与各条所规定者发生抵触，是为不符规定之使用，惟屋宇之高度面积及地段面积或前后旁院、天井等之大小与本条例各条所规定抵触者，则不得作为不符规定之使用。

2. 不符规定之使用苟无损于邻近物业者，得继续存在，但不得扩大或变更之，惟改为合规定之使用则可，但改正后不得再变为不符规定之使用，所有使用列明在本条例第四、第五、第六、第七、第八、第九条之（甲）款或第九条之（乙）款改作别用为上述条款所不载者，则以变更论。

3. 凡屋宇于本条例未通过时已装置或计划或指定，为不符规定之使用者，可免再建或改建。至该屋公允价值十分之二，此价值由屋宇监督与土地局长或同等职官会商规定之。

第十二条　天井

1. 在地段旁界线之天井其深度与该旁界线垂直度量最少须有三公尺。

2. 在地段旁界线之天井其宽度与该旁界线平行度量最少须有六公尺。

3. 天井三面围以墙，其他一面通至屋前或屋后者，该宽度与开通之面平行，度量最少须有三公尺。

4. 内天井之深度或宽度最少须有六公尺，在该天井之上之屋宇如其高度不逾二层楼者，其屋盖之四面均可伸出该天井中一公尺半以内。

第十三条　例外与特别规定

（甲）在本条例未通过时，在任何区内其地段不论大小如附近地段非同一业主者，得在该地建筑一家宅，如此等地段在任何商业或工业区内得建筑一零售商店。

（乙）汽车上油或燃料站或同种类之事业所用抽器及其他设备须完全设在私人地段内，并须有适当空地分进出路口，以便上油汽车之停止，如汽车须停在公共街道者不得为上油之设备。

（丙）凡旗杆、无线电杆、纪念碑、烟突、水塔升降机或楼梯、屋顶、戏台顶、瞭望台高逾本条例所定者仍许建筑，但各该面积不得逾该地段总面积十分之一。

（丁）装饰之栏墙或飞檐虽逾本条例所规定之高度而未越一公尺半及无窗在规定高度之上者，准其建造，又单式金字屋顶其斜坡不及四十五度及除近檐处外无窗者，虽逾规定高度而未越一公尺半亦准之。

（戊）在第二第三住宅区、第二商业区或任何工业区内屋宇任何部分皆得建筑至高逾本条件所规定之高度，唯该部分每建高一公尺，须向街巷旁界线及规定院线各方面缩入一公尺。

（己）在任何工业区内屋宇高度如不逾六层楼，或二十公尺，或所在街之宽度，就中以最低之一项为准，可以不必缩入，如本条（戊）款之规定，但该屋第一层楼面以下之面积，不得超过该地段面积百分之八十五，在第一层楼以上之面积，不得超过百分之五十五。

（庚）在第二商业区或工业区内建塔不限制高度，但该塔面积不得逾该地段总面积之十分之一及须向街巷及后院各方面之界线最少缩入三公尺。

（辛）旁院或后院之空间须露天无阻，但窗槛檐线及其他装饰可凸出一公寸，烟突及避火梯则可凸出一公尺，但该屋高度不逾二层半楼者，飞

古 都 构 想

檐及凸线可伸出旁院或后院至七公寸半，唯此等檐线不得占该旁院或后院宽度之十分之四，前院之空间亦须露天无阻，但可于前墙建一门房及仆人室，为附屋之用，唯该面积不得逾三十五方公尺。

（壬）建筑物在两街相交之转角地段较普通地段在同一分区内者得占多地段面积百分之五。

（癸）任何建筑物（围墙在内）如在转角地段须退缩至一横截直线上。而该直线系在该街角地段之两界线交点，如沿地段界线退入二公尺半而成者，在转角地段内，本条例规定有前院者，不得在该前院有藩篱林木等阻碍视线，致滋交通之危险。

（子）在转角地段之屋宇须有一前院在其旁街之前以代旁院，沿地段之前界线亦须有一前院街，前院之深度如地段前界线前旁院深度之半。

（丑）本条例通过后设计委员会须随时指拨地段，每处最少须有七十四华亩，为临时性质住宅之用，但在工业区此等临时住宅地点内，非经设计委员会特准不得用泥土、茅草、草席、竹料或其他引火及不洁之物料建屋。

第十四条　分区图之指定

分区界线之位置未在分区图上用公尺指定者，以在该界线左右之两街之中线为界线，如分区界线之位置无法确定时，设计委员会得由图中用尺量度决定之。

第十五条　设计委员会之分区权

（甲）根据所拟市府设计及分区授权法之规定，设计委员会得查核工务局长所判定之案件，并审判各上诉案件及关于本条例所规定各事项，如得四委员之同意，得推翻工务局长所判决者，或准市民变更本条例之请求，其他事项由该委员会以多数取决之。

（乙）设计委员会除法律所赋予之权外，当执行本条例文时发生事实上之困难，在适当之情形及范围内，如与本条例之意旨吻合及足维系本条例主持公道保护公安之精神者，得呈明市立法机关依下列各项将条文变更之：

1. 虽在本条例发生效力之后，仍准将原有不符规定使用之屋宇重建或在该所在地段扩大之。

2. 屋宇之面积或使用扩大至所缔较严之毗连分区内者准之，但所扩大者不得逾十五公尺。

3. 在国都界线内未发展之区域，得发临时执照，准其于二年内做任何使用或造任何建筑物。

4. 于本条例未通过时，任何地段与其毗连地段，如非同一业主因建筑一家之住宅而为该地面积及特别地形所限制为变更所规定之院及地段之面积或宽度之请求，若非如此变更，不足以将地段改良者，得准许之，如该地段系在商业或工业区内，委员会可准其建筑零售商店，所有地段如系小于该区所规定之面积，则不准再行划分小段，以为转卖或以为建筑两间以上住屋或商店之用。

5. 如马路位置与分区图所列者互卖时，设计委员会应本该区域计划原意照分区图所载明者执行，如分区界线乃依一拟筑未成之路，该委员会应按该路造成时情形将界线修改，以与实在情形相符。

6. 私人汽车房能容二辆以上汽车者，准建在第一住宅区内，但只许作附用。

7. 根据第十四条之规定，得确定在分区图内任何分区界线。

8. 准许在公园区任何部分设立第三件丙节所特许之各项应用物。

9. 设计委员会为增进公共卫生安宁及利益起见，且对于分区性质特别使用产业价值及该区之发展详加考虑，适与妥善计划相符者，得变更所规定之各条例。

第十六条　解释

（甲）解释与施用本条例时，须以增进公共卫生安宁及利益为主旨，本条例规定一屋宇应有地段或院之面积不得作其他屋宇所需者计算，如一屋宇应有地段或院之面积小于本条例所规定者，则以犯例论，此等面积原有在本条例通过之前者，不得减小过于本条例之所规定，亦不得作新建屋宇所需者计算。

（乙）如一地段系由一已整顿妥当之地段割出者，此等分割无论其为目前抑或将来整顿计，须无碍于本条例。

第十七条　执行

（甲）总纲　本条例由工务局长执行之。工务局长经市长之核准，于处理执行本条例之必要时，得随时颁行各项规则，又为便利执行本条例起见，得随时咨请公安局或其他同等机关协同进行，或共筹相当办法以为援助。

（乙）建筑执照　凡欲起造或改建屋宇及建筑物者，须将该屋宇或建筑物之大小与位置及所在地段之大小及其角度直径，用比例尺绘备正副图则，详细注列并载明所有与执行本条例有关系之事项，经工务局局长核准后由业主缴纳建筑执照费五元，领取执照后，方得兴工。

（丙）使用执照　任何新建、修改或扩大之屋宇，在本条例通过后遵照规定建造完竣，得由该业主或代理人呈请工务局长勘核，发给使用执照，如未领得此项执照径自使用或授他人使用该建筑物者，以犯例论，应受相当之处罚。

（丁）查勘　已建竣或建筑中之屋宇或建筑物有无违犯本条例所规定，

得由工务局派员于相当时期前往查勘之。

（戊）罚则　无论何人或法团对于新建、修改或扩大之完工建筑物与本条例所规定及与呈奉核准发还之图则内容不符者，经工务局证明属实，其负责人应受相当之处罚。

第十八条　本条例之效力

本条例之任何条款除判决注销者外，余均继续发生效力。

第十九条　发生效力期

本条例自公布日起发生效力。

（二十）本市设计及分区授权法草案

第一条　本法以增进市民之幸福为宗旨。

第二条　本市应组织一设计委员会，委员由市长委任，但须经市立法机关（即市政委员会市参事会等）之同意，该会委员为五人，其任期分为一年、二年、三年、四年、五年，每期一人，逐年遴补，各委员之薪俸及委员会之预算，由该市立法机关规定。

第三条　设计委员会应于各委员中互选一人为该会主席，主理会议并其他会务进行事项。

第四条　如因特别事故，市长及市立法机关均得将设计委员更调，但须双方同意。

第五条　设计委员会应设定全市计划及制定本市地图，呈请市立法机关审核，如市立法机关于计划未正式通过前，有所更改，须先令设计委员会复议。

第六条　设计委员会应拟定分区章程及分区地图，并规定取缔建筑物之高度、层数、面积、外观，应留空地及人口密度等条例呈请市立法机关审核，如立法机关欲有所修改，须先由该委员会复议。

第七条　设计委员会之设计应注意于道路、运输、公园、自来水、渠道等项之改良，且求便于市府之设施，如认所定之章程条例有增修之必要时，得罗列理由，呈由立法机关以四分之三同意将该计划增修之。

第八条　设计委员会对于各区之性质及其适合之用途须特别注意，并须注意于保全房屋之价值及鼓励市内各地产之适当用法。

第九条　设计委员会在未将全市计划市图及分区条例呈请审核以前，须先将各项设计纲领具报立法机关，在未接受该委员会最后呈报时，不必处理之。

第十条　设计委员会得雇用熟谙城市计划总工程师一名，使之计划一切，并制定市图及分区法，工程师对于其他事项得随时提出意见。

第十一条　设计委员会得设置工程师、秘书等职员，并得支付正当用度，惟不能超过于立法机关所定之预算。

第十二条　设计委员会对于新定街道之新辟地段，得分别准许或酌量修改，无论准许与否，均须将理由详细记载，其准辟之地，并须发给准许证书为据。

第十三条　新辟地段经设计委员会准许后，该会须即改将该地段载入市图，如委员会于接收该项请求辟地呈文三十日后，不予批示，即可认为照准，该地段立须加入市图，如经请求得由市政府发照，将该委员会延不批示事由叙明照内，此照即与准许证书生同样效力。

第十四条　如准辟一地段，同时须将已有或拟定之干道，或公路路线更改，则设计委员会不得判定，须将请求呈文附以该会意见书，转请立法机关核夺，如干道或公路之路线有所修改，须载明于市图内。

第十五条　设计委员会未准许已有街道之新辟地段前，须体察情形，限令在该地段内建筑公园，以为游憩之用，唯该公园之面积不必超过于该地段总面积十分之一。

第十六条　凡呈请核准之各地段，须申叙该地段与邻近街道之关系及利用该地之计划，而委员会核准该地段时须令与邻近之街道成为整齐系统及有充分之宽度，而其使用之性质，尤须与该区相符。

第十七条　设计委员会于核准一地段时，须证明该地段符合于所定之分区条例，否则须呈请立法机关，将在该地段之分区条例，在市图上酌量修改。

第十八条　市图制定后，市工务局长对于任何建筑物，盖造在市图所载现有及拟定之街道上者，不得发给执照，惟经设计委员会认为特别情形，准作临时之建筑物者，不在此列。此种临时建筑物执照之发给，须以不致增加辟道费用及不变更市图为限，设计委员会并得于不碍市政设施范围内，规定合宜之发照条例。

第十九条　市图制定后，不得在未列入该图内之街道，敷设公众事业，如渠道、水管等项，又所有建筑地点如非有已载入市图内之街道可以到达者，市工务局不得发给执照。惟若有特别情形，该建筑物不必与现有或将来之街道相连属者，该领照人不服工务局之判决，得上诉于设计委员会，呈请发给执照，该委员会得分别核准，但对于将来街道之系统必须顾及。

第二十条　凡有在工务局请领建筑执照者，设计委员会须派该会委员二人审察其建筑图样。对于该图样外观之形式及所在街道各建筑物之性质，须察明其是否适合，如认为不合适，须将图样转呈委员会核夺。委员会得分别准许或饬令改正，再行呈核，如已遵照指示更改，须即准许之。

古　都　构　想

第二十一条　分区法得由工务局长执行，所有建筑执照须呈向工务局长领取。

第二十二条　设计委员会得审理经工务局长判决之上诉案件，惟如若推翻工务局所定之案或根据所定之条例变通办理，须得该委员会四人以上之同意。至于其他事项得过半数同意便可。凡受损害者，无论其为个人抑为机关，皆得向该委员会呈诉。

第二十三条　凡上诉案件关于该案之进行办理，宜完全停顿，如由工务局长用书面证明，若将该案停顿能立即发生生命财产之危险则不在此列，但设计委员会仍可根据当事人之请求饬令停止进行。

第二十四条　设计委员会对于上诉及其他请求事项办理手续，务须简捷迅速，审理时两造均须到场，惟派代表或律师亦可，该委员会有变更原判之权。若于严格履行各条文时，实际上感受困难，得呈明市立法机关变通办理，以符立法之主旨。

第二十五条　凡个人或机关，对于设计委员会之裁判认为不公者，在宣判后三十日内，得罗列事由呈请市立法机关重新判定。

第二十六条　凡房屋之建造或土地之使用与本法或因本法而产生之条例不符者，市工务局得酌量取缔之。

第二十七条　工务局对于所有建筑物及地段，得派员查验，如有违犯本法或因奉法而产生之条例者，得用通告书纠正之。如不违照修改，其负责人应受相当之处罚，该项罚则由工务局斟酌各该市之情形分别订定。

第二十八条　在市图内如有次要道路之土地为三数以上之干道所包围者，市立法机关得重新规划之，此项地段谓之重定地段。

第二十九条　市立法机关欲重新规划一地段时，须先令设计委员会拟定计划，制成报告，以备采择，如欲有所修改，须先令设计委员会复议。

第三十条　设计委员会规划重定地段，须先将现有街道之情形各地之业主等项调查清楚，然后将该项重定地段之总面积、纯面积（即减去街道及公共空地面积所余者）及各业主所有纯面积之成数，并新拟次要街道之方向、宽度、形式等项，整定地图，分别详载在地图内，得指定若干地为公园，但公园之总面积不得逾重定地段总面积之十分之一。

第三十一条　重定地段图须将每业主或其承袭人之土地重新分配，指定其土地纯面积之比例等，于重定地段之纯面积，所指定之土地须与该业主原有之土地相近，设计委员会如于原有建筑物认为有保存之必要，得于规划路线设法保存之，该建筑物仍属诸原业主。

第三十二条　市立法机关，采用设计委员会所制之重定地图及报告后，由市政府令行工务局长切实执行，至拆毁街道及建筑物之费用，应由市政府担任，并须由市土地局估定土地价值，赔偿业主损失，惟新路建筑费应由重定地图所载附近各路之业主均须负责。

第三十三条　关于辟宽现有街道或建筑新路时，如因下列各项情形市政府如经市立法机关之许可，得有收用逾额土地之权。

（甲）需地为一小公园或其他公共旷地为辟宽或建筑街道计划之一部分者。

（乙）所以更改贴近地段之情形、面积及数目，俾于辟宽或建筑街道后不致有余剩之小地段及地段之不合形式者。

（丙）所以重定与新辟或扩宽马路平行或相交之次要马路之位置。

第三十四条　未施行逾额土地收用前，立法机关得令设计委员会将街道地基以外应行收用之土地制图报告，以备采择。在未决定前，如欲有所修改，须先令该委员会复议。

第三十五条　设计委员会奉命规划收用逾额土地时，须将在现有道路

古 都 构 想

之路线内或在现有路线之外应行收用之土地，并将现有及制图时之地段界线，逐一载明，经立法机关核准后，其辟宽及建筑街道工作，须由工务局局长执行，所有征收房屋地段由土地局估定价值，由财政局拨付。

第三十六条　市政府于辟宽或建筑街道竣工后，得随时将一部或全部逾额收用之土地转卖于给价最高者。

第三十七条　为三数以上之干道所包围之地段，如有下列情形，市政府如经市立之机关之许可，得收用之，是为分区收用权。

（甲）收用地段作为建筑公园或公共空地之用。

（乙）收用地段以便规划一普通整齐之次要道路系统，俾得适当之宽度及布置。

（丙）收用地段以免贫民聚居过密，积聚污水秽物，有碍全市卫生者。

第三十八条　未施行分区收用权之前，立法机关得令设计委员会将拟收用之土地及发展该区之详细计划制图报告，以备采择，在未决定前，如欲有所修改，须先令委员会复议。

第三十九条　设计委员会奉命规划分区收用土地时，须将所拟收用之土地，制图报告，并须附现有街道之详细地图，注明报告时之地段界线及报告时所有业主之地产，更须拟定详细计划，叙明街道与道旁屋宇之位置及公园或其他公共空地，以备谋全局之发展。

第四十条　立法机关采用设计委员会计划及报告后，实施该计划之工作，须交由工务局局长执行，所有收用之房屋地产，应由土地局作定价值，由财政局拨付。

第四十一条　市政府于完成该计划后，得随时将任何部分或全部地段转卖于给价最高者。

第四十二条　本法自公布日起发生效力。

（二十一）本方案之理财计划

无财不可以为政。建设方案，无论如何完备，苟无筹集款项之法，只不过等于一纸空文，毫无实用。本方案对于本市物质建设之各方面，均有论列，苟一一见诸实行，需款每年总在二百万元以上。刻下本市每年收入不过四百余万元，如无新财源以资挹注，当然不能敷用。至于筹划新财源时，既不宜穷征苛敛，复不得有不合理的分配。市政建设，本为市民谋福利；求利得害，事岂可行？故吾人对于本方案之财政计划，尤须审慎考虑也。作者等将本市实际情形细加审察之后，认为本市物质建设之理财方法有三点最堪注意：一曰特值税之征收；二曰市公债之发行；三曰现存租税制度之改善。今一一分述如次。

（二十二）特值税之征收

市政建设工作，诸如筑路治园之类，往往能使附近地带之地价因而增高。苟建筑费用完全由全市市民担负而市中某一部分居民反可借此谋利，于理允有未当。且建设费用浩繁，苟全数由全市市民担负，事实上亦有种种困难，必有碍于建设工作之进展。因此，近代各国城市对于特值税（Special Assessment）之征收，均极注意，视为市政建设之重要财源。作者等认为天津市物质建设款项之筹措，自应注意及此。所谓特值税者，即将建设所需费用酌量使直接受益市民分担之一种方法。既非穷征，亦非苛敛，实一最合乎情理之财源也。

特值税之征收方法有四：

一、依照受益地段之临街宽度而分派。此种方法，实施上殊欠灵活，且受益地段之临街宽度与其深度并无固定的比例。如只以临街宽度为准绳，则窄而深之地段必占便宜，非公道之法也。

二、依照受益地段之面积而分派。此法亦欠灵活，且有偏袒宽而矩之地段之讥，亦非至善之法。

三、依照受益地段之原来价值而分派。此法亦不甚公允，因在建设工作进行前各项地段价格之比例并不与建设工作完成后各该项地段价格之比例相同。

四、依照受益地段距离建设工作之远近为比例采用面积分派方法，此法比较最为妥善，本市征收特值税以采用此法为最相宜。

普通房地捐税，各政府机关以及教育慈善等机关例得免税。特值税征收之原则在于使各业主不致不劳而获大利，此于各政府、教育、慈善等机关，亦非例外。故本市特值税之征收，无论何人，不得免税。

各项物质建设费用，因其性质之不同，复可分为土地收用费、建筑费及维持费数种。天津市物质建设之土地收用费应由市公债应付，建筑费应由特值税应付，维持费应由普通市税应付，其应采用特值税之建筑费可以分述如次：

一、筑路费　十二公尺以下之路，其建筑费完全由受益业主分摊。十二公尺以上之路，其建筑费应由各受益业主按照下列百分表分摊担负：

道路宽度	受益业主应担负之百分数
十二公尺	百分之百
十四公尺	百分之九十
十六公尺	百分之八十
十八公尺	百分之七十五

二十公尺	百分之七十
二十二公尺	百分之六十五
二十四公尺	百分之六十
二十六公尺	百分之五十五
二十八公尺	百分之五十
三十公尺以上	百分之四十

道路无论宽窄，便道之建筑费均应由各业主分别担负。

二、下水道建筑费　下水支道（Lateral Sewers）之建筑费应完全由受益业主担负。其特值税之征收标准应根据受益地段之面积及其临街宽度。面积作五分三之标准，临街宽度作五分二之标准。至于下水干道（Trunk and Intercepting Sewers）之建筑费则受益业主只应担负一半，以昭公允。

三、公园建设费　公园建设费应完全由受益业主依照受益地段之远近而分派担任之，1856 年纽约市中央公园建设时，其建设费用百分之三十二系由特值税取得。不及二十年，此项受益地带之地价已陡增至八倍有奇。本市情形固与纽约大相悬殊，而理则一也。

四、市行政中心区之建设费　市行政中心区建设工作完成之时，附近地带之地价，亦必因而增高。此项建设费百分之二十至二十五应由受益地带业主来分担。

五、公用事业之发展费　商营公用事业之发展费用，自应由各该商自行筹措。将来电车、电灯、自来水等公用事业收归市办之时，其发展费用得酌量地方情形用特值税支付。

物质建设，举市咸受其益，此固然矣，但此项利益之分配，市内各处势难平均。如建设费用，完全由普通税收取得，则是明知利益之分配不能平均而强平均其负担，于理实有未当，此特值税之所以重要也。本市物质建设特值税之征收方法，既如上述，尤须对于下列数点加以充分的注意，始可收良好之效果：

一曰特值税之征收政策必须固定也。本市特值税之征收政策必须先有缜密之规定，以免朝令夕更，措置失平之弊。

二曰特值税之征收政策必须公开也。政策公开，市民对之始可有正确的了解，而弊端自可消灭于无形矣。

三曰特值税之征收应采用分期收款之办法也。建设费用，为数甚巨，苟强迫各受益业主将特值税一次交纳，势必使各业主疲于奔命。建设工作，因之难于进行，至于引起强烈的反感，尤其余事耳。

四曰特值税之征收理应因地制宜也。特值税之征收首须有公允的标准，对于各受益地带之范围，尤应因地制宜有合理的规定。

（二十三）市公债之发行

物质建设费用，理应由历年纳税市民分别担负。势必发行公债，始可应付裕如。国内市政公债向不多见，即或有之，亦多诈取于民之一策。故市民每闻市政府又将发行公债，辄有谈虎色变之感。此其弊本不在公债自身，实在于公债发行之失当。因噎废食，智者不取，故作者等认为发行市公债实为本市物质建设必经之一途。惟发行市公债时，对下列各点务须严格遵守，始可收良好之效果：

一、市公债发行后所得款项只可用作物质建设费用，决不可移作经常费用。

二、市公债之还本期最多不得过五十年。其期限之长短应依照各该项建设事业寿命之长短而定。

三、将来市立法机关正式成立时，市公债必须经该机关五分之三以上之同意始得发行。

四、公债应采用分期还本制，不应采用积金还本制。

五、关于各项公债之财政情况每年应有一详细报告。

六、市政府公债发行时，最低不得过九折。

七、担保品应确定，还本付息应有详细规划。

（二十四）本市现存租税制度之改善

本市现存租税制度，不无可以改善之处整理旧税，为改善之先者。旧税整理方法：第一步应调查沿革及现状；第二步应将税率重新厘定，轻重务得其平，布告周知；第三步统一征收机关，俾税权可以集中，职责可以分明；第四步规定比额，实行奖惩。务以去繁复、免苛细、均负担、除中饱、专责成、明功过为归宿。旧税整顿就绪之后，复可相机进行新税。查不动产税素为国外各市之重要财源，房地捐亦为本市各租界之重要收入。本市物质建设在在需款，且其影响于地价者至巨，故房地税一项不妨酌量增加。其征收方法应详加审奄，重为规定，天津意租界房地捐之征收方法，可供参考。再，本市各处沿街广告牌照颇多，有碍观瞻，理应寓禁于捐，以资取缔，所入固不见多，然而亦可略裕税源也。

（二十五）结论

天津为华北第一巨埠，当大清河、滹沱河、子牙河等五河之汇，合而为沽河以入海。水道既便，故人舟轮船络绎其间。陆路交通方面，北宁、津浦、平绥、平汉四大干线皆可彼此呼应，互相衔接。邻县汽车公道亦具雏形。天津工商业刻下固甚幼稚，实因人力未至，非无发展的可能。本埠为西北一带唯一出路，皮毛、粮食、药材、棉花等品由此输出者，每年为数甚巨，而国外工艺品之来源，亦以此为堆栈。故商况之盛，列为国内四大商埠之一，执华北国内外贸易之牛耳。近年国都南迁，本市繁荣，遽受打击，市面顿感萧条。时方多难，举国鼎沸，民生凋敝，各地皆然，非独天津一市为然也。将来时局奠定，建设肇始，工商业发达，天津因其特殊的位置，以往的历史，可独自树立，不必依附北平政治上的关系以作其盛衰的标准。论者或谓值此兵连祸结之时，侈谈天津市的物质建设，虽非海底捞月，亦是痴人说梦。殊不知此正谈讲物质建设计划之时。不观夫南北战后之美国城市乎？战时美国民穷财尽，战后元气既复，工商业因以猛进，城市之发展崛起者乃如雨后春笋，一发而不可制。其时美人对于各项突如其来的市政建设，毫无准备，以致措手无及，靡费极多，市政腐败，不堪言状，市政建设，本非一朝一夕之事，苟无适当之计划，必将措置乖方。国内各市，当此之时，如不早日注意及此，将来再蹈美国城市之覆辙，盖必然之事也。由此而观，孰谓兴谈天津物质建设方案，此非其时乎？

目前天津需要物质建设方案以备将来有秩序的发展固矣，或谓本方案未免陈义过高，恐难实现。此则对于本方案之目标，性质与方法，来曾完全明瞭之言。南京首都建设委员会不惜重资，礼聘美人茂菲、古力治二君为首都设计技术专门顾问。其为南京之设计，远大周密，预测六年内之建设费为五千一百八十万元，与本方案每年需费二百万元计，未免损之又损。而其计划发表后，颇受国内外城市设计专家之好评，初不以其陈义稍高计划完备而忽略其本身之价值。何以故？盖以近代都市需要远大之计划故。所谓建设方案，所谓城市设计，并非头痛医头、脚痛治脚之治标方策，亦非将市政府工务局历年度之施工计划加以抄袭便可了事。良好的物质建设方案理应对于百年以内（至少五十年内）之本市物质上所需要的建设有一全盘的规划。刻下本市人口据海关调查为八十万，据特别市政府调查，五警区及三特别区人口合计为八十九万六千八百五十六人。合各租界地及四乡而计，本市人口当在百万以上。时局安定，工商业发达，天津市人口在最近百年内增至二百万人，盖意中事。作者等筹划本方案时，常以此为心目中的对象，对于天津刻下之处境，尤不敢一时忘。故本方案所载各项计划，均有分期进行办法，以备逐年设施，渐底于成。市政建设本非一朝一夕之事，更不必划地以自封。本方案之是否适当，非作者等所敢言，但既无好骛远之弊，亦无舍本逐末之愿，则作者等所敢自信者也。

抑作者等尚有不得已于言者。道虽迩，不行不至；事虽小，不为不成。欲知本方案之能否实施，应视市政当局与全体市民努力之如何。近代城市之物质建设计划，经纬万端，包罗万象，本方案之所能及者，不过其粗枝大叶而已。其各部分之详细规划，非有缜密之调查研究不可。市政当局苟真欲有所建树，理应早日成立市政设计技术专门委员会，在正式设计委员会（请参阅城市设计及分区授权法草案）成立之前代行其职务。此项委员会委员均由市长委任或聘任，市长为当然委员长，秘书长、参事、市府技正、各局局长均为当然委员。此外复聘任专家若干人为技术委员，共筹进行。期以二年，依照本方案拟定计划将本市最近二十年内之详细工作计划拟定。苟如是，则本市必可以有循规蹈矩的发展。作者等虽不敏，亦将与有荣矣。

古 都 构 想

梁思成的
建筑艺术
探索

章四

拙匠哲思

中国的艺术与建筑 [1]

建筑

中国古人从未把建筑当成一种艺术，但像在西方一样，建筑一直是艺术之母。正是通过作为建筑装饰，绘画与雕塑走向成熟，并被认作是独立的艺术。

技术与形式　中国建筑是一种土生土长的构筑系统，它在中国文明萌生时期即已出现，其后不断得到发展。它的特征性形式是立在砖石基座上的木骨架即木框架，上面有带挑檐的坡屋顶。木框架的梁与柱之间，可以筑幕墙，幕墙的唯一功能是划分内部空间及区别内外。中国建筑的墙与欧洲传统房屋中的墙不同，它不承受屋顶或上面楼层的重量，因而可随需要而设或不设。建筑设计者通过调节开敞与封闭的比例，控制光线和空气的流入量，一切全看需要及气候而定。高度的适应性使中国建筑随着小国文明的传播而扩散。

当中国的构筑系统演进和成熟后，像欧洲古典建筑柱式那样的规则产生出来，它们控制建筑物各部分的比例。在纪念性的建筑上，建筑规范由

1　本文为 1946 年梁思成赴美讲学时，应《美国大百科全书》之约所写，因为是用英文撰写的，故未在国内发表，直至 2001 年才首次在《梁思成全集》中与读者见面。——左川注

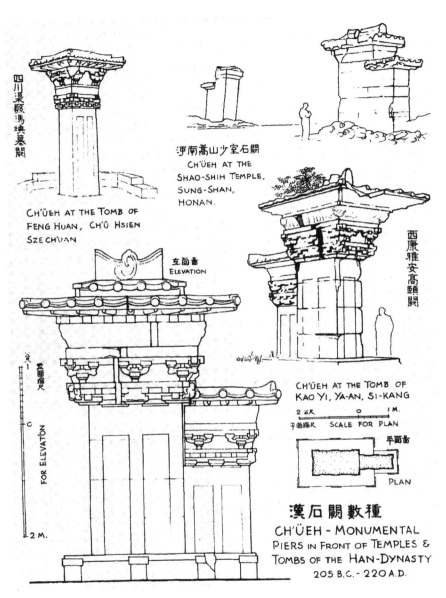

四川漢敦馮煥墓闕

CH'ÜEH AT THE TOMB OF
FENG HUAN, CH'Ü HSIEN
SZECH'UAN

河南嵩山少室石闕
CH'ÜEH AT THE
SHAO-SHIH TEMPLE,
SUNG-SHAN,
HONAN.

西康雅安高頤闕

立面圖
ELEVATION

五面縮尺

FOR ELEVATON

2 M.

CH'ÜEH AT THE TOMB OF
KAO YI, YA-AN, SI-KANG

2 6R   0   1 M.
平面縮尺   SCALE FOR PLAN

平面圖

PLAN

漢石闕數種
CH'ÜEH - MONUMENTAL
PIERS IN FRONT OF TEMPLES &
TOMBS OF THE HAN-DYNASTY
205 B.C.- 220 A.D.

▲ 中国最古老的建筑遗存
是一些汉代的坟墓。墓室
及墓前的门墩——阙，虽
是石造的，形式却是仿木
结构

拙 匠 哲 思

于采用斗拱而得到丰富。斗拱由一系列置于柱顶的托木组成，在内边它承托木梁，在外部它支撑屋檐。一攒斗拱中包括几层横向伸出的臂，叫"拱"，梯形的垫木叫"斗"。斗拱本是结构中有功能作用的部件，它承托木梁又使屋檐伸出得远一些。在演进过程中，斗拱有多种多样的形式和比例。早期的斗拱形式简单，在房屋尺寸中占的比例较大，后来斗拱变得小而复杂。因此，斗拱可作为房屋建造时代的方便的指示物。

由于框架结构使内墙变为隔断，所以中国建筑的平面布置不在于单幢房屋之内部划分，而在于多座不同房屋的布局安排，中国的住宅是由这些房屋组成的。房屋通常围绕院子安排，一所住宅可以包含数量不定的多个院子。主房大都朝南，冬季可射入最多的太阳光，在夏天阳光为挑檐所阻挡。除了因地形导致的变体，这个原则适用于所有的住宅、官府和宗教建筑物。

历史的演变　中国最古的建筑遗存是一些汉代的坟墓。墓室及墓前的门墩——阙，虽是石造的，形式却是仿木结构，高起的石雕显现着同样高超的木匠技艺。斗拱在如此早期的建筑中已具有重要作用。

在中国至今没有发现存在公元 8 世纪中叶以前漫长时期里所造的木构建筑，但从一些石窟寺的构造细部和它们墙上的壁画我们可以大略知晓 8 世纪中期以前木构建筑的外貌。山西大同附近的云冈石窟建于公元 452—494 年，河南河北交界处的响堂山石窟和山西太原的天龙山石窟建于公元 550—618 年，它们是在石崖上凿成的佛国净土，外观和内部都当作建筑物来处理，模仿当时的木构建筑。陕西西安慈恩寺大雁塔西门门楣石刻（公元 701—704 年）准确地显示出一座佛寺大殿。甘肃敦煌公元 6 世纪到 11 世纪的洞窟的壁画中画的佛国净土，建筑背景极其精致，这些遗迹是未留下实物的时代的建筑状况的图像记录。在这样的图像中，我们也

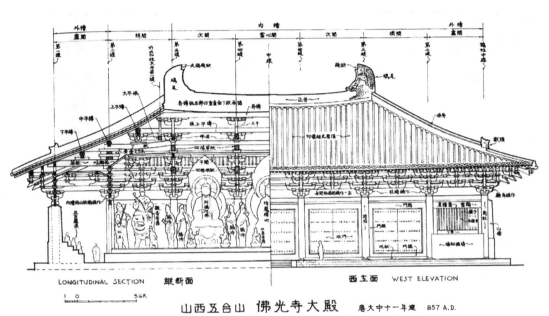

LONGITUDINAL SECTION　縱断面

1 0　5公尺

山西五台山 佛光寺大殿　唐大中十一年建　857 A.D.

西立面 WEST ELEVATION

MAIN HALL OF FO·KUANG SSU · WU·T'AI SHAN · SHANSI

▲ 山西五台山佛光寺大殿
纵断面立面手绘图

拙匠哲思

看到斗拱的重要，并且可以从中追踪到斗拱的演变轨迹。

这些中国早期建筑特点的间接证据可从日本现存的建筑群得到支持。它们造于推古[1]、飞鸟[2]、白风[3]、天平[4]和弘仁[5]、贞观[6]时期，相当于中国的隋唐。事实上到 19 世纪中期，日本的建筑像镜子一样映射着中国大陆建筑不断变化着的风格。早先的日本建筑可以正确地称之为中国殖民式建筑，而且那里有一些建筑物还真是出于大陆匠人之手。最早的是奈良附近的法隆寺建筑群，由朝鲜工匠建造，公元 607 年建成。奈良东大寺金堂是中国鉴真和尚（公元 763 年去世）于公元 759 年建造的。[7]

中国现存最早的木构建筑是山西省五台山佛光寺大殿。它单层七间，斗拱雄大，比例和设计无比的雄健庄严。大殿建于公元 857 年，在公元 845 年全国性灭法后数年。佛光寺大殿是唯一留存下来的唐代建筑，而唐代是中国艺术史上的黄金时代。寺内的雕塑、壁画饰带和书法都是当时的作品。这些唐代艺术品聚集在一起，使这座建筑物成为中国独一无二的艺术珍品。

唐朝以后的木构建筑保留的数量逐渐增多，一些很杰出的建筑物可以作为宋代和同时期的辽代与金代的代表。

---

1 公元 593—626 年。

2 飞鸟文化指 6 世纪中叶（公元 552 年）佛教传入日本至大化改新（公元 645 年）100 年间的文化。

3 白风文化指大化改新（公元 645 年）至迁都奈良（公元 710 年）时间的文化。

4 狭义指圣武天皇统治的天平时期（公元 724—748 年），广义指整个奈良时代（公元 710—794 年）。

5 公元 810—833 年。

6 公元 875—893 年。

7 原文 Kondo of the Todaiji, Nara，指奈良东大寺。鉴真所建为 roshodai-ji，即唐招提寺。此处疑梁先生笔误。——吴焕加注河北省蓟县独乐寺观音阁建于公元984年。这是一座两层建筑，当中文着一座有十一个头的观音像。两个楼层之间又有一个暗层，实际是三层。在观音阁上，斗拱的作用发挥到极致。

太原附近晋祠的建筑群建于1025年，两座主要建筑物都是单层。但主殿为重檐。大同华严寺大殿是一座巨大的单层单檐建筑，建于1090年，是中国最大的佛教建筑物之一。许多年后的1260年，河北曲阳的北岳庙建成，它的屋顶上部构件经过大量改建，但其下部及外观整体基本未变。

对上述这些建筑物的比较研究表明，斗拱与建筑物整体的比例越来越小。另一共同特点是越往建筑物的两边柱子越高。这一细致的处理使檐口呈现为轻缓的曲线（华严寺大殿呈个例外），屋脊也如此，于是建筑物外观变得柔和了。

到了明朝，精巧的处理消失。这个趋势在皇家的纪念性建筑中尤其明显。北平以北40公里的河北省昌平县明朝永乐皇帝陵墓的大殿是突出的例子。它的斗拱退缩到无足轻重的地步，非近观不能看见。虽然明、清两代的个体建筑退步，但北平故宫是宏伟的大尺度布局的佳例，显示了中国人构想和实现大范围规划的才能。紫禁城用大墙包围，面积为3350英尺×2490英尺（1020米×760米），其中有数百座殿堂和居住房屋。它们主要是明、清两代的建筑。紫禁城是一个整体。一条中轴线贯穿紫禁城和围绕它的都城。殿堂、亭、轩和门围着数不清的院子布置，并用廊子连接起来。建筑物立在数层白色大理石台基上。柱子和墙面一般是刷成红色的。斗拱用蓝、绿和金色的复杂图案装饰起来，由此形成冷色的圈带，使檐下更为幽暗，显得檐部挑出益加深远。整个房屋覆在黄色或绿色的琉璃瓦顶之下。中国人对房屋整体所做的颜色处理，其精致与独创性举世无双。

拙 匠 哲 思

多层木构建筑　因为材料的限制，高层木构建筑很少。北京天坛祈年殿是著名的高大木构建筑。这是一座圆形建筑，立在三层白色大理石基座上，上部为三层蓝色琉璃瓦顶，最高层束成圆锥形。顶尖高于地面 108 英尺（33 米）。

最好的一个多层木构建筑是山西应县木塔，但不那么有名。它建于公元 1056 年，有五个明层和四个暗层，平面为八角形。木塔的每一层，不论明暗，都有完整的木构架。因此全塔由九个构架累积而成。其中每一构架都起支撑作用，没有多余之物。塔顶屋面为八角锥体，最上为铁铸塔刹。最高点距地面 215 英尺（65 米）。虽然早期大多数塔为木塔，但应县木塔是该类型塔的唯一留存者。

砖石塔　早期木塔大都消失了，留存下来的多是砖塔，也有少数石塔，它们经受了人为的和自然的损害。与一般人的看法相反，中国塔的设计并不是从印度传入的，它们是中国与印度两种文明交会的产物。塔身完全是中国的，印度因素只在塔刹部分可以见到，它来自窣堵坡（Stupa），但已大大改变。许多的砖塔或石塔演绎着木塔原型，木塔才是中国传统建筑观念的体现。

中国砖石塔有六大类型：

单层塔。印度的窣堵坡是佛屠遗骸埋葬地的标志，而死去的僧人坟墓窣堵坡就叫"巴高大"（Pagoda）[1]。6 世纪到 12 世纪的坟墓窣堵坡大都做成单层小亭子似的建筑，上面有单檐或重檐。山东济南附近的四门塔建于公元 544 年，是最早的单层塔的例子（它不是坟墓）。更典型的例子是山东长清灵岩寺的慧崇禅师塔墓。

1　今以"塔"对应"巴高大"。——陈志华注

多层塔。多层塔保持中国土生土长多层建筑的许多特点。日本尚有多层木塔屹立至今，中国只保存了此种类型的砖塔。西安附近的香积寺塔，建于公元 681 年，是最早和最好的例子。那是十三层的方塔，其中十一层保存完好。楼层用叠涩砖檐分划，各层外墙上用浅浮雕显示门洞、窗子之外，尚有简单而精细的浮雕壁柱和额枋，上承大斗。

宋代多八角形塔。墙上的壁柱常被省去。砖檐常由许多斗拱支撑。有些例子，如河北涿县的双塔（约 1090 年），是在砖塔上忠实地复制出木塔的外貌。

密檐塔。密檐塔似乎是单层塔而上面有多重檐口所形成的变体。外观上看，它有一个很高的主层，其上为密密的多重檐门。公元 520 年建的河南佛教圣地嵩山嵩岳寺塔，十二边形，十五层，是最早的实例。在唐代，这种塔全采用四方形。最杰出的一例是法王寺塔（约公元 750 年），也在河南嵩山。

9 世纪中有了八角塔，到 11 世纪以后，这已经成了塔的标准形式。从 10 世纪到 12 世纪，在中国北方建造了大量的这种塔，檐下用斗拱装饰。最出名的一个例子是北平的天宁寺塔，建于 11 世纪，经过多次重修。

喇嘛塔（窣堵坡）。通过印度僧人，中国早就知道印度窣堵坡的原貌，但长期未移植于中国。后来，由于喇嘛教的传播，终于经过西藏来到中国建造，经过很大的变形。西藏喇嘛塔一般做成壶形，立在高高的基座上面。1260 年由忽必烈下令建造的北平妙应寺窣堵坡是最好的一例。后来它的壶状身躯变得细巧了，塔的颈部尤其如此。这个颈部原先像截了一段蛇锥形，后来渐渐像烟囱。这种后出的西藏式窣堵坡的一个典型例子是北平北海公园里的白塔，建于 1651 年。

金刚宝座塔（Diamond Based Pagodas）。在一个基座上耸立数十塔，称金刚宝座塔。早在 8 世纪建造的河北省房山县云居寺塔是这种塔形的先兆。云居寺塔有一个宽阔的低台，上面立着一座大塔和四座小塔，到明代此种形制始臻于成熟。1473 年建的北平西郊的五塔寺是一个绝好的作品。它使人以多种方式联想起爪哇的婆罗浮屠（Borobudur）。

牌楼　在中国大多数城镇和不少乡村道路上，都可见到称为牌楼的纪念性的大门。虽然牌楼纯粹是中国的建筑，但可以看到与印度桑契的窣堵坡围栏上的门有某种相似之处，中国南方多石牌楼，北方城镇的街道常有华丽的木牌楼。

桥梁　造桥在中国是一种古老的技艺。早期的例子是简单的木桥或是浮桥。直到 4 世纪中期以后开始用拱券跨过水流。中国桥梁建造最有名的一个例子是河北赵县的大石桥。它是一座敞肩拱桥（在主拱两头桥面以下的三角形部位，又开着小拱洞）。赵州桥的主拱跨度为 123 英尺（37 米）。赵州桥建于中国隋代，是使现代工程师感到惊讶的工程奇迹。

最常见的一种拱桥可以北平马可波罗桥[1] 为例，有许多桥墩。中国西南部的山区常用悬索桥。福建有许多用长长的石梁和石礅造的桥，有的总长度[2] 可达 70 英尺（20 米）。

绘画

作为艺术的绘画，在中国首先作为装饰出现在旗帜、服装、门、墙及其他东西的表面上。早先的帝王们利用这种媒介的审美感染力和权势暗示

1　即卢沟桥。——陈志华注

2　总长度，原文如此。——陈志华注

力，得心应手地教化和统治人民。

唐以前的绘画　在汉代，绘画技术已趋成熟，壁画被用来装饰宫殿内部。公元前 51 年，汉宣帝（公元前 73—前 49 年在位）命令为十一名在降服匈奴过程中立功的大臣和将军画像于麒麟阁内墙上，这件事表明画像在当时已被承认为一种艺术。当时的绘画不是画在墙壁上便是画在绢上。据记载，唐朝宫廷收藏了大批绢画，但实物没有留下来。

朝鲜的乐浪在公元 108 年至 313 年是中国的一个省的省会。那里的一处坟墓中出土一块有绘画的砖，现藏于美国波士顿美术馆。它让我们看到了当时汉帝国边疆省份的绘画作品，大批带有线刻和平浮雕的石板是汉朝壁画的特点的间接然而有价值的证物。

现存最早的中国画卷被认为是顾恺之（公元 344—406 年）的作品，现在珍藏于伦敦大英博物馆。顾恺之是东晋时的著名画家，那卷画可能是唐代的摹本，题名《女史箴》，画的内容是图解一系列道德箴言。人物用毛笔在绢上画成，线条精确流畅，但不画背景。人物形象和空间的表现在相当程度上保持汉朝画像石的古拙风格，但同时显露出 5 世纪至 6 世纪佛教雕塑的主要特征。

唐代的绘画　绘画和别的艺术门类一样，在唐代进入繁盛期，阎立德和阎立本（约公元 600—673 年）兄弟二人各列一大串唐代大画家名单之首。立德兼作建筑家，立本是更大的画家。阎立本的《历代帝王图卷》现藏波士顿美术馆，其中许多笔意可追溯到顾恺之的画卷中去。

吴道子（约公元 700—760 年）是最有名的中国画家，他第一个把毛笔的灵活性发挥到极致。他运用深浅不同的波动的线条表现三度空间的效果，摆脱早期线条的僵硬性，表现极为自由。每一个学中国画的学生都知道"吴带当风"之说，后继的画家因而更鲜活地表现运动。吴道子以他

313

自由而纯熟的笔，在画中精妙地画出各式各样的题材：神和人、动物和植物、风景和建筑。据晚唐张彦远《历代名画记》记载，吴道子的壁画作品有三百件之多，大多数已经毁坏了。

在唐代，用壁画装饰寺庙墙壁蔚然成风。《历代名画记》记载了数百幅，其中有佛国净土和地狱、佛陀、菩萨、恶魔及其他神话人物，而这只是对长安和洛阳两个首都的寺庙壁画的记录，在其他城镇和名山圣地还有众多二流画家的作品。在中原省份这些壁画几乎早消失了，但是在丝绸古道上的敦煌石窟是有关边远省份佛教壁画的信息的富源。

到 8 世纪初，山水从人物画的背景独立出来，将要成为中国画中最高尚的一个品类，李思训（约公元 651—716 年）和他的儿子李昭道被普遍认为是山水画的解放者，被称为"大小李将军"，他们创立了"北派"或称"李派"山水画。其特点是采用精致而挺拔的线条，鲜艳的青色和绿色，重点的地方加上金或朱红色点。这种画极富装饰性，但稍有呆板之感，细致而辛苦地画出一切细节。当"大小李将军"在完善他们的风格时，吴道子在大同宫的墙壁上用墨和淡色作画，一天就完成了"嘉陵江三百里山水"，其技法与风格与"二李"作品迥异。

又过了大约半个世纪，诗人画家王维（公元 699—759 年）被认为是水墨山水画大家。他的作品的特点是自由而大胆，也与"二李"僵化的匠气风格成鲜明对照。王维善于表现雾和水，是成功地描绘大自然气氛的第一人。他被认为是画中有诗，诗中有画。他也有追随者，明代的评论家指出，王维是"南派"山水画的始祖，正如"二李"是"北派"的创立者。

唐代大画家还有曹霸、韩于（约公元 750），两人以画马著称，周昉和张萱（8 世纪晚期）擅长画家庭生活及妇女。宋朝皇帝徽宗（公元 1121—1125 年在位）临摹的张萱的一个画卷，摹本现藏波士顿美术馆。

五代和宋朝的绘画 在混乱的五代，有一批艺术家风华正茂，他们是宋朝画家的先驱者。荆浩生活于唐末和五代之初，是大山水画家关全的老师，他对宋代山水画有重大影响。贯休和尚活跃于公元920年前后[1]，擅长人物，尤善画罗汉，徐熙和黄荃是花鸟画家。

这一时期壁画虽不若唐代兴盛，但在北宋仍是常见。少数宋代壁画逃过劫难，留至后世，敦煌石窟有宋代壁画，是边陲的作品。

▲ 梁思成随手记录下古寺里的壁画上的乐伎形象

末代宫廷画院中聚集了许多著名画家，如山水画家郭熙（约公元1020—1090年），黄荃的儿子，也是花鸟画家的黄居。宋代初年的文人画家有李成和董源（10世纪末），是山水画大家。范宽画山覆有厚厚的植被，河流两旁岩峰峥嵘。米芾（公元1051—1107年）的山水画云雾缭绕，高耸的山顶散落着短、平、宽的墨点，后世画者多有仿效。李公麟（公元1040—1106年）的作品现在西方很著名，他用线条画人和马，极其娴熟流畅，为笔墨技法的最高成就。

北宋末期，徽宗皇帝本人在艺术上有很高的造诣，他追求极端的自然

---

1 据《中国大百科全书·美术卷》，贯休生卒年为832—913年。——陈志华注

主义，徽宗是艺术的保护人。不过尽管他比先前的君王更重视画院，画院却没有再出现伟大的画家。

南宋的画风仍盛，但佛教绘画退缩到几乎不见。其时佛教在其发源地印度近乎消失，中国儒家学者无情地攻击佛教，佛教徒中禅宗成为主流。他们虽然不是彻底的偶像破坏者，但注重冥想而不重偶像崇拜。这时佛教画家偏爱的题材多是"月下湖畔的白衣观音""沉思中的贤者"，或"十六罗汉"之类。这一类作品脱出了早期佛教绘画要求庄严、对称的严格规矩的束缚。

在新理学和禅宗佛教统治之下，山水画成了画家们最喜爱的表现媒介。12 世纪末到 13 世纪初，画院又产生一批著名的山水画家，其中有刘松年、梁楷（约 1203 年）、夏圭（约公元 1195—1224 年）和马远（约公元 1190—1225 年）。刘松年的青绿山水超过"二李"，梁楷善用线条画人物，背景中的山水也用线条画，但是南宋时期水墨山水画大家首推夏圭和马远二人。夏圭的《长江万里图》充分表现出他的大胆和力度，马远画作中地平线安排得靠下，更受西方人的赏爱，马远的山水画与夏圭不同，他表现一种静寂精致的情调，如云雾背景中的松树，每个学中国画的学生对此题材都极谙熟。在马远以前，画家总是把看见的东西都收入画内，马远的画只有几处山石和一两株树。构图简洁，细部略省，比包罗万象的作品更接近西方人对于风景画的观念，这深深影响到元代绘画。

元代绘画 年代较短的元朝有很多大画家，赵孟頫（公元 1254—1322 年）以画人物和马著称，但亦擅长山水，同时又是第一流的书法家，他最著名的画是《鞍马图》。在元朝避官不仕的知识分子中，钱选（公元 1235—约 1290 年）是著名的花鸟画家。

吴镇（公元 1280—1354 年）、黄公望（公元 1264—1354 年）、倪瓒（公

元 1301—1374 年）和王蒙（公元 1385 年卒）被推崇为元代四大家，他们都是山水画家。吴镇下笔厚重，但富有空间感，他也擅长画竹。与吴镇鲜明对照的是黄公望及倪瓒，此二人很少用渲染，多用枯笔。倪瓒尤其如此，他常画简单的对象以突出他的风格。王蒙风景画浓墨重笔，一笔一画极为工整。

明清绘画 明代离我们不远，留下较多的画作。壁画很少了，但有些留传至今，如北平附近的法海寺就有明代壁画，技艺相当不错。可是鉴赏家和评论者不把那些壁画看作艺术品，他们只把卷轴画者做艺术大家的作品。明代初期士人们努力仿效唐宋的绘画，但他们的作品的气质与唐宋大不相同。山水画家吴伟追学马远，却创立了"浙派"。边文进（边景昭，约公元 1430 年）和吕纪（约公元 1500 年）以花鸟画著称，风格接近黄荃和黄居。林良创立一个画派，作花鸟画特别流畅，类似速写。浙派的最重要的诠释者是戴进（字文进，约公元 1430—1450 年），本是画院画家，后受人嫉害被逐出画院。像当时所有的人那样，他追从宋代大师，尤重马远，结果却创立了自己的画派，画风简洁清新。

学院派和浙派都渐渐消失了，后者演变成所谓的"文人画"风格。明代文人画的四大代表者是沈周（公元 1427—1509 年）、唐寅（公元 1470—1523 年）、文征明和董其昌（公元 1554—1636 年）。仇英（约公元 1509—1560 年）原来学习漆画，是工笔画大师，他的作品细致忠实地记录下当时日常生活的乐趣。明代画家有一个突出的共同点，即毛笔的运用极为熟练，笔画出不只是一根线或一小片涸墨，还表达出调子力度和精神，明代毛笔的运用达到完美的程度。

清代艺术承继了明代的传统。清初南派山水画的代表是"四王"，他们是王原祁（公元 1642—1715 年）、王鉴（公元 1598—1677 年）、王翚（公

拙 匠 哲 思

元 1632—1717 年）和王时敏（公元 1592—1680 年）。王时敏和王鉴师法董源和黄公望，是清代画家的先驱。王时敏以粗大笔触闻名。王翚是王时敏的弟子，在运笔上超越乃师。据认为他把南派和北派风格加以融合，他的老师称他为"画圣"。王原祁是王时敏的孙子，是四王中学问最大者，他最得黄公望的意境，王原祁以淡彩山水画著称。

陈洪绶（公元 1599—1652 年）创立一种绘画风格，看似无意，实则每笔均精心考虑精心落墨。仿效陈洪绶的人颇多，石涛善画山水及竹，也是一位看似"随意"的画家。这两人在明代末年已经成熟，他们活到清初，由于他们对后人的影响大，陈洪绶与石涛被视作清代画家。

雕塑

雕塑，像建筑一样，在中国也未获得应有的承认，我们知道大画家的名字，但雕塑家都默默无闻。

早期的雕塑　最早的雕塑是在安阳商朝的墓葬中发现的。猫头鹰、老虎和乌龟是常见的雕刻母题，也偶有人的形象。那些大理石作品都是圆雕，有些就是建筑部件。表面装饰同那个时代的青铜器的纹样相同。石雕和青铜器在装饰纹样、基本形体和气质方面是一致的。出土的铜面具有的是饕餮，有的是人形，它们都铸造得很好。

公元前 500 年前后，青铜器开始以人和动物形体的圆雕做装饰题材。初时，人像是正面跪姿，严格按照"正面律"制作。不久，艺术摆脱束缚去表现动作。总的来看，人物造型矮而且呆板，而动物造型见出刀凿的运作精准有致，这是基于对自然的准确观察。

汉、三国、六朝　到汉代，雕塑在建筑上的重要性增加了。室内墙壁上有浮雕装饰，这可以从许多汉墓祭室中得到印证。犹如山东嘉祥武氏墓群，人和动物（狮、羊、吐火兽）的圆雕成对地排列在通往墓室、宫庙的大路两旁。山东曲阜的人像非常呆拙、粗糙，模糊一团，只大致有点像人形。而兽像则造型优美，雄壮而有生气。狮子和吐火兽常常有翼（考虑到中国早期建筑不用人像和兽雕保卫大门，这一做法很可能是在与北方和西方蛮族接触中从西亚传来的）。四川发现的汉阙常有鸟、龙、虎的浮雕，它们是装饰雕刻的上品。

南北朝时，佛教盛行，人像雕刻多起来。有一些 5 世纪的小佛像留传下来。第一批重要的纪念性雕像见于大同云冈，大同是北魏（公元 386—535 年）第一个首都，云冈石窟是印度石窟的中国翻版。除了一些装饰题材（叶饰、回文饰、念珠，甚至爱奥尼或科林斯柱头）和洞窟的基本形制外，看不出在雕刻上有什么印度或其他非中国的特点。固然有少数典型的印度式佛像，但群体还是中国的。

云冈石窟由皇帝下令于公元 452 年开始建造，但因首都南迁洛阳，而于公元 494 年突然停止。云冈的一部分石窟与印度的"支提"（Chaitya）十分相似，中间是圣坛或窣堵坡，建筑与雕塑则基本是中国式的。早期的较大的雕像有的高度超过了 70 英尺（21 米），粗壮结实，身上紧裹着有褶的服装。后来佛像变得苗条些，而头及颈部却几乎是圆柱形的。眉毛弯弯，与鼻梁相接。前额宽而平，在太阳穴处突然后折。眼呈细长缝，薄唇，永远微笑，下巴尖尖的，这一特征多在同时期的小型铜佛像上见到。衣服不再紧贴，而是披挂在身上，在脚踝处张开，左右对称，衣褶尖挺如刀，像鸟翼似的张开（这并非偶然，这时期中国书法常有尖锋）。佛像组群中有菩萨像，在印度菩萨作公主般打扮，在中国则几乎取消全部装饰，只戴简单的头巾和一个心形项圈。有长长的肩带，穿过在大腿前的环。

拙 匠 哲 思

公元 495 年，在洛阳附近的龙门，在伊川河的山岩上开始开凿龙门石窟，情形与大同云冈近似。这里的佛像头部更圆润而较少圆柱形，衣褶不那么尖了，仍然对称，但更流畅，富有高雅的装饰性。有些洞窟的墙面上有浮雕，一面是皇帝像，对面是皇后像，各有随从侍候，表现着最高级的构图。龙门的雕凿工作持续到 9 世纪后期。

北齐（公元 550—557 年）统治者笃信佛教而过火，但在其统治的末期，方才开始开凿天龙山石窟。这些石窟里的大部分佛像站立着，头部是浑圆的，额头明显较低，眼睛虽然仍细但比较长，鼻与唇比较饱满。先前时期那种迷人的微笑几乎不见了，衣褶简单，直上直下。

隋与唐的雕塑 隋代立像的腹部独特地挺出，头占全身的比例变小，鼻子和下颚较以前丰满。眼睛仍细，但上眼皮凸出一些，显出其下的眼珠。这微微凸出的眼皮与眉毛下面的弧形平面相交形成柔和的凹沟，这交线像一张弓，重复了眉和眼睛的韵律。嘴变小了，造型精致的双唇使雕像微带笑意。颈子如截去尖端的圆锥体，从胸部突然伸出，与头部生硬相接，颈部中段横一道深深的皱褶。衣服上的衣褶自然，卷边非常精致，如来佛的服饰永远保持朴素，与之相反，菩萨的服饰变得华丽。头巾和项链上嵌着�石般的装饰，珠链从肩上垂下，间隔地挂着饰物，抵到膝部以下。

中国的雕塑，尤其是佛教雕塑，在唐代直抵顶峰，北魏开始的龙门石窟达到新的高度。在唐帝国版图之内，到处都热情地雕凿佛像。大约在 9 世纪末，中原的信徒们失去了对石窟的兴趣。敦煌石窟仍在继续，在中国中部，石窟开凿转移到四川，那儿有一些晚唐的石窟。在四川这一活动历经宋、元，延续到明代。

唐初与隋代的风格接近，很难明确区分。到 7 世纪中期，唐代自己

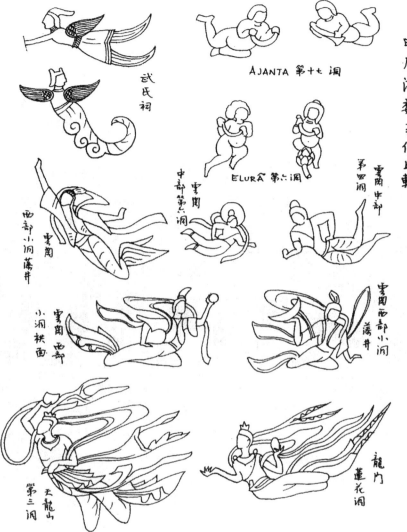

印度漢魏飛仙比較

武氏祠

AJANTA 第十七洞

ELURA 第六洞

西部小洞藻井

雲岡中部 第六洞

雲岡中部 第四洞

雲岡 西部

雲岡西部小洞

小洞栱面

雲岡西部小洞藻井

天龍山 第三洞

龍門 蓮花洞

▲ 印度汉魏飞仙比较图

拙匠哲思

的风格出现了，雕像更加自然主义了，大多数立像呈 S 形姿势，由一条腿平衡，放松的那条腿的臀部和同侧的肩部略向前倾。头部稍稍偏向另一边，躯体丰满，腰部仍细。菩萨的脸部饱满，眉毛优雅地弯曲，不像前一时期那样过分，很自然地呈弧形勾画出天庭。眉弓下也不再有凹沟，眼睛上皮更宽，眉下的曲面减窄。鼻子稍短，鼻梁稍短也稍低。鼻端与嘴稍近，嘴唇更有表情。发际移下，额头高并稍减，这时期的菩萨像的装饰不那么华丽了。头巾简化，头发在头顶上堆成高髻。服装更合身，仍然戴着珠串，但挂着的饰物减少了。

到 8 世纪初，出现一种非常人性化的如来佛像。他被雕凿成一个自我满足的、心宽体胖的俗世之人，下巴松弛，看不见颈子，有胖胖凸出的肚子。这是关于在菩提伽叶森林中行的苦行者的不寻常的观念，这样的佛像不多见，但就人体形象的雕凿而言是十分高超的。

唐末，在四川人迹罕至的地区的石窟中出现由新传播的密宗（或密教，意为秘密教派）搞的反映奇幻心理的偶像，不过人和服饰的处理与唐代传统相似。那里，一整片墙只描绘一个题材。同时期在敦煌一再出现的描绘净土的壁画，用堆塑来表现，用单一的构图，这在先前的石窟雕塑中从未见过。

唐代雕刻家雕刻动物的技艺特别高超，许多作品藏在唐代帝王陵墓中的地下，欧洲和美国博物馆展出了小件作品。

宋代雕塑　唐朝之后，石造佛像几乎停止了。宋代庙宇中供奉的佛像是木刻的或泥塑的，偶尔也有用铜铸的，只有四川地区的石窟中例外。几乎没有铜佛像能在以后各时期逃避被熔化之祸而流传至今，最有名的例外是河北正定的 70 英尺高的铜观音，它由宋太祖（公元 960—976 年在位）下令铸造。泥塑佛像不计其数，极精美的一组在大同华严寺祭台上。

河北蓟县独乐寺十一面泥塑观音像高 60 英尺（18 米），风格十分接近唐代传统，是中国最高大的泥塑佛像。许多宋代木雕佛像流入西方博物馆。

宋代雕塑最突出之点是脸部浑圆，额头比以前宽，短鼻，眉毛弧形不显，眼上皮更宽，嘴唇较厚，口小，笑容几乎消失，颈部处理自然，自胸部伸出，支持头颅，与头胸之间没有分明的界线。

唐朝菩萨那种 S 形曲线姿势不见了。宋代雕塑虽然并不僵硬，但唐代那种轻松地支持体重并降低放松的那一侧身体的安闲相不是宋代雕刻者所能掌握的。禅宗搞出另一种观音像，她坐在石头上，一脚踏石，一脚垂下，这种复杂的姿势向雕刻家提出了处理身躯和衣褶的新问题。

南宋时期，四川石窟雕刻艺术衰落，尤其是菩萨像，此时日益显现为女身。服装过分华丽，珠宝、装饰太多。姿势僵硬，甚至冷淡，表情空漠。四川最好的作品是大足石刻中少女般的菩萨群像。

元、明、清雕塑　元代，喇嘛教从西藏传入中原，该教派的雕塑匠人也来了，他们影响了明、清的雕塑。他们的塑像大都交腿而坐，胸宽，腰细如蜂，肩方。头部短胖，前额重现全身的韵律。头顶是平的，上面有浓密的螺髻，是如来佛头顶上特有的疙瘩形发式。

明、清两代是中国雕塑史上可悲的时期。这个时期的雕像一没有汉代的粗犷，二没有六朝的古典妩媚，三没有唐代的成熟自信，四没有宋代的洛可可式优雅，雕塑者的技艺蜕变为没有灵气的手工劳动。

拙 匠 哲 思

建筑创作中的几个重要问题 [1]

一

　　建筑，作为一种社会现象，早在一两万年前或更早就已出现了。当我们的老祖先开始使用石器的时候，盖房子的活动就已开始。一直到今天，只要有人定居的地方，就一定有房屋。盖房子是为了满足生产和生活的要求，为此，人们要求一些有掩蔽的适用的空间。两千五百年前老子就懂得这道理："当其无，有室之用。"这种内部空间是满足生产和生活要求的一种手段。建筑学就是把各种材料凑拢起来，以取得这空间并适当地安排这空间的技术科学，但是人们除了要这些凑拢起来的材料——工程结构来划分或创造出这个空间之外，还要工程结构的本身也好看，于是建筑就扯上了一个艺术性的问题。这种艺术是不能脱离了生活或生产的适用问题和工程的结构问题而独立存在的，这就赋予建筑以又是工程、又是艺术的双重性，要求它们的辩证的统一。

　　逐渐地，除了盖房子之外，人们还把这些工程技术和艺术处理手法用于建造桥梁、纪念碑之类没有内部空间的东西上，于是"建筑"的含义也不仅限于盖房子了。

1　本文原载《建筑学报》1961 年第 7 期。——左川注

历史上奴隶社会、封建社会和资本主义社会的剥削统治阶级几乎霸占了社会上全部建筑。他们驱使劳动人民献出智慧和才能为他们建造宫殿、府第以供他们奢侈淫逸的生活享受；为他们建造工厂、作坊以剥削劳动人民；为他们建造衙署、营房、监狱来统治、镇压、迫害人民。绝大部分劳动人民则下无寸土，上无片瓦。他们居住的房屋不但是属于剥削阶级所有，而且还是统治阶级进一步剥削他们的手段。"贫民窟"的低、矮、狭小、拥挤和贵族、资本家府第之宽广、舒适反映了鲜明的阶级对比。不但北京的龙须沟和皇宫、王府的对比是一目了然的，而且在一些"大宅子"里也有它的"贫民窟"："上头人"住的"上房"和"底下人"住的"下房"，除了它们不同的艺术处理外，还从它们的悬殊的空间分配上表现出来。

统治阶级不但很早就用各种建筑物作为统治人民、镇压人民的具体行动的政治工具，同时他们还意识到建筑的艺术效果所能起的政治作用。战国时代，苏秦就游说齐湣王"高宫室，大苑囿，以鸣得意"。萧何为汉高祖刘邦营建壮丽的未央宫，因为"天子以四海为家，非壮丽无以重威"。苏秦、萧何之流是懂得怎样使建筑为政治服务的。几千年来的实物，如北京明清故宫和世界无数的教堂、寺观、坛庙，都是统治阶级利用建筑作为吓唬人民、麻醉人民的政治工具的实例。

今天，我们应该更明确地认识建筑在社会主义建设中的重大政治意义。我们的建筑是为无产阶级政治服务的，我们的任务是通过我们的建筑工作，促使我国的生产力继续不断地提高，使我国人民的生活环境一步步地改善。我们的规划和设计，应该在物质环境上体现出我们的社会制度组织人民生活和生产的作用。规划和设计在每一阶段中之实现完成，都应该适应发展中的经济基础。但是，由于建筑是一种使用年限很长的物质建设，所以我们应该根据设计当前的条件，结合远景，考虑到如何使它既能

325

适应现在的需要，也能照顾将来共产主义的需要；应该反映着广大人民体力劳动与脑力劳动的差别和城乡差别之逐步消灭，体现对人的最大关怀。我们建筑工作者应该把自己的每一项设计、每一项建造，都当作是向社会主义、共产主义迈进的"万里长征"中的一小步，把它们看作都是具有重大、深刻意义的政治任务。

二

"适用、经济，在可能条件下注意美观"和"多、快、好、省"是党和社会主义、共产主义建设对于建筑工作者的要求，也就是我们的行动指南。

罗马的建筑理论家维特鲁·维亚斯（Vitru Vies）曾指出建筑的三个基本要求：适用、坚固、美观，两千年来被建筑师奉为"金科玉律"。1953年，我们党提出了"适用、经济，在可能条件下注意美观"的方针，才第一次改变了这两千年的老提法，这是一个目的明确、主次分明的辩证的提法。"适用"是首要的要求，因为归根结底，那是建造房屋的最主要的目的。这里面当然也包括了"坚固"的要求，因为"坚固"的标准首先要按"适用"的要求而定。

"经济"从来没有被过去的建筑理论家看成值得一提的东西，但在社会主义国家中，建筑是全民的事业，是国民经济建设中的一个重要部分，以空前巨大的规模在全国各地全面地进行着。因此，"经济"在建筑事业中就被提到前所未有的政治高度。它是一个以最少的财力、物力、人力、时间为最大多数人取得最大限度的"适用"（以及"美观"）的问题，是我们社会主义建设中积累资金的手段之一。在建筑方面做得"省"，做得经济，就可以用同样的投资建造更多的工厂，积累更多的资金，更快地扩大生产再生产，建造更多的居住或公共建筑，更大限度地满足劳动人民物质和文化生活的需要。

我们的建筑的"美观"是"在可能条件下"，即在适用和经济所允许的条件下注意的美观。主从关系被明确地指出来了："美观"必须从属于"适用"和"经济"。我党指出的"适用、经济，在可能条件下注意美观"的方针是以马克思列宁主义科学的观点、方法，对于"建筑"这一现象的辩证的解释；同时，它又是以社会主义、共产主义为目标的行动指南，起着指导我们改造世界的伟大作用。这和维特鲁·维亚斯所罗列的三个要求是有着本质的区别的。

毛主席教导我们："政策是革命政党一切实际行动的出发点，并且表现于行动的过程和归宿。一个革命政党的任何行动都是实行政策。不是实行正确的政策，就是实行错误的政策；不是自觉地，就是盲目地实行某种政策"。[1] "……全党的同志必须紧紧地掌握党的总路线……"[2] "……如果真正忘记了我党的总路线和总政策，我们就将是一个盲目的不完全的不清醒的革命者，在我们执行具体工作路线和具体政策的时候，就会迷失方向，就会左右摇摆，就会贻误我们的工作"。[3] 对于今天的建筑工作者来说，在党的领导下，紧紧地掌握"鼓足干劲，力争上游，多快好省地建设社会主义"的总路线，坚决贯彻执行"适用、经济，在可能条件下注意美观"的建筑方针以及在不同的建设阶段中制定、发出的指示，就是我们今后建筑工作取得更大胜利的保证。

---

1 《关于工商业政策》，《毛泽东选集》第四卷，第1284页。——作者注

2 《在晋绥干部会议上的讲话》，《毛泽东选集》第四卷，第1311页。——作者注

3 《在晋绥干部会议上的讲话》，《毛泽东选集》第四卷，第1314页。——作者注

拙 匠 哲 思

三

在建筑工作中，"适用"和"经济"是比较"实"的问题，"美观"问题则比较"虚"，是不能用计算尺和数字来衡量的。无论是规划还是设计，从市容上亦即从城乡居民的日常观感上来说，"美观"却往往是首先引起人们注意的方面。因此，一个建筑师的设计过程，在解决"适用""经济"等比较"实"的问题的同时，也是一个艺术创作的过程。下面是一些值得我们很严肃地考虑的问题。关于这些问题，大多是1959年在上海举行的建筑艺术座谈会上所讨论过的。因此，这里所谈也可以算是对于刘秀峰部长在那次会上的总结性发言的一点体会。

建筑的艺术特性　建筑的艺术方面，和其他艺术有许多共同性，同时也有许多特殊性。首先，和一切艺术一样，它是经济基础的反映，是一种上层建筑，是一定的意识形态的表现，并且为它的经济基础服务。在阶级社会中，它可以被利用为阶级斗争的工具、政治工具，这一切就赋予许多建筑以阶级性。不同民族的生活习惯和文化传统又赋以民族性，它是社会生活的反映，它的形象往往会引起人们情感上的反应。

从艺术的手法、技巧方面看，建筑也和其他艺术一样，可以通过它的立体的和平面的构图，运用线、面、体和各部分的比例、权衡、平衡、对称、色彩、表质、韵律、节奏……的对比和统一而取得它的艺术效果，这些都是建筑和其他艺术共同的地方。

但是，建筑又不同于其他艺术。其他艺术完全是艺术家思想意识的表现，而建筑的艺术则必须从属于适用、经济方面的要求，要受到材料、结构的制约。每一座建筑物的建成都意味着极大量的物力、财力、人力，它直接影响到人们生活和生产中的方便、舒适、健康。一座建筑物一旦建成，对于使用者就起着一种"强迫接受"的作用，不能像一座雕像或一幅绘画，可以选择，可以任意展出或收藏，而是"必须"居住、使用的。一旦建成，它就以比任何绘画、雕刻都无可比拟的庞大躯体屹立街头，形成当地居民的有体有形的生活环境，几十年乃至几百年地存在着，来来往往的人都"必须"看它，这是和其他艺术极不相同的。

绘画、雕塑，以及戏剧、舞蹈都是现实生活或自然现象之再现，建筑虽然也反映生活，却不能再现生活。它虽然也能引起人们情感的反应，但不能以它的形象模拟一个人或一件事。一般说来，建筑的艺术只是运用比较抽象的几何形体和色彩、质感以及一些绘塑装饰等等来表达一定的气氛——庄严、雄伟、明朗、幽雅、忧郁、放荡、神秘、恐怖等等，这也是建筑不同于其他艺术的特性。

建筑物的功能 人类对建筑的首要要求是"适用"。随着社会生产和文化、科学的发展，人民生活之提高，对于建筑物在功能方面的要求也越来越高、越多，越细致、复杂；各种科学、技术也越来越多地被运用到建筑中以来满足这些要求。因此，在今天，在解决建筑物的功能问题时，除了比较简单的小建筑外，建筑设计工作已不是一个单纯的土木结构的工作，而往往是包括各种机电设备在内的协作的、综合的工作了。它需要建筑师和各种专业工程师的共同努力，才能满足我们今天对于各种不同建筑物的不同功能的要求。

建筑的功能，无论是总体的或各个构成部分的，在外观上也可以乃至应该适当地表达出来——不应使车站看去像银行、剧院、博物馆，也不应使工人住宅的门窗像宴会厅的门窗那样堂皇，但是我们必须避免片面强调功能，以功能之表现来耍建筑构图的花招，甚至反过来从构图的角度出发去"耍"功能。

功能不仅仅意味着满足物质的、生理的、工作上的要求，而且也包括精神上的、政治上的要求。因此满足视觉的、观感的要求，也应成为建筑的功能之一部分。

在一座建筑物里面，不同部分在功能上的要求往往会形成许多矛盾，因此就须按功能的要求，权衡轻重，全面安排，区别对待，以求得矛盾的统一。

结构的艺术性　一切建筑物都必须用一定的技术运用一定的材料亦即通过一定的结构才能建成。几千年来的工匠在结构学方面积累了丰富的经验，创造出许多辉煌的建筑，但是，一直到19世纪中叶以前，人类所掌握的建筑材料仅仅是砖、瓦、木、石。到了19世纪后半叶以后，先是铸铁，后是钢材，才被用作建筑材料。最近三四十年来，由于技术科学的巨大发展，更多的新材料、新技术被运用到建筑上来了。这就比过去的砖、瓦、木、石，乃至一般的钢结构，创造了更大限度地满足越来越高的功能要求的有利条件。特别在大跨度的要求上，薄壳、悬索等新的结构方法提供了前所未有的可能性，当然，同时也在很大程度上影响了建筑物的形象。结构的重要性越来越显著了。

当然，我们也深深地意识到，合理的结构中也包含着很多美的因素，可以在建筑的艺术效果上发挥很大作用，但是有些资产阶级建筑师却口口声声讲建筑的"纯洁"。所谓"纯洁"就是"物理定律高于一切"，没有任何历史和民族传统的痕迹，事实上就是否定了建筑中的民族性和历史传统。他们片面强调结构，甚至从结构的角度出发进行设计，卖弄结构，耍各式各样的结构花招，当然，绝不应忽视结构的重要性。党屡次指示我们要做到结构合理，但片面强调结构，耍结构花招，就会使得结构不合理，是我们在设计中所必须警惕的。

在第一个五年计划期间，我们在结构方面取得了很大成就，但对于许多新材料、新结构，多少还在试制试用阶段。我们施工方法的机械化程度也不高，今后我们必须继续开展技术革新、技术革命，贯彻"六新"的方针，对于大量建造的房屋，从住宅到车间，尽可能采用定型化、标准化的设计。在结构设计的过程中要同时一方面考虑到尽可能适合于机械化施工，另一方面也要考虑到模数、构件的艺术效果。

建筑的美的法则　几千年来，不同的民族在不同的时代、不同的地区，创造出各式各样的建筑形式和建筑风格。一切建筑中的优秀作品，尽管形式、风格极不相同，却都能引起美感。那么，在建筑中有没有客观存在的美的法则呢？假使说有，那么，它们是些什么呢？

由于日常生活环境的接触，每一个人无论他是否意识到，都通过他的感觉器官，对于环境的美丑逐渐形成了一定体系的反应，从而形成了一套共同接受的美的法则。这些反应一方面脱离不了他对于自然现象的认识，另一方面脱离不了他所受到的社会思想意识的影响。而社会思想意识，在阶级社会中，主要决定于每一个人所属的阶级，而阶级意识则是生产关系的反映。在这双重影响下形成的美的法则，经过世代的继承而成为传统，传统本身亦成为社会思想意识的一部分，而社会思想意识则是对美的法则起决定作用的因素。

对于建筑，美的法则也是脱离不了人们对于建筑在使用上的要求以及人们对于他所熟悉的材料的力学和结构的认识的。例如一般人不管他懂不懂材料力学，当他看到一根高度相当于十七八个柱径的木柱或石柱的时候，他就会本能地感到它"太细、太高""不结实""危险"，因此就顾不得这根柱子美不美了，但这只是一方面。

人们意识中的建筑的美的法则虽然是和上述的材料、结构的合理尺寸

拙　匠　哲　思

或比例有密切联系的，但更重要的一方面是根据他的社会阶级的审美观而形成的那一部分。例如古埃及建筑和古希腊建筑虽然都用石构的柱梁式结构，虽然同是奴隶社会的建筑，但是埃及建筑形式沉重严峻，而希腊建筑则清快、明朗。自然环境固然有它的影响，但更重要的是由于希腊在自由市民之间有他们的民主，在他们的宗教中也反映着这种比较活泼自由的社会制度，不像古埃及那种政教合一的专制统治。因此，埃及建筑和希腊建筑就各自形成了不同的风格，一些相同的以及许多不相同的美的法则。在这些美的法则之中，有些因素取决于材料结构，而更显著的则取决于社会思想意识。

在中国的传统建筑中，也可以从"御用"的"官式"建筑和各地方的民间建筑看到中国建筑的美的法则。一方面两者之间有其共同性，另一方面，统治阶级的建筑在用材、开间等的比例上和艺术加工上都要求比较"气派"、华丽，而民间建筑（各地的匠师根据当地使用材料的技术以及当地人民的爱好和传统所形成的）美的法则则比较倾向灵活、轻快、朴素。匠师们根据这些美的法则制定出一套套建筑"法式"，作为设计的准则。从我们所知道的各时代、各地方的"法式"看来，它们都同时是工程技术和艺术的综合的、统一的处理的"法式"，而其中艺术处理的部分，主要是由社会思想意识所形成的美的法则所决定的。

从历史的发展过程看，我们可以看到这些法则不是凝固不变的，而是随同生产力之发展，社会意识形态和科学、技术之发展而在不断地改变着。不同的社会阶级对于同一法则就可能有不同的反应，不同的运用方法。我们在新中国成立后的建筑中，无疑地已经创造出一些新的法则，这是建筑美学的问题。但在这方面，无论对于古代的或我们自己的创作，我们都还没有好好地总结，尚有待于今后努力。

建筑的形式与内容　成于中者形于外。内容决定形式，形式表现内容，并且服务于内容，形式与内容是辩证的统一。几年来这些差不多已成了建筑师的口头禅了，因此有必要更严肃地去认识一下。

什么是建筑的内容呢？建筑的内容应该理解为它的功能——物质生活和精神生活的功能。功能要求建筑的形式与之相适应。显然，巨大的观众厅和高耸的舞台上部都是由功能决定的，它们就在很大程度上决定了剧院建筑物的总的轮廓的形式，工业建筑则多由工艺过程而决定它的形式。棉纺织厂需要大面积的单层厂房，合成纤维厂却要多层的建筑，冷藏库就根本没有窗子。

但是，世界上有无数的剧院、纺织厂、合成纤维厂、冷藏库，虽然总的都是剧院、纺织厂、合成纤维厂、冷藏库的"样子"，却又可能各有不同。这正是由于建筑的功能不仅仅限于物质的亦即生活中属于生理方面的和生产中属于生产工艺过程的要求，而且还有精神的亦即社会思想意识方面的要求。假使人民大会堂的宴会厅，只做完砖墙壁和水泥柱，盖上顶，不加任何粉刷、装饰，也是可以满足五千人吃饭的功能要求的，但这样是否就满足了作为六亿人民代表举行国宴的功能要求了呢？显然没有！因为在这里，满足物质的或生理要求的意义是微不足道的，而精神意义亦即政治意义才是主要的。同样，人民大会堂的外部，无论就其本身来说，或作为构成天安门广场的一座建筑来说，都必须发挥它的精神的、在这里具体地说亦即政治性的功能。绝大部分建筑都具有物质的和精神的双重功能，当我们说形式表现内容的时候，我们理解为物质的和精神的功能的综合的、统一的表现。

过去曾有不少（现在也还有少数）的建筑师认为材料、结构是建筑的内容。也许更正确的认识是把材料、结构都看作建筑工作者所掌握、采

拙 匠 哲 思

用的手段。通过这些手段，亦即运用这些材料、结构，他创造出一座能够满足物质和精神功能要求的建筑物，这在一定意义上可以与绘画、雕刻比拟。没有人会说帆布、油色、宣纸、水墨或黏土、大理石、青铜（材料）或某一种笔法、皴法、刀法（结构技术）是绘画、雕刻的内容（有必要明确：一切比喻都是蹩脚的。绘画、雕刻和建筑既有其共同性，也有其特殊性，在这里引用这样一个比拟，也是在"求同存异"的假定下引用的），这些艺术的内容是指思想内容。这些内容有它的目的性，也就是有它的功能。从创作的过程来说，建筑的内容不应仅仅为一般生活和生产的功能，也应理解为同时也满足精神要求的功能。它是通过设计人对于一座建筑物在物质的和精神的双方面如何满足功能的要求而表达出来的思想内容，它反映着设计人对于功能的理解。在这样的理解下，我们说，建筑的形式主要是由它的功能决定的。

材料、结构是不是建筑的内容？在内容决定形式的前提下，必须承认材料、结构对于建筑形式有其一定的影响。犹如水墨或油色、青铜或大理石对于绘画、雕刻的形式有其一定的影响一样。新材料、新结构作为手段，为我们创造了有利条件，使我们能更大限度地满足越来越高、越多样化的功能要求，因而有助于创造新的形式，但这并不等于说材料、结构就成了建筑的内容，也不等于说它们就决定了建筑的形式。这是显而易见的。

必须明确，这里所说"内容决定形式，建筑的内容就是它的功能，因此功能决定建筑的形式"，和功能主义者的"功能决定一切"的逻辑是有着本质的区别的。不仅仅因为他们的所谓"功能"仅仅是物质的、生理的功能，或一间房间、一堂门、一扇窗的功能，而且还因为他们片面地强调功能。而我们所理解的功能却是如何在物质上、精神上对居住者、使用者表达最大限度的关怀，有着鲜明的政治性。因此，同是"功能"这一名词，它的含义就有着本质上的区别。

新的内容必然要求新的形式，但是，新形式不是一下子就能形成的，而是随着内容的更新不断地演变形成的。正因为这样的不断演变，今天的新形式明天就可能变成旧形式。因此，我们不能完全否定一切旧形式，而且在必要时还要善于利用旧形式，使它为今天的需要服务，但我们绝不应抄袭、搬用，使自己成为旧形式的奴隶。这就提出了传统与革新的问题。

传统与革新　在继承传统的问题上，形式问题仅仅是它的一个方面，但是，由于建筑是通过它的体形来表达它的内容的，所以在继承传统的问题上，形式问题也就成为其中比较突出的部分。

在建筑创作思想中，过去曾经有过对历史传统采取虚无主义的和抄袭、硬搬的复古主义的各种"左"和右的倾向。毛主席教导我们说："中国现时的新政治、新经济是从古代的旧政治、旧经济发展而来的，中国现时的新文化也是从古代的旧文化发展而来。"[1] 那么，建筑，作为反映我们的新政治、新经济的物质文化的一部分，当然也应当是从古代的旧建筑发展而来的。这里所谓旧建筑，应该理解为从文献可证的秦、汉以来，一直到解放以前共约两千年间遗留保存下来的全部遗产，包括近百年来帝国主义侵略下的半封建、半殖民地的建筑遗产，这是一份无比丰富的遗产。对于这份遗产，建筑史研究人员已经搜集了不少资料，初步清理了它的发展过程，取得了一定的成绩，但工作还仅仅开始，还有待我们进一步深入研究。

十一年多的实践，特别是 1958 年首都几项大型公共建筑的设计过程

1　《新民主主义论》，《毛泽东选集》第二卷，第 679 页。——作者注

拙 匠 哲 思

告诉我们，广大劳动人民是既不要"光秃秃的玻璃方匣子"，也不要"老气横秋的大庙"的。他们要的是能表现欣欣向荣的，表达我们社会主义、共产主义的新中国的建筑。这里面就包括了在继承遗产中怎样遵循毛主席的指示："剔除其封建性的糟粕，吸收其民主性的精华"，[1] 怎样批判地吸收，怎样使这些遗产和传统"到了我们的手里，给了改造，加进了新的内容，也就变成革命的、为人民服务的东西"，[2] 引导人民群众"向前看"而不是"向后看"的问题。

有人认为，在建筑遗产中去找"封建性的糟粕"比较容易，找"民主性的精华"却极难。在这问题上，我们不应当把一座建筑物脱离了今天的需要和过去的历史去批判，更不能把它拆散了作为一件件独立存在的构件去分析，而且有必要把遗产和传统区别开来。

假使我们把一座建筑拆成一根根的梁或柱，一个个斗和棋，一堂堂窗子，一扇扇门，说这根柱子是精华，那扇门是糟粕；或者把某些建筑，脱离了环境，脱离了历史，脱离了今天的需要，贸然问是糟粕是精华，那就是形而上学的"分析"，很难得出答案。我们进行分析、批判的唯一准绳就是遵循毛主席的指示，"以政治标准放在第一位，以艺术标准放在第二位"。[3] 所谓政治标准就是这建筑过去为谁、为什么阶级服务，今天能否为我们的社会主义建设、为无产阶级政治服务。例如天安门及其御路街（即过去我们称作广场的那部分）这样一份遗产，天安门是皇城的正门，御路街只是一个摆威风的门前大院。就其本质来说都是极端封建的，但同时又具有很高的艺术水平。新中国成立后，由于社会功能的改变，它们就成为

1　《新民主主义论》，《毛泽东选集》第二卷，第 679 页。——作者注
2　《在延安文艺座谈会上的讲话》，《毛泽东选集》第三卷，第 877 页。——作者注
3　《在延安文艺座谈会上的讲话》，《毛泽东选集》第三卷，第 891 页。——作者注

人民的检阅台和广场。在人民首都的政治生活和城市生活中，天安门经过一些改造，已经成了为无产阶级政治服务的东西，因而被保存下来，而且成为象征着新中国的辉煌标志，但是御路街的围墙和三座门就严重地妨碍了我们的城市交通以及节日游行和狂欢大会的活动，因而终究被拆除、改建了。天安门和御路街尽管共同组成一个布局谨严、比例优美的组群，具有很好的构图效果，但两者所得到的不同处理却是以今天的政治标准决定的。故宫也是内容极端反动而艺术水平极高的一个组群，是几百年来封建统治阶级所霸占的劳动人民的创造的结晶。在今天，由于作为一件反映历史的文物，它具有独特的历史的和科学的价值，又由于其社会功能之改变，由皇宫变成了人民的博物馆，从政治标准来衡量过去为封建统治的政治服务的，今天已为无产阶级政治服务了，因此它被保存下来了。

　　作为遗产，天安门和故宫被保存下来了，但作为传统，则又当别论。假使今天我们要新建一座检阅台，我们绝不会遵照天安门的传统形式或传统方法去建造。国家最高权力机关的建筑，是人民大会堂那样而不是故宫那样，人民的博物馆也绝不因故宫今天已被用作博物馆而继承它的传统形式和方法。这是不言而喻的。

　　把古代建筑分析解剖，有些材料、手法，作为传统，对今天可能还是有用的，例如琉璃瓦"大屋顶"，用得恰当，可以取得很好的艺术效果。过去当复古主义的歪风刮得正紧的时候，不管什么建筑都扣上一个"大屋顶"，造成很大浪费，而且其中有许多处理得很不好，老气横秋，受到了批判。但在1958年北京的重点工程中，如民族文化宫、农业展览馆，以及目前即将竣工的美术馆，在使用"大屋顶"的位置和处理的手法上给以适当的考虑，就呈现玲珑活泼的神采。因为它"……到了我们手里，给了改造，加进了新的内容，也就变成革命的为人民服务的东西了"。[1]

在遗产和传统中，固然有些是比较容易鉴别的精华，另一些是无可置疑的糟粕，但有许多东西却是具有"两面性"的。我们不应把一切绝对化，也不能把它们孤立起来看。至于一些属于工程、结构方面的传统，则应以其科学性为衡量标准。其中有些经过整理提高，是可以为我们今天的建设服务的。这样理解的科学性标准，本质上也就是政治标准。

古代匠师的一些"法式""做法"等文献也是有价值的遗产，例如宋李诚的《营造法式》是宋朝官府颁布的"建筑规范"，总结了许多传统的经验，其中突出的特点就是采用模数，设计定型化和构件标准化，构件预制，装配施工等等方法。在标准化构件中，将工程和艺术综合处理，也是我国古代的"法式""做法"的一个突出的特征。这些虽然是比较原始的、朴素的手工操作的方法，但作为一个原则，是很可以供我们借鉴的。

继承遗产的整个过程应该是一个"认识—分析—批判—继承—革新—运用"的过程，而其中最关键的两环就在批判和革新。在批判复古主义以前，资产阶级唯心主义的建筑师对于遗产和传统的认识只是表面现象的认识，分析只是罗列现象，没有批判，没有或很少革新，因而继承就是硬搬，运用就只是抄袭。今天我们要做的是透过表面现象去认识遗产、传统的本质，以政治标准亦即从阶级观点进行分析、批判，按照今天社会主义建设的需要，结合着新材料、新技术的可能性去继承、革新、运用，使符合于多快好省的要求。

传统与革新的问题是旧和新的矛盾的统一的问题，而在这矛盾中，革新是主要的一面，它是一个破旧立新、推陈出新的过程。不破不立，

---

1 《在延安文艺座谈会上的讲话》，《毛泽东选集》第三卷，第877页。——作者注

不推不出。分析、批判是革新的前提。过去复古主义者所犯的错误就在没有批判、不加革新地硬搬、抄袭。1955 年以来我们在党的亲切教导下，在传统的革新的认识方面有了一定的提高，但我们做得还不够，今后有待我们更大的努力。

四

历史证明，几千年来，不同地区、不同时代、不同民族的劳动人民创造了无数不同的建筑风格，什么决定了这些不同的风格呢？今天，我们的建筑风格应该是什么样子呢？

关于"建筑风格"的含义，存在着不同的见解。在这里，我不打算给"建筑风格"下定义，但有必要说明我所说的"建筑风格"的含义是什么。

我所谓建筑的"风格"，就是指一座建筑所呈现的精神面貌。同样是一个人，却各有不同的精神面貌、不同的风格。又如画，尽管同是水墨画，题材可能同是鱼虾、荷花，齐白石和徐悲鸿又各有其不同的风格，不同的精神面貌。建筑也如此，不管它是什么功能，什么材料、结构，也各有设计人的思想意识中所反映的他的社会、阶级、时代、民族的精神面貌或风格，我所叫作"风格"的就是这种在建筑上表现出来的精神面貌。

总的说来，目前存在着两种见解：一说偏重于说材料结构决定建筑风格，另一说是材料、结构对建筑形式有一定的影响，但建筑的风格主要是通过设计人的社会思想意识而表现出来的。从这两种不同的认识出发，就可以产生极不相同的风格，反映着不同的思想意识。

有些同志说，古希腊建筑的风格是由石料的柱梁式结构决定的。罗马人虽然也用发券结构，但由于技术水平低，所以做不出像中世纪发券的高

拙 匠 哲 思

直式教堂那样轻巧玲珑的风格来。今天，欧美"先进"的"现代建筑"的"新风格"，更证明新材料、新结构的决定性作用，所以他们要求建筑要表现"钢铁时代的精神""塑料时代的精神"。他们要"新"，要表现"新时代"，因此必须充分地"坦率"地显示新材料、新结构。这才是"新"，才是符合我们的时代精神的。

当然，绝不应该否认新材料、新结构的影响，它会给我们的建筑带来许多前所未有的新的形式，但是形式不等于风格。显然，同样的形式是可以具有许多不同的风格的。

上文已提到，古希腊和古埃及建筑同是用石料的柱梁结构，同是奴隶社会的建筑，然而风格（亦即精神面貌）那样不同，一个那样明朗，一个那样严峻，决定的主要因素是什么呢？

公元 5 至 10 世纪间，欧洲基督教的比占廷[1]和罗蔓建筑和亚洲西部、中部的回教建筑，同样用砖石做主要材料，同样用穹隆顶或成组的穹隆顶，甚至在功能上也同样是集体礼拜的教堂，为什么它们的风格又那样不同呢？中国传统的木构架、砖墙壁和英国莎士比亚时代的木构架、砖墙壁（建筑史中称为"半木构"）的建筑，都是木构架、砖墙壁，为什么它们的风格又那样不同呢？

北京故宫的保和殿和太原晋祠的圣母庙大殿都是重檐歇山顶的大殿，而风格却那样不同，又是为什么呢？

建筑风格的形成是由于多方面因素的综合，是许多矛盾的统一。总的来说，它是经济基础的反映，是技术科学和社会思想意识的统一，是满足对大自然斗争和阶级斗争的两个功能要求的统一。在工程技术方面，包括

1　今译拜占庭。——左川注

自然环境条件、材料、结构、现代化工业的工艺过程，以及一个人的生理需要等等；在思想意识方面，概括地说，就是建筑的主人对于建筑的审美的亦即精神上的和政治性的要求——建筑的思想性。这些不同的要求中是充满矛盾的，怎样去认识并统一这些矛盾，则决定于建筑师的思想意识。

在思想意识方面，建筑师应该正确认识建筑物的主人对于建筑的要求，那就是一个为谁服务、为什么服务、怎样服务的问题，也就是为经济基础服务、为政治服务的问题。在阶级社会中这就是一个阶级意识的问题，其中也包括对于建筑遗产和传统的认识问题。材料结构是没有阶级性的，但用材料结构构成的建筑却可能有鲜明的阶级性，而建筑的阶级性正是形成建筑风格的一个重要因素。对于各种材料的不同结构方法，也是由于匠人（工程师）对于材料性能之认识、理解加以运用而形成的，而人类对于事物（包括材料的性能）的认识，谁也不能否认其属于思想意识的范畴。在材料、技术的运用上，也反映着设计人的人生观、世界观。在古代的欧洲和埃及，人民创造了丰富多彩的建筑风格，形成了许多美的法则，但是在当时统治阶级的陵墓、宫殿、庙宇上，我们看到的是统治阶级为了满足自己的需要，把人民创造的最能满足他们的要求的精华集中起来，这些建筑就突出地表现了奴隶社会中统治阶级的阶级意识给予埃及、希腊、罗马统治阶级建筑的不同的风格。中世纪的建筑风格所反映的正是封建社会中的"神权"和"君权"，文艺复兴的建筑又是当时新兴的资产阶级以"人道"和"人权"反对"神道""君权"的反映，而所谓"现代建筑"，更赤裸裸地暴露了资本主义发展到帝国主义阶段，否认各民族的历史传统、民族特征以统治全世界的意图。"现代建筑"更受到资产阶级"现代美术"和"几何派""立体派""超现实派"等流派的影响，而这些"美术"流派正是资产阶级借以模糊人民的阶级意识、民族意识的反动工具。这一切都证明

拙 匠 哲 思

"现代建筑"的风格不是由材料、结构决定的。

无论什么新的、旧的材料、结构都是通过人的思维过程而被人掌握运用的。每一个人，设计人员也不除外，在阶级社会中都必然属于一个阶级，打上了阶级烙印。不论他运用什么材料、结构，他的创作都必然是他的阶级意识和他的人生观、世界观的反映，而且必然为他的阶级利益、阶级政治服务。材料、结构决定建筑风格的论点不过是资产阶级、帝国主义的政治、经济、科学、文学、艺术中模糊广大人民阶级意识的反动思想在建筑艺术中的反映而已。

新中国的建筑设计人员正在党的领导下，探索、讨论并在尝试创造我们中国的、社会主义的建筑新风格。这一探索、讨论、创造的过程就是一个思维的过程。我们有必要这样争鸣、讨论，正说明了社会思想意识对于建筑风格之创造起着多么重大的作用。有些建筑师认为"新"就是"新材料、新结构"。资本主义国家的"现代建筑"是最"新"的、最"先进"的，今天我国工业化水平还落后，将来高度工业化的时候，就自然要那样做了，这就等于说资本主义建筑的今天就是我们社会主义建筑的明天。显然，在这样的思想指导下设计出来的建筑，必然和中国的、社会主义的要求是有很大距离的。

我们所谓新的建筑风格，应该是从建筑中反映出来的各族人民在伟大的中国共产党领导下、以冲天干劲建设社会主义的精神面貌。这里所表现的是获得了解放的劳动人民之间新的人与人的关系，是用马克思主义、毛泽东思想的思想武器武装起来，战胜了阶级敌人，并且在向大自然展开的斗争中不断取得胜利（其中包括对新材料、新技术的掌握）的广大劳动人民的高尚品质和喜悦心情，它所反映的是中国历史发展中的一个新阶段。这个新阶段是过去历史的继续，是又一个更新的阶段的开始。

我们的建筑（以及其他艺术）所要表达的正是这样的风格，这样的时代的精神面貌，而不是什么"钢铁时代""塑料时代"的什么"精神"。每个时代都有它的比较新的技术、科学，但它们只是各个时代中一个方面，它们是掌握在人的手里的。在资产阶级建筑师手里它们所反映的正是日暮途穷的资本主义、帝国主义的时代精神。我们说时代精神是时代的人的精神、社会的精神。一个时代的精神面貌决定于在一定社会中的人的阶级性和民族性，决定人的社会思想意识，而不取决于"物"，不决定于材料、结构或任何尖端的科学、技术。我们要使我们的建筑，作为一种上层建筑，无论在工程方面或艺术方面，都正确地适应它的经济基础，我们就必须首先使我们自己的思想意识适应它的经济基础。我们过去所犯的许多错误大多是由于我们自己的思想意识，作为上层建筑，未能适应我们祖国飞跃发展中的经济基础所导致的。建筑设计人员若不明确这一基本出发点，他就很可能走向错误的方向。

新风格不是一朝一夕形成的，也不是由哪一位建筑"大师"一时的"灵感"创造出来的。归根结底，它是经济基础的反映，它是社会的产物，是历史的产物，是时代的产物，是人民群众创造出来的。建筑设计人员在这里应该起一个正确地反映我们的经济基础，正确地反映广大人民的要求的作用。

十二年来，在新中国的土壤上，一种新的建筑风格正在形成，我们至少已经看到一个茁壮可喜的苗头了。首都以及各地许多大大小小的工程中都可以看到，无论它们是简单、朴素或富丽、堂皇，一般都表达了一种明朗、欢乐、欣欣向荣的气概。它们一般都运用了适合于任务的性质和当时当地水平的尽可能新的材料、技术，但也不怕用改革、提高了的传统、形式和土材料、土技术。这个新风格是广大设计人员坚持政治挂帅，大走群众路线，坚决贯彻"适用、经济，在可能条件下注意美观"的正确方针，在创作过程中贯彻"百家争鸣，百花齐放""推陈出新"的文艺方针，破除迷信，解放思想，大胆创作，在技术上实行不断革新的辉煌果实。

我们在祖国社会主义建筑事业中虽然已经取得了巨大的成就，但是比起党对我们的期望，比起社会主义建设向我们提出的要求，我们却做得太少了。为了迎接今后更光荣更艰巨的任务，我们必须更高地举起总路线、大跃进、人民公社的三面红旗，大走群众路线，深入地体会并坚决贯彻执行党的方针政策，深入调查研究，加强建筑科学和艺术的理论研究工作，不断提高自己的业务水平。在一切工作，包括一切科学、技术工作中，我们必须学会运用历史唯物主义的观点，亦即阶级分析观点这一马克思主义的核心，然后才有可能正确地运用辩证唯物主义的方法。大好形势要求我们一步比一步更深入地自我革命，树立无产阶级的人生观、世界观，使自己成为一个红透专深的建筑师，使我们的设计、创作在不断发展的形势下适应我们的经济基础，使我们的建筑更好地为无产阶级政治服务！

建筑和建筑的艺术 [1]

近两三个月来，许多城市的建筑工作者都在讨论建筑艺术的问题，有些报刊报道了这些讨论，还发表了一些文章，引起了各方面广泛的兴趣和关心。因此在这里以"建筑和建筑的艺术"为题，为广大读者做一点一般性的介绍。

一门复杂的科学——艺术

建筑虽然是一门技术科学，但它又不仅仅是单纯的技术科学，而往往又是带有或多或少（有时极高度的）艺术性的综合体。它是很复杂的、多面性的，概括地可以从三个方面来看。

首先，由于生产和生活的需要，往往许多不同的房屋集中在一起，形成了大大小小的城市。一座城市里，有生产用的房屋，有生活用的房屋，一个城市是一个活的、有机的整体，它的"身体"主要是由成千上万座各种房屋组成的。这些房屋的适当安排，以适应生产和生活的需要，是一项极其复杂而细致的工作，叫作城市规划。这是建筑工作的复杂性的第一个方面。

1　本文原载《人民日报》1961 年 7 月 26 日第 7 版。——左川注

拙 匠 哲 思

其次，随着生产力的发展，技术科学的进步，在结构上和使用功能上的技术要求也越来越高、越复杂了。从人类开始建筑活动，一直到19世纪后半叶的漫长的年代里，在材料技术方面，虽然有些缓慢的发展，但都沿用砖、瓦、木、石，几千年没有多大改变，也没有今天的所谓设备，但是到了19世纪中叶，人们就开始用钢材做建筑材料，后来用钢条和混凝土配合使用，发明了钢筋混凝土。人们对于材料和土壤的力学性能，了解得越来越深入、越精确，建筑结构的技术就成为一种完全可以从理论上精确计算的科学了。在过去这一百年间，发明了许多高强度金属和可塑性的材料，这些也都逐渐运用到建筑上来了。这一切科学上的新的发展就促使建筑结构要求越来越高的科学性，而这些科学方面的进步，又为满足更高的要求，例如更高的层数或更大的跨度等，创造了前所未有的条件。

这些科学技术的发展和发明，也帮助解决了建筑物的功能和使用上从前所无法解决的问题，例如人民大会堂里的各种机电设备，它们都是不可缺少的。没有这些设备，即使在结构上我们盖起了这个万人大会堂，也是不能使用的。其他各种建筑，例如博物馆，在光线、温度、湿度方面就有极严格的要求。冷藏库就等于一座庞大的巨型电气冰箱，一座现代化的舞台，更是一件十分复杂的电气化的机器，这一切都是过去的建筑所没有的，但在今天，它们很多已经不是房子盖好以后再加上去的设备，而往往是同房屋的结构一样，成为构成建筑物的不可分割的部分了。因此，今天的建筑，除去那些最简单的小房子可以由建筑师单独完成以外，差不多没有不是由建筑师、结构工程师和其他各工种的设备工程师和各种生产的工艺工程师协作设计的。这是建筑的复杂性的第二个方面。

第三，就是建筑的艺术性或美观的问题。两千年前，古罗马的一位建筑理论家就指出，建筑有三个因素：适用、坚固、美观。一直到今天，我们对建筑还是同样地要它满足这三方面的要求。

我们首先要求房屋合乎实用的要求：要房间的大小，高低，房间的数目，房间和房间之间的联系，平面的和上下层之间的联系，以及房间的温度、空气、阳光等都合乎使用的要求。同时，这些房屋又必须有一定的坚固性，能够承担起设计任务所要求于它的荷载。在满足了这两个前提之后，人们还要求房屋的样子美观。因此，艺术性的问题就扯到建筑上来了。那就是说，建筑是有双重性或者两面性的：它既是一种技术科学，同时往往也是一种艺术，而两者往往是统一的，分不开的。这是建筑的复杂性的第三个方面。

今天我们所要求于一个建筑设计人员的，是对于上面所谈到的三个方面的错综复杂的问题，从国民经济、城市整体的规划的角度，从材料、结构、设备、技术的角度，以及适用、坚固、美观三者的统一的角度来全面了解、全面考虑，对于个别的或成组成片的建筑物做出适当的处理，这就是今天的建筑这一门科学的概括的内容。目前建筑工作者正在展开讨论的正是这第三个方面中的最后一点——建筑的艺术或美观的问题。

建筑的艺术性

一座建筑物是一个有体有形的庞大的东西，长期站立在城市或乡村的土地上。既然有体有形，就必然有一个美观的问题，对于接触到它的人，必然引起一种美感上的反应。在北京的公共汽车上，每当经过一些新建的建筑的时候，车厢里往往就可以听见一片评头品足的议论，有赞叹歌颂的声音，也有些批评惋惜的论调，这是十分自然的。因此，作为一个建筑设计人员，在考虑适用和工程结构的问题的同时，绝不能忽略了他所设计的

拙 匠 哲 思

建筑，在完成之后，要以什么样的面貌出现在城市的街道上。

在旧社会里，特别是在资本主义社会，建筑绝大部分是私人的事情，但在我们的社会主义社会里，建筑已经成为我们的国民经济计划的具体表现的一部分。它是党和政府促进生产、改善人民生活的一个重要工具。建筑物的形象反映出人民和时代的精神面貌。作为一种上层建筑，它必须适应经济基础。所以建筑的艺术就成为广大群众所关心的大事了，我们党对这一点是非常重视的。远在 1953 年，党就提出了"适用、经济，在可能条件下注意美观"的建筑方针。在最初的几年，在建筑设计中虽然曾经出现过结构主义、功能主义、复古主义等等各种形式主义的偏差，但是，在党的领导和教育下，到 1956 年前后，这些偏差都基本上端正过来了。再经过几年的实践锻炼，我们就取得了像人民大会堂等巨型公共建筑在艺术上的卓越成就。

建筑的艺术和其他的艺术既有相同之处，也有区别，现在先谈谈建筑的艺术和其他艺术相同之点。

首先，建筑的艺术一面，作为一种上层建筑，和其他的艺术一样，是经济基础的反映，是通过人的思想意识而表达出来的，并且是为它的经济基础服务的。不同民族的生活习惯和文化传统又赋予建筑以民族性。它是社会生活的反映，它的形象往往会引起人们情感上的反应。

从艺术的手法技巧上看，建筑也和其他艺术有很多相同之点。它们都可以通过它的立体和平面的构图，运用线、面和体，各部分的比例、平衡、对称、对比、韵律、节奏、色彩、表质等等而取得它的艺术效果。这些都是建筑和其他艺术相同的地方。

但是，建筑又不同于其他艺术。其他的艺术完全是艺术家思想意识的表现，而建筑的艺术却必须从属于适用经济方面的要求，要受到建筑材料和结构的制约。一张画、一座雕像、一出戏、一部电影，都是可以任人选择的。可以把一张画挂起来，也可以收起来。一部电影可以放映，也可以不放映。一般地它们的体积都不大，它们的影响面是可以由人们控制的。但是，一座建筑物一旦建造起来，它就要几十年、几百年地站立在那里。它的体积非常庞大，不由分说地就形成了当地居民生活环境的一部分，强迫人去使用它、去看它，好看也得看，不好看也得看。在这点上，建筑是和其他艺术极不相同的。

绘画、雕塑、戏剧、舞蹈等艺术都是现实生活或自然现象的反映或再现。建筑虽然也反映生活，却不能再现生活。绘画、雕塑、戏剧、舞蹈能够表达它赞成什么、反对什么，建筑就很难做到这一点。建筑虽然也引起人们的感情反应，但它只能表达一定的气氛，或是庄严雄伟，或是明朗轻快，或是神秘恐怖等等。这也是建筑和其他艺术不同之点。

建筑的民族性

建筑在工程结构和艺术处理方面还有民族性和地方性的问题，在这个问题上，建筑和服装有很多相同之点。服装无非是用一些纺织品（偶尔加一些皮革），根据人的身体，做成掩蔽身体的东西。在寒冷的地区和季节，要求它保暖；在炎热的季节或地区，又要求它凉爽。建筑也无非是用一些砖瓦木石搭起来以取得一个有掩蔽的空间，同衣服一样，也要适应气候和地区的特征。几千年来，不同的民族，在不同的地区，在不同的社会发展阶段中，各自创造了极不相同的形式和风格。例如，古埃及和古希腊的建筑，今天遗留下来的都有很多庙宇。它们都是用石头的柱子、石头的梁和石头的墙建造起来的。埃及的都很沉重严峻，仅仅隔着一个地中海，在对岸的希腊，却呈现一种轻快明朗的气氛。又如中国建筑自古以来就用木材形成了我们这种建筑形式，有鲜明的民族特征和独特的民族风格。别的国家和民族，在亚洲、欧洲、非洲，也都用木材建造房屋，但是都有不同的民族特征，甚至就在中国不同的地区、不同的民族用一种基本上相同的结构方法，还是有各自不同的特征。总的说来，就是在一个民族文化发展的初期，由于交通不便，和其他民族隔绝，各自发展自己的文化，岁久天长，逐渐形成了自己的传统，形成了不同的特征。当然，随着生产力的发展，科学技术逐渐进步，各个民族的活动范围逐渐扩大，彼此之间的接触也越来越多，而彼此影响。在这种交流和发展中，每个民族都按照自己的需要吸收外来的东西。每个民族的文化都在缓慢地，但是不断地改变和发展着，但仍然保持着自己的民族特征。

今天，情况有了很大的改变，不仅各民族之间交通方便，而且各个国家、各民族、各地区之间不断地你来我往。现代的自然科学和技术科学使我们掌握了各种建筑材料的力学物理性能，可以用高度精确的科学性计算出最合理的结构，有许多过去不能解决的结构问题，今天都能解决了。在这种情况下，就提出一个问题，在建筑上如何批判地吸收古今中外有用的东西和现代的科学技术很好地结合起来。我们绝不应否定我们今天所掌握的科学技术对于建筑形式和风格的不可否认的影响。如何吸收古今中外一切有用的东西，创造社会主义的、中国的建筑新风格，正是我们讨论的问题。

美观和适用、经济、坚固的关系

对每一座建筑，我们都要求它适用、坚固、美观，我们党的建筑方针是"适用、经济、在可能条件下注意美观"。建筑既是工程又是艺术，它是有工程和艺术的双重性的，但是建筑的艺术是不能脱离了它的适用的问题和工程结构的问题而单独存在的。适用、坚固、美观之间存在着矛盾，建筑设计人员的工作就是要正确处理它们之间的矛盾，求得三方面的辩证的统一。明显的是，在这三者之中，适用是人们对建筑的主要要求，每一座建筑都是为了一定的适用的需要而建造起来的。其次是每一座建筑在工程结构上必须具有它的功能的适用要求所需要的坚固性。不解决这两个问题就根本不可能有建筑物的物质存在，建筑的美观问题是在满足了这两个前提的条件下派生的。

在我们社会主义建设中，建筑的经济是一个重要的政治问题。在生产性建筑中，正确地处理建筑的经济问题是我们积累社会主义建设资金，扩大生产再生产的一个重要手段。在非生产性建筑中，正确地处理经济问题是一个用最少的资金，为广大人民最大限度地改善生活环境的问题，社会主义的建筑师忽视建筑中的经济问题是党和人民所不允许的。因此，建筑的经济问题，在我们社会主义建设中，就被提到前所未有的政治高度。因此，党指示我们在一切民用建筑中必须贯彻"适用、经济、在可能条件下注意美观"的方针。应该特别指出，我们的建筑的美观问题是在适用和经济的可能条件下予以注意的。所以，当我们讨论建筑的艺术问题，也就是讨论建筑的美观问题时，是不能脱离建筑的适用问题、工程结构问题、经济问题而把它孤立起来讨论的。

建筑的适用和坚固的问题，以及建筑的经济问题都是比较"实"的问题，有很多都是可以用数字计算出来的，但是建筑的艺术问题，虽然它脱离不了这些"实"的基础，但它却是一个比较"虚"的问题。因此，在建筑设计人员之间，就存在着比较多的不同的看法，比较容易引起争论。

拙 匠 哲 思

在技巧上考虑些什么?

为了便于广大读者了解我们的问题，我在这里简略地介绍一下在考虑建筑的艺术问题时，在技巧上我们考虑哪些方面。

轮廓　首先我们从一座建筑物作为一个有三度空间的体量上去考虑，从它所形成的总体轮廓去考虑。例如：天安门，看它的下面的大台座和上面双重房檐的门楼所构成的总体轮廓，看它的大小、高低、长宽等的相互关系和比例是否恰当。在这一点上，好比看一个人，只要先从远处一望，看她头的大小，肩膀宽窄，胸腰粗细，四肢的长短，站立的姿势，就可以大致做出结论她是不是一个美人了。建筑物的美丑问题，也有类似之处。

比例　其次就要看一座建筑物的各个部分和各个构件的本身和相互之间的比例关系。例如门窗和墙面的比例，门窗和柱子的比例，柱子和墙面的比例，门和窗的比例，门和门、窗和窗的比例，这一切的左右关系之间的比例、上下层关系之间的比例等等。此外，又有每一个构件本身的比例，例如门的宽和高的比例、窗的宽和高的比例、柱子的柱径和柱高的比例、檐子的深度和厚度的比例等等。总而言之，抽象地说，就是一座建筑物在三度空间和两度空间的各个部分之间的，虚与实的比例关系，凹与凸的比例关系，长宽高的比例关系的问题，而这种比例关系是决定一座建筑物好看不好看的最主要的因素。

尺度　在建筑的艺术问题之中，还有一个和比例很相近，但又不仅仅是上面所谈到的比例的问题，我们把它叫作建筑物的尺度。比例是建筑物的整体或者各部分、各构件的本身或者它们相互之间的长、宽、高的比例关系或相对的比例关系，而所谓尺度则是一些主要由于适用的功能、特别是由于人的身体的大小所决定的绝对尺寸和其他各种比例之间的相互关系问题。有时候我们听见人说，某一个建筑真奇怪，实际上那样高大，但远看过去却不显得怎么大，要一直走到跟前抬头一望，才看到它有多么高大。这是什么道理呢？这就是因为尺度的问题没有处理好。

一座大建筑并不是一座小建筑的简单的按比例放大，其中有许多东西是不能放大的，有些虽然可以稍微放大一些，但不能简单地按比例放大。例如有一间房间，高 3 米，它的门高 2.1 米，宽 90 厘米；门上的锁把子离地板高一米；门外有几步台阶，每步高 15 厘米，宽 30 厘米；房间的窗台离地板高 90 厘米，但是当我们盖一间高 6 米的房间的时候，我们却不能简单地把门的高宽，门锁和窗台的高度，台阶每步的高宽按比例加一倍。在这里，门的高宽是可以略略放大一点的，但放大也必须合乎人的尺度，例如说，可以放到高 2.5 米、宽 1.1 米左右，但是窗台、门锁把子的高度、台阶每步的高宽却是绝对的，不可改变的。由于建筑物上这些相对比例和绝对尺寸之间的相互关系，就产生了尺度的问题，处理得不好，就会使得建筑物的实际大小和视觉上给人的大小的印象不相称，这是建筑设计中的艺术处理手法上一个比较不容易掌握的问题。从一座建筑的整体到它的各个局部细节，乃至于一个广场、一条街道、一个建筑群，都有这尺度问题，美术家画人也有与此类似的问题。画一个大人并不是把一个小孩按比例放大，按比例放大，无论放多大，看过去还是一个小孩子。在这一点上，画家的问题比较简单，因为人的发育成长有它的自然的、必然的规律，但在建筑设计中，一切都是由设计人创造出来的，每一座不同的建筑在尺度问题上都需要给予不同的考虑。要做到无论多大多小的建筑，看过去都和它的实际大小恰如其分的相称，可是一件不太简单的事。

均衡 在建筑设计的艺术处理上还有均衡、对称的问题，如同其他艺术一样，建筑物的各部分必须在构图上取得一种均衡、安定感。取得这种均衡的最简单的方法就是用对称的方法，在一根中轴线的左右完全对称。这样的例子最多，随处可以看到，但取得构图上的均衡不一定要用左右完全对称的方法。有时可以用一边高起，一边平铺的方法；有时可以一边用一个大的体积和一边用几个小的体积的方法或者其他方法取得均衡。这种形式的多样性是由于地形条件的限制，或者由于功能上的特殊要求而产生的，但也有由于建筑师的喜爱而做出来的。山区的许多建筑都采取不对称的形式，就是由于地形的限制。有些工业建筑由于工艺过程的需要，在某一部位上会突出一些特别高的部分，高低不齐，有时也取得很好的艺术效果。

节奏　节奏和韵律是构成一座建筑物的艺术形象的重要因素，前面所谈到的比例，有许多就是节奏或者韵律的比例，这种节奏和韵律也是随时随地可以看见的。例如从天安门经过端门到午门，天安门是重点的一节或者一个拍子，然后左右两边的千步廊，各用一排等距离的柱子，有节奏地排列下去，但是每九间或十一间，节奏就要断一下，加一道墙，屋顶的脊也跟着断一下。经过这样几段之后，就出现了东西对峙的太庙门和社稷门，好像引进了一个新的主题。这样有节奏有韵律地一直达到端门，然后又重复一遍达到午门。

事实上，差不多所有的建筑物，无论在水平方向上或者在垂直方向上，都有它的节奏和韵律。我们若是把它分析分析，就可以看到建筑的节奏、韵律有时候和音乐很相像。例如有一座建筑，由左到右或者由右到左，是一柱，一窗；一柱，一窗地排列过去，就像"柱，窗；柱，窗；柱，窗；柱，窗……"的2/4拍子。若是一柱二窗的排列法，就有点像"柱，窗，窗；柱，窗，窗；……"的圆舞曲。若是一柱三窗地排列，就是"柱，

354

窗，窗，窗；柱，窗，窗，窗；……"的 4/4 拍子了。

　　在垂直方向上，也同样有节奏、韵律，北京广安门外的天宁寺塔就是一个有趣的例子。由下看上去，最下面是一个扁平的不显著的月台，上面是两层大致同样高的重叠的须弥座，再上去是一周小挑台，专门名词叫平座，平座上面是一圈栏杆，栏杆上是一个三层莲瓣座，再上去是塔的本身，高度和两层须弥座大致相等，再上去是十三层檐子，最上是攒尖瓦顶，顶尖就是塔尖的宝珠。按照这个层次和它们高低不同的比例，我们大致（只是大致）可以看到（而不是听到）这样一段节奏：

　　我在这里并没有牵强附会，同志们要是不信，请到广安门外去看看。

　　质感　在建筑的艺术效果上另一个起作用的因素是质感，那就是材料表面的质地的感觉。这可以和人的皮肤相比，看看她的皮肤是粗糙或是细腻，是光滑还是皱纹很多；也像衣料，看它是毛料、布料或者是绸缎，是粗是细，等等。

　　建筑表面材料的质感，主要是由两方面来掌握的，一方面是材料的本身，一方面是材料

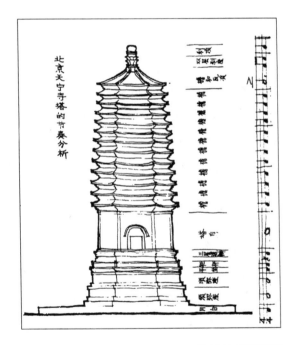

▲ 北京天宁寺塔的节奏

拙　匠　哲　思

表面的加工处理。建筑师可以运用不同的材料，或者是几种不同材料的相互配合而取得各种艺术效果；也可以只用一种材料，但在表面处理上运用不同的手法而取得不同的艺术效果。例如北京的故宫太和殿，就是用汉白玉的台基和栏杆，下半青砖上半抹灰的砖墙，木材的柱梁斗拱和琉璃瓦等不同的材料配合而成的（当然这里面还有色彩的问题，下面再谈）。欧洲的建筑，大多用石料，打磨得粗糙就显得雄壮有力，打磨得光滑就显得斯文一些。同样的花岗石，从极粗糙的表面到打磨得像镜子一样的光亮，不同程度的打磨，可以取得十几种、二十种不同的效果。用方整石块砌的墙和乱石砌的"虎皮墙"，效果也极不相同。至于木料，不同的木料，特别是由于木纹的不同，都有不同的艺术效果。用斧子砍的，用锯子锯的，用刨子刨的，以及用砂纸打光的木材，都各有不同的效果。抹灰墙也有抹光的，有拉毛的；拉毛的方法又有几十种。油漆表面也有光滑的或者皱纹的处理，这一切都影响到建筑的表面的质感，建筑师在这上面是大有文章可做的。

色彩 关系到建筑的艺术效果的另一个因素就是色彩。在色彩的运用上，我们可以利用一些材料的本色。例如不同颜色的石料，青砖或者红砖，不同颜色的木材等等，但我们更可以采用各种颜料，例如用各种颜色的油漆，各种颜色的琉璃，各种颜色的抹灰和粉刷，乃至不同颜色的塑料等等。

在色彩的运用上，从古以来，中国的匠师是最大胆和最富有创造性的，咱们就看看北京的故宫、天坛等等建筑吧。白色的台基，大红色的柱子、门窗、墙壁；檐下青绿点金的彩画；金黄的或是翠绿的，或是宝蓝的琉璃瓦顶，特别是在秋高气爽、万里无云、阳光灿烂的北京的秋天，配上蔚蓝色的天空做背景，那是每一个初到北京来的人永远不会忘记的印象。

这对于我们中国人都是很熟悉的，没有必要在这里多说了。

装饰 关于建筑物的艺术处理上我要谈的最后一点就是装饰雕刻的问题。总的说来，它是比较次要的，就像衣服上的滚边或者是绣点花边，或者是胸前的一个别针，头发上的一个卡子或蝴蝶结一样。这一切，对于一个人的打扮，虽然也能起一定的效果，但毕竟不是主要的。对于建筑也是如此，只要总的轮廓、比例、尺度、均衡、节奏、韵律、质感、色彩等等问题处理得恰当，建筑的艺术效果就大致已经决定了。假使我们能使建筑像唐朝的虢国夫人那样，能够"淡扫蛾眉朝至尊"，那就最好，但这不等于说建筑就根本不应该有任何装饰。必要的时候，恰当地加一点装饰，是可以取得很好的艺术效果的。

要装饰用得恰当，还是应该从建筑物的功能和结构两方面去考虑，再拿衣服来做比喻。衣服上的服饰也应从功能和结构上考虑，不同之点在于衣服还要考虑到人的身体的结构。例如领口、袖口，旗袍的下摆、叉子、大襟都是结构的重要部分，有必要时可以绣些花边，腰是人身结构的"上下分界线"，用一条腰带来强调这条分界线也是恰当的。又如口袋有它的特殊功能，因此把整个口袋或口袋的口子用一点装饰来突出一下也是恰当的。建筑的装饰，也应该抓住功能上和结构上的关键来略加装饰，例如，大门口是功能上的一个重要部分，就可以用一些装饰来强调一下。结构上的柱头、柱脚，门窗的框子，梁和柱的交接点，或是建筑物两部分的交接线或分界线，都是结构上的"骨节眼"，也可以用些装饰强调一下。在这一点上，中国的古代建筑是最善于对结构部分予以灵巧的艺术处理的。我们看到的许多装饰，如桃尖梁头，各种的云头或荷叶形的装饰，绝大多数就是在结构构件上的一点艺术加工，结构和装饰的统一是中国建筑的一个优良传统。屋顶上的脊和鸱吻、兽头、仙人、走兽等等装饰，它们的位

拙 匠 哲 思

置、轻重、大小，也是和屋顶内部的结构完全一致的。

由于装饰雕刻本身往往也就是自成一局的艺术创作，所以上面所谈的比例、尺度、质感、对称、均衡、韵律、节奏、色彩等方面，也是同样应该考虑的。

当然，运用装饰雕刻，还要按建筑物的性质而定。政治性强，艺术要求高的，可以适当地用一些。工厂车间就根本用不着，一个总的原则就是不可滥用。滥用装饰雕刻，就必然欲益反损，弄巧成拙，得到相反的效果。

有必要重复一遍：建筑的艺术和其他艺术有所不同，它是不能脱离适用、工程结构和经济的问题而独立存在的。它虽然对于城市的面貌起着极大的作用，但是它的艺术是从属于适用、工程结构和经济的考虑的，是派生的。

此外，由于每一座个别的建筑都是构成一座城市的一个"细胞"，它本身也不是单独存在的。它必然有它的左邻右舍，还有它的自然环境或者园林绿化。因此，个别建筑的艺术问题也是不能脱离了它的环境而孤立起来单独考虑的。有些同志指出：北京的民族文化宫和它的左邻右舍水产部大楼和民族饭店的相互关系处理得不大好，这正是指出了我们工作中在这方面的缺点。

总而言之，建筑的创作必须从国民经济、城市规划、适用、经济、材料、结构、美观等等方面全面地、综合地考虑，而它的艺术方面必须在前面这些前提下，再从轮廓、比例、尺度、质感、节奏、韵律、色彩、装饰等等方面去综合考虑，在各方面受到严格的制约，是一种非常复杂的、高度综合性的艺术创作。

建筑师是怎样工作的[1]

上次谈到建筑作为一门学科的综合性，有人就问，"那么，一个建筑师具体地又怎样进行设计工作呢？"多年来就不断地有人这样问过。

首先应当明确建筑师的职责范围。概括地说，他的职责就是按任务提出的具体要求，设计最适用、最经济、符合于任务要求的坚固度而又尽可能美观的建筑；在施工过程中，检查并监督工程的进度和质量，工程竣工后还要参加验收的工作。现在主要谈谈设计的具体工作。

设计首先是用草图的形式将设计方案表达出来。如同绘画的创作一样，设计人必须"意在笔先"，但是这个"意"不像画家的"意"那样只是一种意境和构图的构思（对不起，画家同志们，我有点简单化了），而需要有充分的具体资料和科学根据。他必须先做大量的调查研究，而且还要"体验生活"。所谓"生活"，主要的固然是人的生活，但在一些生产性建筑的设计中，他还需要"体验"一些高炉、车床、机器……的"生活"。他的立意必须受到自然条件，各种材料技术条件，城市（或乡村）环境，人力、财力、物力以及国家和地方的各种方针、政策、规范、定额、指标等等的限制，有时他简直是在极其苛刻的羁绊下进行创作。不言而喻，这一切之间必然充满了矛盾。建筑师"立意"的第一步就是掌握这些情况，统

---

1 本文原载《人民日报》1962 年 4 月 29 日第 5 版。——左川注

拙 匠 哲 思

一它们之间的矛盾。

具体地说：他首先要从适用的要求下手，按照设计任务书提出的要求，拟定各种房间的面积、体积。房间各有不同用途，必须分隔，但彼此之间又必然有一定的关系，必须联系。因此必须全面综合考虑，合理安排——在分隔之中求得联系，在联系之中求得分隔，这种安排很像摆"七巧板"。

什么叫合理安排呢？举一个不合理的（有点夸张到极端化的）例子。假使有一座北京旧式五开间的平房，分配给一家人用。这家人需要客厅、餐厅、卧室、卫生间、厨房各一间，假使把这五间房间这样安排：

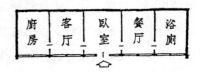

可以想象，住起来多么不方便！客人来了要通过卧室才走进客厅，买来柴、米、油、盐、鱼、肉、蔬菜也要通过卧室、客厅才进厨房，开饭又要端着菜饭走过客厅、卧室才到餐厅，半夜起来要走过餐厅才能到卫生间解手！只有"饭前饭后要洗手"比较方便，假使改成这样：

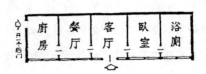

就比较方便合理了。

当一座房屋有十几、几十乃至几百间房间都需要合理安排的时候，它们彼此之间的相互关系就更加多方面而错综复杂，更不能像我们利用这五间老式平房这样通过一间走进另一间，因而还要加上一些除了走路之外更无他用的走廊、楼梯之类的"交通面积"，房间的安排必须反映并适应组织系统或生产程序和生活的需要。这种安排有点像下棋，要使每一子、每一步都和别的棋子有机地联系着，息息相关，但又须有一定的灵活性以适应改作其他用途的可能。当然，"适用"的问题还有许多其他方面，如日照（朝向），避免城市噪声、通风等等，都要在房间布置安排上给予考虑，这叫作"平面布置"。

但是平面布置不能单纯从适用方面考虑，必须同时考虑到它的结构。房间有大小高低之不同，若完全由适用决定平面布置，势必有无数大小高低不同、参差错落的房间，建造时十分困难，外观必杂乱无章。一般地说，一座建筑物的外墙必须是一条直线（或曲线）或不多的几段直线，里面的隔断墙也必须按为数不太多的几种距离安排，楼上的墙必须砌在楼下的墙上或者一根梁上，这样，平面布置就必然会形成一个棋盘式的网格。即使有些位置上不用墙而用柱，柱的位置也必须像围棋子那样立在网格的"十"字交叉点上——不能使柱子像原始森林中的树那样随便乱长在任何位置上。这主要是由于使承托楼板或屋顶的梁的长度不致长短参差不齐而决定的，这叫作"结构网"。

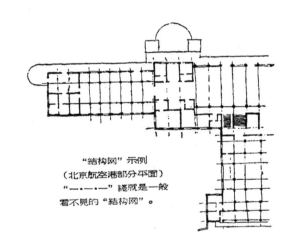

"结构网"示例
（北京航空港部分平面）
"—·—·—"缐就是一般
看不见的"结构网"。

361

在考虑平面布置的时候，设计人就必须同时考虑到几种最能适应任务需求的房间尺寸的结构网。一方面必须把许多房间都"套进"这结构网的"框框"里，另一方面又要深入细致地从适用的要求以及建筑物外表形象的艺术效果上去选择，安排他的结构网。适用的考虑主要是对人，而结构的考虑则要在满足适用的大前提下，考虑各种材料技术的客观规律，要尽可能发挥其可能性而巧妙地利用其局限性。

事实上，一位建筑师是不会忘记他也是一位艺术家的"双重身份"的。在全面综合考虑并解决适用、坚固、经济、美观问题的同时，当前三个问题得到圆满解决的初步方案的时候，美观的问题，主要是建筑物的总的轮廓、姿态等问题，也应该基本上得到解决。

当然，一座建筑物的美观问题不仅在它的总轮廓，还有各部分和构件的权衡、比例、尺度、节奏、色彩、表质和装饰等等，犹如一个人除了总的体格身段之外，还有五官、四肢、皮肤等，对于他的美丑也有极大关系。建筑物的每一细节都应当从艺术的角度仔细推敲，犹如我们注意一个人的眼睛、眉毛、鼻子、嘴、手指、手腕等等。还有脸上是否要抹一点脂粉，眉毛是否要画一画，这一切都是要考虑的。在设计推敲的过程中，建筑师往往用许多外景、内部、全貌、局部、细节的立面图或透视图，素描或者着色，或用模型，作为自己研究推敲，或者向业主说明他的设计意图的手段。

当然，在考虑这一切的同时，在整个构思的过程中，一个社会主义的建筑师还必须时时刻刻绝不离开经济的角度去考虑，除了"多、快、好"之外，还必须"省"。

一个方案往往是经过若干个不同方案的比较后决定下来的，我们首都的人民大会堂、革命历史博物馆、美术馆等方案就是这样决定的。决定下来之后，还必然要进一步深入分析、研究，经过多次重复修改，才能做最后定案。

方案决定后，下一步就要做技术设计，由不同工种的工程师，首先是建筑师和结构工程师，以及其他各种采暖、通风、照明、给水排水等设备工程师进行技术设计。在这阶段中，建筑物里里外外的一切，从房屋的本身的高低、大小，每一梁、一柱、一墙、一门、一窗、一梯、一步、一花、一饰，到一切设备，都必须用准确的数字计算出来，画成图样。恼人的是，各种设备之间以及它们和结构之间往往是充满了矛盾。许多管道线路往往会在墙壁里面或者顶棚上面"打架"，建筑师就必须会同各工种的工程师做"汇总"综合的工作，正确处理建筑内部矛盾的问题，一直到适用、结构、各种设备本身技术上的要求和它们的作用的充分发挥、施工的便利等方面都各得其所，互相配合而不是互相妨碍、扯皮，然后绘制施工图。

施工图必须准确，注有详细尺寸，要使工人拿去就可以按图施工。施工图有如乐队的乐谱，有综合的总图，有如"总谱"；也有不同工种的图，有如不同乐器的"分谱"。它们必须协调、配合，详细具体内容就不必多讲了。

设计制图不是建筑师唯一的工作，他还要对一切材料、做法编写详细的"做法说明书"，说明某一部分必须用哪些哪些材料如何如何地做。他还要编订施工进度、施工组织、工料用量等等的初步估算，做出初步估价预算。必须根据这些文件，施工部门才能够做出准确的详细预算。

但是，他的设计工作还没有完。随着工程施工开始，他还需要配合施工进度，经常赶在进度之前，提供各种"详图"（当然，各工种也要及时地制出详图）。这些详图除了各部分的构造细节之外，还有里里外外大量细

拙 匠 哲 思

节（有时我们管它做"细部"）的艺术处理、艺术加工。有些比较复杂的结构、构造和艺术要求比较高的装饰性细节，还要用模型（有时是"足尺"模型）来作为"详图"的一种形式。在施工过程中，还可能临时发现由于设计中或施工中的一些疏忽或偏差而使结构"对不上头"或者"合不上口"的地方，这就需要临时修改设计。请不要见笑，这等窘境并不是完全可以避免的。

除了建筑物本身之外，周围环境的配合处理，如绿化和装饰性的附属"小建筑"（灯杆、喷泉、条凳、花坛乃至一些小雕像等等）也是建筑师设计范围内的工作。

就一座建筑物来说，设计工作的范围和做法大致就是这样。建筑是一种全民性的、体积最大、形象显著、"寿命"极长的"创作"。谈谈我们的工作方法，也许可以有助于广大的建筑使用者，亦即六亿五千万"业主"更多地了解这一行道，更多地帮助我们、督促我们、鞭策我们。

千篇一律与千变万化 [1]

　　在艺术创作中，往往有一个重复和变化的问题：只有重复而无变化，作品就必然单调枯燥；只有变化而无重复，就容易陷于散漫零乱。在有"持续性"的作品中，这一问题特别重要。我所谓"持续性"，有些是由于作品或者观赏者由一个空间逐步转入另一空间，所以同时也具有时间的持续性，成为时间、空间的综合的持续。

　　音乐就是一种时间持续的艺术创作。我们往往可以听到在一首歌曲或者乐曲从头到尾持续的过程中，总有一些重复的乐句、乐段——或者完全相同，或者略有变化。作者通过这些重复而取得整首乐曲的统一性。

　　音乐中的主题和变奏也是在时间持续的过程中，通过重复和变化而取得统一的另一例子。在舒伯特的"鳟鱼"五重奏中，我们可以听到持续贯串全曲的、极其朴素明朗的"鳟鱼"主题和它的层出不穷的变奏，但是这些变奏又"万变不离其宗"——主题。水波涓涓的伴奏也不断地重复着，使你形象地看到几条鳟鱼在这片伴奏的"水"里悠然自得地游来游去嬉戏，从而使你"知鱼之乐"焉。

　　舞台上的艺术大多是时间与空间的综合持续。几乎所有的舞蹈都要将同一动作重复若干次，并且往往将动作的重复和音乐的重复结合起来，但

1　本文原载《人民日报》1962 年 5 月 20 日第 5 版。——左川注

拙 匠 哲 思

在重复之中又给以相应的变化，通过这种重复与变化以突出某一种效果，表达出某一种思想感情。

在绘画的艺术处理上，有时也可以看到这一点。

宋朝画家张择端的《清明上河图》[1]是我们熟悉的名画。它的手卷的形式赋予它以空间、时间都很长的"持续性"。画家利用树木、船只、房屋，特别是那无尽的瓦陇的一些共同特征，重复排列，以取得几条街道（亦即画面）的统一性。当然，在重复之中同时还闪烁着无穷的变化。不同阶段的重点也螺旋式地变换着在画面上的位置，步步引人入胜。画家在你还未意识到以前，就已经成功地以各式各样的重复把你的感受的方向控制住了。

宋朝名画家李公麟在他的《放牧图》[2]中对于重复性的运用就更加突出了。整幅手卷就是无数匹马的重复，就是一首乐曲，用"骑"和"马"分成几个"主题"和"变奏"的"乐章"，表示原野上低伏缓和的山坡的寥寥几笔线条和疏疏落落的几棵孤单的树就是它的"伴奏"。这种"伴奏"（背景）与主题间简繁的强烈对比也是画家惨淡经营的匠心所在。

上面所谈的那种重复与变化的统一在建筑物形象的艺术效果上起着极其重要的作用。古今中外的无数建筑，除去极少数例外，几乎都以重复运用各种构件或其他构成部分作为取得艺术效果的重要手段之一。

就以首都人民大会堂为例，它的艺术效果中一个最突出的因素就是那几十根柱子。虽然在不同的部位上，这一列和另一列柱在高低大小上略有不同，但每一根柱子都是另一根柱子的完全相同的简单重复。至于

1　故宫博物院藏，文物出版社有复制本。——作者注

2　《人民画报》1961 年第 6 期有这幅名画的部分复制品。——作者注

其他门、窗、檐、额等等，也都是一个个依样葫芦。这种重复却是给予这座建筑以其统一性和雄伟气概的一个重要因素，是它的形象上最突出的特征之一。

历史中最突出的一个例子是北京的明清故宫。从（已被拆除了的）中华门（大明门、大清门）开始就以一间接着一间，重复了又重复的千步廊一口气排列到天安门。从天安门到端门、午门又是一间间重复着的"千篇一律"的朝房。再进去，太和门和太和殿、中和殿、保和殿成为一组的"前三殿"与乾清门和乾清宫、交泰殿、坤宁宫成为一组的"后三殿"的大同小异的重复，就更像乐曲中的主题和"变奏"，每一座的本身也是许多构件和构成部分（乐句、乐段）的重复，而东西两侧的廊、庑、楼、门，又是比较低微的，以重复为主但亦有相当变化的"伴奏"。然而整个故宫，它的每一个组群，却全部都是按照明清两朝工部的"工程做法"的统一规格、统一形式建造的，连彩画、雕饰也尽如此，都是无尽的重复。我们完全可以说它们"千篇一律"。

但是，谁能不感到，从天安门一步步走进去，就如同置身于一幅大"手卷"里漫步，在时间持续的同时，空间也连续着"流动"。那些殿堂、楼门、廊庑虽然制作方法千篇一律，然而每走几步，前瞻后顾，左睇右盼，那整个景色、轮廓、光影，却都在不断地改变着。一个接着一个新的画面出现在周围，千变万化。空间与时间、重复与变化的辩证统一在北京故宫中达到了最高的成就。

颐和园里的谐趣园，绕池环览整整三百六十度周圈，也可以看到这点。

至于颐和园的长廊，可谓千篇一律之尤者也，然而正是那目之所及的无尽的重复，才给游人以那种只有它才能给的特殊感受。大胆来个荒谬绝伦的设想：那八百米长廊的几百根柱子，几百根梁坊，一根方，一根圆，一根八角，一根六角……；一根肥，一根瘦，一根曲，一根直，……；一根木；一根石，一根铜，一根钢筋混凝土，……；一根红，一根绿，一根黄，一根蓝，……；一根素净无饰，一根高浮盘龙，一根浅雕卷草，一根彩绘团花……；这样"千变万化"地排列过去，那长廊将成何景象？!!

有人会问：那么走到长廊以前，乐寿堂临湖回廊墙上的花窗不是各具一格，千变万化的吗？是的。就回廊整体来说，这正是一个"大同小异"、大统一中的小变化的问题。既得花窗"小异"之谐趣，无伤回廊"大同"之统一。且先以这样花窗小小变化，作为廊柱无尽重复的"前奏"，也是一种"欲扬先抑"的手法。

翻开一部世界建筑史，凡是较优秀的个体建筑或者组群，一条街道或者一个广场，往往都以建筑物形象重复与变化的统一而取胜。说是千篇一律，却又千变万化。每一条街都是一轴"手卷"、一首"乐曲"，千篇一律和千变万化的统一在城市面貌上起着重要作用。

十二年来，我们规划设计人员在全国各个城市的建筑中，在这一点上做得还不能尽如人意。为了多快好省，我们做了大量标准设计，但是"好"中既包括艺术的一面，就也有"百花齐放"。我们有些住宅区的标准设计"千篇一律"到孩子哭着找不到家，有些街道又一幢房子一个样式、一个风格，互不和谐。即使它们本身各自都很美观，放在一起就"损人"且不"利己"，"千变万化"到令人眼花缭乱。我们既要百花齐放，丰富多彩，却要避免杂乱无章，相互减色；既要和谐统一，全局完整，却又要避免千篇一律，单调枯燥。这恼人的矛盾是建筑师们应该认真琢磨的问题。今天先把问题提出，下次再看看我国古代匠师，在当时条件下，是怎样统一这矛盾而取得故宫、颐和园那样的艺术效果的。

从拖泥带水到干净利索 [1]

"结合中国条件，逐步实现建筑工业化"，这是党给我们建筑工作者指出的方向，我们是不可能靠手工业生产方式来"多、快、好、省"地建设社会主义的。

19 世纪中叶以后，在一些技术先进的国家里生产已逐步走上机械化生产的道路，唯独房屋的建造，却还是基本上以手工业生产方式施工。虽然其中有些工作或工种，如土方工程，主要建筑材料的生产、加工和运输，都已逐渐走向机械化，但到了每一栋房屋的设计和建造，却还是像千百年前一样，由设计人员个别设计，由建筑工人用双手将一块块砖、一块块石头，用湿淋淋的灰浆垒砌，把一副副的桁架、梁、柱，就地砍锯刨凿，安装起来。这样设计，这样施工，自然就越来越难以适应不断发展的生产和生活的需要了。

第一次世界大战后，欧洲许多城市遭到破坏，亟待恢复、重建，但人力、物力、财力又都缺乏，建筑师、工程师们于是开始探索最经济地建造房屋的途径。这时期他们努力的主要方向在摆脱欧洲古典建筑的传统形式以及繁缛雕饰，以简化设计施工的过程，并且在艺术处理上企图把一些新材料、新结构的特征表现在建筑物的外表上。

1　本文原载《人民日报》1962 年 9 月 9 日第 6 版。——左川注

拙 匠 哲 思

第二次世界大战中，造船工业初次应用了生产汽车的方式制造运输舰只，彻底改变了大型船只个别设计、个别制造的古老传统，大大地提高了造船速度。从这里受到启示，建筑师们就提出了用流水线方式来建造房屋的问题，并且从材料、结构、施工等各个方面探索研究，进行设计。"预制房屋"成了建筑界研究试验的中心问题，一些试验性的小住宅也试建起来了。

在这整个探索、研究、试验，一直到初步成功，开始大量建造的过程中，建筑师、工程师们得出的结论是：要大量、高速地建造就必须利用机械施工，要机械施工就必须使建造装配化，要建造装配化就必须将构件在工厂预制，要预制构件就必须使构件的类型、规格尽可能少，并且要规格统一，趋向标准化。因此标准化就成了大规模、高速度建造的前提。

标准化的目的在于便于工厂（或现场）预制，便于用机械装配搭盖，但是又必须便于运输，它必须符合一个国家的工业化水平和人民的生活习惯。此外，既是预制，也就要求尽可能接近完成，装配起来后就无需再加工或者尽可能少加工。总的目的是要求盖房子像孩子玩积木那样，把一块块构件搭在一起，房子就盖起来了。因此，标准应该怎样制订，就成了近二十年来建筑师、工程师们不断研究的问题。

标准之制订，除了要从结构、施工的角度考虑外，更基本的是要从适用——亦即生产和生活的需要的角度考虑，这里面的一个关键就是如何求得一些最恰当的标准尺寸的问题。多样化的生产和生活需要不同大小的空间，因而需要不同尺寸的构件。怎样才能使比较少数的若干标准尺寸足以适应层出不穷的适用方面的要求呢？除了构件应按大小分为若干等级外，还有一个极重要的模数问题。所谓"模数"就是一座建筑物本身各部分以及每一主要构件的长、宽、高的尺寸的最大公分数。每一个重要尺寸都是这一模数的倍数，只要在以这模数构成的"格网"之内，一切构件都可以横、直、反、正、上、下、左、右地拼凑成一个方整体，凑成各种不同长、宽、高比的房间，如同摆七巧板那样，以适应不同的需要。管见认为模数不但要适应生产和生活的需要，适应材料特征，便于预制和机械化施工，而且应从比例上的艺术效果考虑。我国古来虽有"材""分""斗口"等模数传统，但由于它们只适于木材的手工业加工和殿堂等简单结构，而且模数等级太多，单位太小，显然是不能应用于现代工业生产的。

建筑师们还发现仅仅使构件标准化还不够，于是在这基础上，又从两方面进一步发展并扩大了标准化的范畴。一方面是利用标准构件组成各种"标准单元"，例如在大量建造的住宅中从一户一室到一户若干室的标准化配合，凑成种种标准单元。一幢住宅就可以由若干个这种或那种标准单元搭配布置。另一方面的发展就是把各种房间，特别是体积不太大而内部管线设备比较复杂的房间，如住宅中的厨房、浴室等，在厂内整体全部预制完成，做成一个个"匣子"，运到现场，吊起安放在设计预定的位置上。这样，把许多"匣子"垒叠在一起，一幢房屋就建成了。

从工厂预制和装配施工的角度考虑，首先要解决的是标准化问题，但从运输和吊装的角度考虑，则构件的最大允许尺寸和重量又是不容忽视的。总的要求是要"大而轻"，因此，在吊车和载重汽车能力的条件下，如何减轻构件重量，加大构件尺寸，就成了建筑师、工程师，特别是材料工程师和建筑机械工程师所研究的问题。研究试验的结果：一方面是许多轻质材料，如矿棉、陶粒、泡沫矽酸盐、轻质混凝土等和一些隔热、隔声材料以及许多新的高强轻材料和结构方法的产生和运用；一方面是各种大型板材（例如一间房间的完整的一面墙作成一整块，包括门、窗、管、线、隔热、隔声、油饰、粉刷等，一应俱全，全部加工完毕）、大型砌块，乃至上文所提到的整间房间之预制，务求既大且轻。同时，怎样使这些构

拙 匠 哲 思

件、板材等接合，也成了重要的问题。

机械化施工不但影响到房屋本身的设计，而且也影响到房屋组群的规划。显然，参差错落、变化多端的排列方式是不便于在轨道上移动的塔式起重机的操作的（虽然目前已经有了无轨塔式起重机，但尚未普遍应用）。本来标准设计的房屋就够"千篇一律"的了，如果再呆板地排成行列式，那么，不但孩子，就连大人也恐怕找不到自己的家了。这里存在着尖锐矛盾。在"设计标准化，构件预制工厂化，施工机械化"的前提下圆满地处理建筑物的艺术效果的问题，在"千篇一律"中取得"千变万化"，的确不是一个容易答解的课题，需要作巨大努力。我国前代哲匠的传统办法虽然可以略资借鉴，但显然是不能解决今天的问题的，但在苏联和其他技术先进的国家已经有了不少相当成功的尝试。

"三化"是我们"多、快、好、省"地进行社会主义基本建设的方向，但"三化"的问题是十分错综复杂、彼此牵挂联系着的，必须由规划、设计、材料、结构、施工、建筑机械等方面人员共同研究解决。几千年来，建筑工程都是将原材料运到工地现场加工，"拖泥带水"地砌砖垒石、抹刷墙面、顶棚和门窗、地板的活路，"三化"正在把建筑施工引上"干燥"的道路。近几年来，我国的建筑工作者已开始做了些重点试验，如北京的民族饭店和民航大楼以及一些试点住宅等，但只能说在主体结构方面做到"三化"，而在最后加工完成的许多工序上还是不得不用手工业方式"拖泥带水"地结束。"三化"还很不彻底，其中许多问题我们还未能很好地解决。目前基本建设的任务比较轻了，我们应该充分利用这个有利条件，把"三化"作为我们今后一段时期内科学研究的重点中心问题，以期在将来大规模建设中尽可能早日实现建筑工业化。那时候，我们的建筑工作就不要再"拖泥带水"了。

章五

雕梁画柱

梁思成
笔记里的
"建筑人生"

梁思成工作笔记摘录

（一）访美笔记 [1]
不拾破国山河

卅六年六月廿二日　星日　在 Franklin

九时起，十时开始与 Wilma 排 Pic. Hist 图版。一直至晚九时半，除三餐外，未做他事。图版排完，说明待写。

六月廿三日　星一晴　在 Franklin

八时起，J 已返 Cambridge，早餐毕即与 W 在树下写说明。午饭后与 Aunt Aida 往 Hill top，她的别墅，将来给 W. 的。途中顺便访某 Miss Eyer 及 Miss Russel，后者有狗多条，要我给取中国名字，狗窝也要名，命之曰"葵宫"。Hill Top 面临深谷，Pemejowansett River 远远在望，松树苍翠，风景绝佳，可爱至极。新英伦一带，风景好；天气好，真令人羡慕。愿能携家久居是邦，奈不舍破国山河何！下午三时继续工作，晚饭后打 badmingon 半小时，久不运动，竟同废人。又工作至十时。收拾行李至十一时，就寝。明晨七时返康桥。

说明做到 Pl. 56。

1　1947 年 6 月至 7 月，梁思成访美。

六月廿四日　星二　在 *Cambridge*

六时半起，早餐后与 Mrs. Cannon 及 Bergis 两童 Janes & Piace 话别。W. 开车，其姑 Dada 同坐，7：25 开，经 Concord, N. H., Chelmsford, Concord. Mass., 返康桥，9：45 到。沿途风景极美，许多"古"屋尤为可爱。电话各处约人见。早十时工作（写说明）至一时，J. 归来，午饭，Levanson（写爹传的学生）亦在相见。下午三时至 Honghton Mufflin 见 Paul Brooks，商出版事，略计制版即须 $250001，有难色。往访 Emerson 不在。（在 Maine 避暑）。4：30 访方桂，遇昭伦大泅七时在安琳 P. M. 家晚饭，莹亦来，饭后至赵家楼与 Iris 夫妇道别。九时返费家，工作至十二时。

下午大雨。

六月廿五日　星三上午　大雨　由 *Boston* 返 *New Haven*.

9：00 车开，12：24 到。邬上 N. Y. 有电报说 1：25 到，二时共午饭。饭后至银行算账，尚存 1700 元，买旅行支票七百，余一千拨花旗。为福曼买外套一件 50 元。4：30 返宿舍。少顷邬来，张英伯来，田意小吴来。6：30 与英伯吃意大利饭，8：30 邬来，谈买书事，约星五晨同上 N. Y. 见孟治。10：45 邬去，写信吴惠瑛，Lang Sichman，元任，记此。一时就寝。

六月廿六日　星四　阴　在 *New Haven*

9：00 至学校会计处还账，至 Weir Hall 还书。10：30 至 Berger Bros 最后修改架子，至十二时始完，至 Sinedley 问账，看箱子，共两大箱两小箱：（1）36×40×54"（约 45cu. n.），710 lb，家用品；（2）25×45×78"（51c. f.）330 lb, Mathesser& 自行车；（3，4）14×18×30"（5 cu. n.）165 lb 及 135 lb，书。装箱并运 Lake Success 共 $105. 11。午饭后小息，理发；等 Railway Express 来运 trunks 同时收拾最后东西，至 5：30 始来。六时田意小吴来，同

雕　梁　画　柱

至 Calser 晚饭，8：00 返。收拾文件，收拾明天带的东西。至 R. 已付运费，二 trunks 至 L.S-Suit case 至 S. F.，共 12.76 元。十时邬来，约明晨八时同上 N. Y. 洗澡，一时就寝。

六月廿七日　星五　晴　离 New Haven，上 N. Y. 看 "Love for Love"

7：30 邬来，同至 George and Harris 早饭。八时至车房取车，李吴在相候，同返说溪。装上行李，8：25 离 N. H.，11：45 到 China institute 与孟治接洽清华买东西手续，介绍邬全权续办。12：30 与邬至 Henry Hudson Hotel，又同午饭而别。睡至 2：10，至 UN Transportation Office 接洽行李，取得飞机票。5：15 至 Stein 家，晚饭后同往看 John Girgound 之 "Love for Love"。一个 17 世纪末年的戏，雅有中国元曲之风。戏完 Aline 带至后台看 J. G.，装犹未卸，略谈而出。又至 Stain 家，略坐至十二时返旅馆。

六月廿八日　星六　晴　看歌剧

早十时至 RKO，无人。今日 Nowicki 请午饭，不知住址，至思一家，忽想可至 Soilleux 家试问，果然问到——在 208Cancenfral Park South，赶到已一时十分，Halvolichez 亦在。Siasia is very charming. Nowicki iS extremely nice & intelligent & culture. UN Architect 中，这一对最可爱。2：30 赶到 Ethee Banymore Theatre，Stein 夫妇请看歌剧 Telephone 及 The Merium，美国现代的歌剧，全唱没有道白，甚成功。剧散后又同至 Stein 家，晚饭后已 9：30，约明日上 Radbum。

六月廿九日　星日　晴　上 Radbum

10：15 Albert Meyer 来接。他是工程师兼建筑师，曾设计 Greenbelt near Washington

D. C.，注重工程，注重生活，但认为现代故意表彰结构的毛病与故意加花一样的不应该：他认为工程只是建筑的躯干，是达到或解决生活或建筑之手段之一，没有可特别可夸张之处，所见甚是。

Radbum 是美国 Ganden City 的元祖。后来的相似的建设虽甚多，但他是先锋，是 Stein 与 Ralph Walker 的创作。在美国建筑界是一个大贡献，Clarence 之功不小也。

10∶30 接 Clarence，同往 Radbum。Radbum 的基本计划是 What C. S. S. calls "Turn the whole thing inside out." 以公园地带为中心，房子周绕，街道不便于直通疾驰，有 over&under passes，有中心商业及文化区域。全镇绿荫青草，百花竞放；城市山林，愉快之极。住居有 Morrison 夫妇，Stein 之友，说此地宜幼童，宜中年老年，青年不爱住，以为离城太远，社交娱乐不便。这其实是地点问题，不是设计上的缺点也。一时半返 N. Y. 在 Stein 家午饭。

饭后三时赶往 Seaman Ave 陈公与家取老金 Trunk，装在小车上居然无问题。五时返旅馆，取 Audograph 至 Stein 家，由 Aline，Clarence 向徽说话。6∶00 思一 Afitum 亦到，本约同上上海楼，因 Cl. 今日行动太多，临时改在 Stein 家吃饭。饭后十时返旅馆，十一时洗澡就寝。

六月卅日　星一　阴　上 Lake Succes，上 Port Washington

十时至 RKO，约 Soilleux，Niemeyer，Nowicki，Wolf 下午至 Stein Cocktafi. 十一时与 Wolf 同往 UN，找 H. C. SIE（谢某）保险至 Receiving Depr. 交老金 Trunk，在 UN 午饭后，开车至 Port Washington，交 Port Sales Corp. 大检查，嘱交 Security Officer Mr.Frank BeSley，火车返 N. Y. 到旅馆已 4∶30，赶往 Stein 家。客陆续来有 Miss Movis，Mr Mrs Bewolf，Stein's Consin，收藏中国画陶颇多，Mr&Mrs. Julmer（architect）I Phyllis Joyce（Mrs. Albert Meyer）及 Sofileux 夫妇，Nowick 夫妇，Niemeyer，衍夫妇，

雕梁画柱一

罗时定诸人，至 8∶30 始散。与衍夫妇时定同晚饭，归已十时半，十一时就寝。

七月一日　星二　晴　夜车离 N. Y. 上 Kuoxofile

九时到 China Institute 取支票 $132. 82，至 Metropltan Museum 访 Jayne 及 Mrs. Sinmons 不遇，看中建展览。至花旗银行存千元及 $132. 82，又 $25. 00，至 UN Transp. Office 通 Miss Ramsey 找得今夜上 Knoxville 铺位，开空支票交 Mr Widly 作汽车装运费。在 sz. St 午饭后，返旅馆，收拾行李，三时半退房间，至思一处。又上 Broad Way 买表不得，返思一家。5∶30 同上 Stein 家，Stein 有四介绍信。6∶30 辞出，返旅馆，取行李。7∶15 到 Pa. Stn 7∶35 车开，在车上打信 Wilma，Mrs Simmons，Jayne 十时半就寝。

七月二日　晴　星三　到 Knoxville, 参观 Novis Dam

8∶30 始起，与同车人闲谈，车上午饭，1∶40 到 Knoxville，住 Andrew Johnson Hotel，定四日晚铺位，送衣洗，电 Betly Mock. 即往访，由她开车上 Novis Dam，伟大至极，发电厂内尤为整洁。途中机件稍有毛病，幸得返无恙。归来 Rudolf Mock 在相候，且有 Col 与 Mrs. Tobey 都在，同至旅馆晚饭。并引路认识 TVA 车房，明日与四个印度工程师，一个芬兰工程师，Who is also/2an architect 同上 Fontana，十时返，补记四天日记。记完已 11∶45，就寝。

七月三日　晴　星四　参观 Fontana Dam & Village

上午八时到 TVA garage，由 T. D. William 陪伴，与三个印度公路工程师，一个 Finnish Turbine Engineer 同上 Fontanna，距离颇远，去了两个多钟头，一大段路在山里走，公路专家一路讨论路，旁听长了不少见识，颇有趣。十时半到 Fontanna，先看 Dam，极伟大，泄水 Spill Way 在 Dam 旁，两管径各 34'，即可泄最大流量。此季水低，在 Normal 下约四五十尺，未见 Spill way，甚可惜。电厂内部看发电机转轴，极美。在 Fontanna 新村午饭，新村本是工人住宅区，现改为职员住宅，且新添许多 Prefabricated houses，为 Mock 设计，甚精巧。一时半离 Fontanna，四时返 Knoxville，至 Mock office，承赠 housing 小手册及图，晚在 Mock 宅晚饭，谈至十二时返旅馆。

七月四日　晴　星五　参观 *Fort Landon Dam*

上午九时由 RudoffMock 开车导观 Fort Landam，离此不远，约 26 里，此 Dam 不高，但是 Knoxville 下第一船闸，得见船上下，十三分钟即可由下水位提至上水位，高约 65'，闸内水量 13,000,000 gallons，每分钟百万加仑，真可观。Pt. Landam 电厂 Crane 在屋外，故厂屋甚低。环湖游玩设备尚未完备。十二时返抵 Knoxville。

一时十分到 Lovisianna & Nashville 车站，铺位虽空，但车票是 Southen R. R. 的，不能用，废然返旅馆。三天缺睡，补了一下午。八时四十分车开，只能到 Cincinnati 即须换车。

七月五日　星六　晴　得徽信

七时到 Cincinati，车上另一传教士 Mr. Swaime，同早饭。8：55 车开，至 10：05 到 Richmond，换车；10：25 开，1：40 至 Jor Wayne，等了五小时，写信 Stein，Wilma，思一。打了电报元任，请在 Adrian 接。6：30 车开后，细看地图，始知 Adrian 离 Ann Arbor 甚远，甚悔。9：30 车到 Adrian，元任夫妇莘田竟在相接。他们说接到电报，打听 40 哩，饭都不吃就来了，真抱歉之至。同至 Adrian 镇上晚饭，开回 Ann Arbor，到已 11：45。谈至一时就寝，阿邬亦在此。

到赵家得 Larry 信并转徽信，又 Wilma 信。

七月六日　星日　阴　在 Ann Arbor

今天星期，不能参观，我之所以把行程如此安排，就为得借此休息一天。睡至十时始起，早饭后游 Ann Arbor，城小，无可观。下午又睡至三时，起写孟治信。五时赵家请的客陆逐来，共约卅人，都是语言学家及眷属，至十二时客始散。

阿邬早七时五十五分车离此，曾起送，又睡，故至十时。

七月七日　星一　晴　Ann Arbor，参观 U of Mich，到 Detroit

八时起，收拾行李，将 Suit Case 寄彦堂。因赵太太 UCR 旧衣另有人带，故电 Widley 取消一件。函彦堂告以将至，托收行李。十时至建筑学院参观，由 Dean Welas Bennette 导观。

U. of Mich. 甚前进，注重 Professional Canpetance。注重社会科学，结构均由 Architect 教，不用 engineer，四年级生须做 advanced working drawing. 最有趣是一年级图案，完全由抽象 design of line, space, color, form, 2-dimensional 而至 3—dimensional 人手；然后将此观念用于建筑上。高级图案教授有 Kanip-Hiffner，令学生自拟题，自做 research，然后设计。设计重实际题目，多以学生家乡或附近 actual site 为题。

午饭后元任一家开车上 Detroit，跟来，住 Book Cadillac Hotel，参观 Museum，夏季星期一不开废然返旅馆，写完孟治信，并函袁永熹。定妥明晚 8：05 飞机票，直飞 Madison，9：40（C. S. T）可到。十二时就寝。

七月八日　星二　晴　参观 Cranbrook，写徽信，翌日在 Madison 发

早八时始起，九时乘公共汽车赴北郊 Bloomfield Hill 站，因不知地理，步行三刻始达 Cranbrook Academy of Art，已十一时半，小息，在附近小饭店午饭，十二时半至校，老小 Saarinen 均不在，由秘书 Wallace Mitchell 招待。与 Erol 通电话，始知父子同出午餐，一时半左右，老 S. 当已回家，往访果在，与谈建筑教学原则，他主张问题要实际，不应用假设问题。所以中国学生若来，须自己把中国问题带来，他可助之解决，这里只有毕业研究建筑班，以十人为限，老先生自教。只有 Design 一课，课题偏重 City Planning 方面。学程颇自由，学费连膳宿每学年九个月仅 1050 元，真便宜。除建筑外，尚有绘、塑、图案、陶瓷、纺织等课。学生以动手为尚，空气充满创作滋味。校舍美极，园中塑像尤多，喷泉遍地，幽丽无比。

二时半小 Saarinen 回来，同接往参观其事务所。正在设计中的 Detroit Civic Center，地址与 UNHQ 颇有相似处，而问题完全不同。向索蓝图，当荷惠允，是可感也。由事务所出，复返校，由 Mitchell 引导参观各部甚详，手工艺而有机械化工具，工作容易多了。博物馆中有老 S. 设计银器，美极。

5:15 公共汽车由郊返城，6:30 到，6:50 到 N. W. 航空公司，七时起身上机场，7:40 到。8:05 起飞。飞机甚舒服，苍茫暮色中起飞，日正落，灿烂无比。少顷横过 Lake Michigan。在机上写信陈植。写信徽，未完，9:00 到 Milwankee 上空，万家灯火，红绿交辉，少顷降落。憩廿分钟，赶吃了一杯 Ice Cream，又起飞；9:40 到 Madison。找旅馆不得良久始得西站 Hotel Washington 旧、破、小，但对站甚便。打听了上 Spring Green 行程，即续写徽信，未完，十一时半寝。

访弗朗克·路易·莱特。

七月九日　星三　晴　参观 Talieson，发徽信

6:00 起，6:45 公共汽车上 Spring，39 miles 八时到。下车打听，始知还要回头走约十里。一夜未睡好，昨午以后未吃饭，无力走路，先至镇上吃早饭，找得一人开车送我去，送了他 $2.00。被送至 Hillside，是学校部分，找周仪先、邵芳都不见，一学生指示我向 Taliesen 去，半途遇周，同至其寝室，谈良久，他谈 F. L. W. 以老子之"以无为用"是 Space Conception 之基本，例如茶杯之用在其内空处，参观 Hillside，1903 年建，真是先进先知先觉，虽然在形体 form 上有许多为我所不喜（或看不惯），但其脱离传统之毅力真惊人。极厚重的不与极纤巧之木相衬，确能表现材料本能。虽然用木方法有许多怪巧之处，使我为之担心，但四十余年仍坚固健在，可为其可用之实证。参观图室及许多模型，奇巧层出不穷，创作天才可佩。

午饭全体学生及 F. W. 全家同吃，如一大家庭，以一个老祖为中心。老头又谈老子，要我 "Bring the Broad Acre city back to China. " 对于中国艺术极爱好，he thinks the Chinese objects of art fits his houses best，which iS perfectly true.。他不"教"，一群都是学徒，为老师做事，画图。全 Talieson 没有一块黑板，没有讲堂，不上课。而学徒们则须种菜、养牛、养鸡，打理花园，做木石金工，自己盖房子，自己修房子。古修道院，中国的书院，中古的学徒制，合而为一，真是怪莫甚然。现在学生以他为中心而生活，他已 78 岁，一旦呜呼，则 Taliesen 也就同他一齐死了。看着此日不远，真为危惧。午饭时遇邵芳，饭后同赴 Taliesen，美极。在客室休息，睡了一小时（God knows I need it）。三时为邵周敲门醒，同至 Hillside to tea. 茶后由 Wright 的舅老爷 "Uncle Vlado" 开车送至车站，4：05 车到，5：00 返抵 Madison，打听好明晨 5：26 车行，至车站买票。

7：00 在旅馆晚饭，老阎来攀谈世界政局，至 8：30 始完。洗澡，续写徽信完，至十一时半就寝。

七月十日　星四　晴　由 Madison 至 Chicago

4：30 起，5：26 开车，在车上写说明少许，早饭，8：50 到 Chicago，乘 taxi 至

Dearbom Station，定 K. C. 及 K. C. -L. A. 车票，然后至 613 Kenwood Ave 彦堂家，已 9：45，而 DayliZht time 则已 10：45 矣，上午已不能去找人。午饭后，同至彦堂办公室，打电报，Mies van der Rohe 不在 Chicago. Emmerich 在欧洲，其副手 Mr. Price 在约明晨九时会，并令 Blucher，grunsfeld 约十一时，V. d. R 之副手 Prof. Hildescheimer 约三时相会，明天匆匆，看不见什么了。下午四时参观 Mu of Natural History，只看了工艺一小部，物理一小部，已到时候。与彦堂同在公园坐了半小时，同晚饭。彦堂满腹牢骚，生活轻松，看见美国男女自由看不惯。一切举动仍华化，吐痰，打 gur，等等，颇难为情。九时到 Hotel Mayfair，即在彦堂对门，谈至十时，补记三天日记，12：30 就寝。一天白费了可惜。

七月十一日　星五　晴　在 Chicago，夜车上 Kansas City

Am Association Of Planning Officials；GrunsfeldIChicago

Housing Authoritfy，IU. Inst. Of Tech.

九时到 1313 E 60th St. Emmerich 及 Blucher 都不在，由 Cleraing House 之 Don K. Price 接见。他们这组织是全国许多行政，设计，……人员各种协会的联合会所，各会有会所，而同在此大楼内。会之组合，有州长协会，由各州州长为会员，或如县市协会，以县市为单位会员；乃至如 Planning Officials：Tax Administrators 等都有会；藉此集会组织，交换资料，实在是一个特别的组织。由 Price 介绍见 Housing Association 的 Sipprel，承赠 Journal of Housing 三期，内有文讨论 U. of S. Cai. 新添的 Housing 系课程，并向订赠 Back Numbers。

十一时至 Errest Grunsfeld，S Office. 他是 Stein 的老朋友，architect Of the famous planetarium. 关于学校他倒反问我哪间最好，关于 housing 他觉得没有什么可看的，他以为七八年来 Chicago Housing 无进步。与同吃午饭。关于他对 UNHQ[1] 似颇赞成。与同午饭，

---

1 此为梁思成原文，予以保留。——编者注

雕　梁　画　柱

向他要 blueprints，承允代印约卅元左右。

1：45 到 Chicago Housing Authority 看 Mr. Lesser. 承赠芝城 Housing 平面图若干种，从图上看来，似无特长之处，与他谈起种族问题，这在芝城也是不能圆满解决，黑白仍不相混。但因 housing 以救济最劣住区为原则，故现在新 housing 有一半以上是黑人居住。

三时到Ⅲ. Inst. Of Tech. Mies van der Rohe 上 N. Y. 去了，有 Prof. Hilberseimer.（City Planning）接见。这学校授课分为三阶段：（1）make a good draftsman；（2）make a good constructor；（3）make a good architectural designer。

good draftsman 的在画各种线条；平行，以同粗细线画等距离线；递减距离平等线：to give impression of graded tone；以等距离而递加线之粗度以 get same impression，交叉线，正角，30°60° 角，"如意"图交叉等等，各种不同 Tangeant 图等等。或图等，Free hand drawing，pen-&-ink 甚工细。Water color 等等。

good constructor 不一定是 engineering，more like "good practice in construction" sort of thing，但学生必须将结构用透视画出，先从砖块开始，门窗位置必须以砖缝为定，各部梁柱亦必与砖合；然后到门窗细部。

Design 开始与 U.of Mich. 相似，先有各种抽象比例，由平面至立体，然后由一小室渐及数室，乃至一小建筑物。高级图案就与他处大致相同了。

Hilberseimer 本人之市镇设计以"避烟"为大前题（！）注重光线及风向。他不赞成弯弯曲曲的街，也自有道理。

四时半返 3168 Kenwood 彦堂家，洗澡，收拾行李，六时与同访赵萝家，萝家到东岸去了。同去晚饭，饭后返陈家坐至十时，十时半到东站，十一时开车。

七月十二日　星六　晴 *Kansas City*

八时半到 Kansas City，Larry、Sickman 来接。天奇热，上午看 Nelson Gallery。在

建筑方面，虽用古典式，但 plan 尚合用。最可取处在小房间，不用大 gallery，不使观众有在广漠迷路之感。Object of the Month Room 一室只一件东西，室内全暗深色背幕，一 Spot light，只照一物，非常引起兴趣。在设备方面，中国手卷陈列柜，上面整玻璃不动，而安画之底板自下抽换非常得法。器件陈列柜，固定的，玻璃门向上收而不向外开，如单扇 double hung window 亦好。陈列品中，有广胜寺壁画、龙门浮雕、唐刻小狮子，最为精彩。龙门浮雕凿成数百小块，亏得他们把它重聚。

午饭在 Larry 家，与其太夫人共食。下午由 L 开车导游 K. C. 地产商人 J. C. Nichols 的许多 developments。事业极大，几及全市之半。虽以营利为目标，但计划尚能以住户福利为前提，市道布置草地喷池等等，且搜集"古物"作街头装饰，甚为雅洁（太 arty 一点）有趣。其各住宅区以房价为别，最贵的部分俨然富豪之居，low income 部分房子太密，且 Planning 欠佳，至为可惜。

晚饭仍在 L. S. 家，星六晚吃 Bostonbaked bean，是他们家数十年的家风。席间谈起七七事变，史太夫人独住北平，他们家厨子做地下工作，终被发现而就义事，令人兴奋敬佩。

晚上 L. 外出，在其书斋阅日本考古刊物。支那建筑装饰六巨册，印刷精，内容一无可取。阳高古墓，大同石佛寺，辑安乐浪墓，都令人羡慕。十一时 L. 归来，11：30 就寝。

今日甚热。

七月十三日　星日　晴　在 Kansas City

十时始起。早点完已十一时，L. 始起。闲谈少顷，与同至 Mrs. Logan 家午饭。三时半至 J. C. Nichols 家，好古的巨贾，而趣味太花骚一点。四时半由 Nichols 导游其 developments，并参观其工场及设备。工作十分标准化，在中国不易做到。六时返 Sickman 家，收拾行李，L. 请在车站晚饭，有青年 Baldwin 在，是 Penna 一大地产商之子，正要上 Mexico 做研究工作去。

雕　梁　画　柱

9 : 30 车开，离 K. C. 西行。

七月十四日　星一　晴　车上，过 Kansas, N. M. Arig.

车经 Kansas、New Mexico、Arizona 诸省。在车上函孟治，gramnon，并写说明。过 Abelesque 买 Mexican 别针手镯数事。

今天是老舍生日。

七月十五日　星二　晴　在 Los Angeles

早 8 : 30 到 L. A.，住 Hotel Hayward，十时到 Southern Pacific 换票，来回于 S. P. 与 Sauta Fe 两公司之间，至一时始换得，定要明晚睡铺。

下午二时半往访 Lewis E. Wilson，由他带领至 Alexander 之办公处，由 Bob Alexander 导观 Baldwin Hills Village，并赠图册数种。Baldwin Hills 是 Wilson、Morril & Alexander 之作，Cl. Stein 为 Consulting Architect，是 Radbum 之再生，而较之整洁开敞，可爱之极。

六时半到 S. Main Street 张翊唐家，才知道思礼亦在此，已外出游览，七时半始归来，相见甚欢。当晚张翁宴，有黄领事及张家兄弟姊妹多人，至十一时返旅馆。

七月十六日　星三　晴　在 Los Angeles

八时半 Lewis Wilson 来，共早点后往观 Housing project 七处，大致都令人羡慕，承赠小册子，不在此赘记。午饭由 L. Wilson 介绍与 Adrian Wilson 同吃，他介绍我见 S.F. 巨商 JoeShoong（居崧）带我去看他设计的 China Town，二时半又至 I. Wilson，s office，等思礼至三时不至，遂往参观 U. of. S. C. 建筑系，由 Prof. John Boylin 招待，至五时半，同至 Boldwin Hills Alexander 家，又折往张家接思礼，返已 6 : 40，匆匆吃完；7 : 05 辞出，由 A. 开车，赶至旅馆，取行李，勉强赶上车，但到站时，发现遗漏 Audograph，嘱礼回去取。

七月十七日　星四　到 *San Francisco*

早 8 : 45 到 S. F. 先至 SutterHotel，没房间，改至 Hotel Washington，即打电陶维正，始知孟真一家也住此。

十时至所得税局办理手续，计去年度可退还 71 元余，今年可退 15 元。十一时半便完事出来，与孟真等在香亚饮茶做午饭。下午至 PAA 问起飞时间手续，与孟真谈良久。至吴惠瑛家，至陶维正家晚饭，十时返旅馆。

七月十八日　星五　晴　在 *S. F.*

上午写 Harrison 信，提出向 Rockefeller 请求数目，写 Wilma 信。函 U. N. H. Q 推荐工作人员。

午与孟真邹致圻等在香亚，并有侨民参政员邝炳舜。

下午写信各处辞行。

晚萨本铁在上海楼请孟真及我，遇王德郅。

七月十九日　晴　星六　上 *Davis*

早九时本铁来，同乘轮渡搭车，先上 Berkley，找家炀，共午饭，2 : 26 车上 Davis，4 : 38 到，住 University Hotel。到永熹家。

雕　梁　画　柱

永熹仍与数年前在重庆情形差不多，彤已比我高，极健美，脸孔与公超无别，炜却是一个小黑豆儿。Edna 房子甚小，甚热，有狗三条。十时返旅馆。

七月二十日　晴　星日　由 Davis 返 S. F.

早上照了几张相，闲谈了一会儿。午饭后返 Berldey，嘉炀来接。开车至 S. F.，走过两桥，照了许多相。同至 Fisherman，s wharf 晚饭，晚后嘉炀返 Berldey。

七月二十一日　晴　星一　在 S. F.

十时左右思礼来电已到 S. F.，Audograph 亦带到，与同往买毛料、草帽。

下午往访 Joe Shoong，上 Canada 去了，买了一手表。

六时与礼同至余宝三家，一家同出吃晚饭。吴惠英送徽及宝宝物等件，一部分邮寄，一部分交我带。晚十时返旅馆。

七月二十二日　晴　星二　晚自 S. F. 起飞

上午一早组织行李，午与思礼本铁在香亚午饭。本铁介绍 paruamino-benzoid 可治结核，介绍马祖圣代制。

三时退了旅馆房间，暂以孟真房间休息。四时至领事馆会张紫常，正遇其出来，遂应其约吃点心。七时与礼晚饭，八时至 PAA office，8：30 开车往机场。行李过重甚多，共计 1321b，过重 461b，费 156 元余。保险 $25,000，费 $21.25。十时正起飞，俯视万家灯火，转瞬已在大洋上，残月在西，正向它飞行。十时半进点心后即就寝。

七月二十三日 星三 晴 *Honolulu, Midway*

7：45到Honolulu。同机有叶达卿者，与同下车，往城内游，在车上叶遇其老友Dr.Helen Blumenfeld，三人另雇Taxi，游市外山上及Waikiki beach，吃芒果。返机场，11：45再起飞。

下午5：45到Midway。停一小时，晚饭，岛上Gooney bird千万，旁若无人，甚为滑稽。6：45起飞。

七月二十四 星四 *Wake*

晚十二时到，其实距Midway起飞仅六小时，其实廿四日在过international date line时已失掉了。一时半起飞，已是廿五日早上了。

七月二十五日 星五 晴 *Guam, 冲绳岛，到上海*

晨一时半起飞自Wake，早5：30到Guam，已是当地时间七时半，早点一小时后，又飞，在机上午食。下午一时到冲绳，停一小时余，五时到上海。陈直生、马骏德来接，行李免验而出，早知如此可带许多"奢侈品"。住骏德家，电徽告平安。晚访陈仲老，陈意亦在沪。

七月二十六日 星六 晴 在上海 得徽信

上午发现护照未领回，至PAA office取得，至CNAC定妥八月一日Skymaster飞平。又发现沪平段换票证遗失，托其职员张君代电S. F.及N. Y.证明。又是一个hallicination，电徽告定行期。

中午应徐敬直约，在丰泽楼。饭后至马家小睡休息，五时至直士家，六时半至源宁家，

雕 梁 画 柱

饭后闲话，至十时半返马宅。得徽信。

七月廿七日　星日　晴　在上海　至江湾

上午八时半四姊来接，同至江湾大姊家。日本人 design 的小楼，小巧经济，甚是不错。十一时返直士家，午饭后一睡至五时。由功绶开车至马宅，搬至赵深家。晚陈仲老请吃饭，饭后返赵宅。晚饭前至中研院看李先闻、邓叔群。

七月廿八日　星一　晴　又大雨　在上海　见桂老

邬劲旅本应今日到，船误期一天。

上午在华盖。午在清华同学会午饭，专为等与周寄梅晤面，遇到家骅，钦仁、立人、伯□[1]等多人。至四楼中基会，下半年三百万，已汇出。

下午与伯□至华盖，先至伯□家，他夫人半身不遂。四时半到吴敬安宅见桂老，老人家见我回来似甚高兴。晚骏德约在泽弯楼，与丁桂堂见面。

七月廿九日　星二　晴　在上海　接邬

上午至华盖，打听得 Gen Meigs 十时半到，但十一时到码头，船尚未来。少顷郑观宣亦到，共候至十二时，已不能再等，遂至兆弯邮接陈意，一时到 Hamilton House，Meyers 请午饭。二时半辞出，送 Caroline 返宅，又至华盖。五时至建师会，讲约一小时。八时半饭后散。至郑宅找邬，正遇上郑宅请亲家，不速之客只好加入。邬备有功课草案，郑不能北

1　此为梁思成原文，予以保留，余同。——编者注

来任教，荐王大雄。十一时半返赵宅，一时始睡。

七月卅日　星三　雨　由沪飞京

三时半敬直来接上机场。至 7：45 始飞，九时到京，下机即往中研院。电公超，十一时至外交部，一时正朱驹先家午饭。下午至中博院，改了若干 detafis. Joe Bennet 赶到中博院约吃晚饭。五时访士能，6：30 到 Joe 家。晚饭后送昭炯回中博，又至中研访济之，谈至十一时半，返心理所就寝。七月卅一日星四雨，由京返沪。

八时起，与培源谈至九时半，又访本栋又荪。至动植所，访熊海平，送彦老托带的东西。至基泰，得电话知二时须到机场。十二时至曾绍杰家，匆匆吃完，二时到机场。忽接兴业电话，说华盖通知飞平改至三日，三时起飞，四时到沪，4：45 到赵家，6：30 到直士家，与直士夫妇念一、语姐同至泽弯楼。吃完又至直士家，十一时返，十二时寝，陈植已代电徽改行期。

八月一日　星五　晴　大雨　在上海

八时始起，在赵宅，补记七月十二至昨日笔记，自九时至下午四时半始记完，在家休息一天。

晚煦明请吃晚饭，有老童夫妇、陈意、陈植、童诗白。饭后试 audograph，在美所录慢而低，是用中国电流所录则无问题。

飞机若不改期，早已到家了。

（二）长安街规划

1964 年 4 月初至 16 日，在北京召开了长安街规划讨论会，与会的有全国各地的专家学者，他们的发言梁思成做了详细记录，现整理出来供参考。与会专家名单如下：

沈　勃　袁镜身　陶　铸　吴景祥

赵冬日　林克明　殷海云　徐　中

鲍　鼎　唐　璞　苏邦俊　姚宇澄

杨廷宝　赵　深　郑一乳　沈亚迪

张芳远　徐显荣　王明之　陈　植

梁思成　参加会议而未发言的人无法列入

考虑到记录可能有误，因此每位发言人均不署名，只用姓氏字母代替。

——林洙注

关于长安街？提出"四化"1964年4月初

S：

看来思想乱，与QH所谈大致一样，如新、洋、等，有些人有情绪。

关于创作：

现在不敢做立面，做了新的就说怪。说怪又说不出名堂，所以现在就不敢做，一做就说是思想、立场……问题。

有些是第一个创造新形式的人倒霉，后来渐渐用起来就不怪了。

现在抄袭风甚盛，其中有两种思想。

1. 不动脑筋。

2. 抄些未受批判的东西就保险些。

现在我们的建筑形式是折中主义，与现代实际生活，与施工有矛盾，必须抛弃。

创造形式，如设计，难做，无檐说太秃太方，变化一些，"洋、怪"，一些新颜色又说效果不好，这就不易创作了。

现在创作，想有点变化就须过几个关：要对称，不要歪，线条不要稳等，这都束缚创造力的发展。

政治方向：

什么叫"新"？"怪"？如工业院。同济能做的，我们就不能做，应讨论。

大玻璃窗有二种解释：

1. 表现了社会主义的开朗，明快活泼。

2. 表现受了西方影响。

应怎办？

现在说避免西方影响，为何杂志又介绍，这是否会引起坏效果？目前是折中主义，过去大屋顶造成损失，出力才扭转，今折中主义也将造成损失，才能扭转。

应与折中主义展开斗争。

将来社会主义建筑与资本主义建筑到底有何不同？现在不同因材料。施工情况未赶上资本主义国家，等赶上就会有很多相同地方，不同的，看来主要在功能上，如医院，我为广大人民服务，他们为少数，因此无甚区别。

要解决社会主义，为社会主义服务，要表现什么呢？

民族形式问题。

现在主要问题是如何创造新的民族形式。

现在折中主义搬了些西方东西，加上民族的线条，这是不对头的。

将来都死了，民族形式怎办？

北京的建筑，怎能表现地方特色？

框框问题：

当前有些问题看得过死，如住宅一律要加女墙，一条街是红砖，就全红砖，坡顶就全坡顶。

现在设计不易变花样，一变就是"浪费"。

形式太老了，三段论，勒脚就必须一层高。

材料、技术与建筑艺术的关系问题：

目前建筑艺术千篇一律，客观上四原因。

1. 材料品种少。

2. 构件规格统一太严。

3. 施工要求越方便越好。

4. 造价控制太严。

做不出好作品，材料关系大，外国材料好，出好作品。

管理方面问题：

院技委把关谈适用经济多，谈艺术少。

有时把得太严，有些好作品，新花样易被否定，为了过关，出图快，就迎合一下。

市院看来：

1. 创作方向与技术问题混淆分不清，如我们所要求的方向是政治方向，他们理解为领导指示如何做。我们要的是方向一致，形式多样化。

2. 我们对树些样板少了，空的理论多了，所以大家在概念上不清楚。

3. 资产阶段自由化思想在青年中确不少，资产阶级个人主义，成名、个人纪念碑，等等，对社会主义道路、党的领导有反感，以学术面貌出现。

Y：少数人谈了一下，有些与市院同。

过去做的东西笨、重、旧，笨老的如：北海军委办公楼、景山宿舍、高级党校。

美术馆老、小零碎多，新东西不多。看来想搞新的不少，有些趋势，颇占多数，主张搞高的，如蒙古、青岛海洋研究所、新华社。

一些人对西方艺术爱好，在家具上表现。

一些人觉（得）搞新东西，客观上限制太多，如装饰材料少、设备太旧，灯、暖气、小五金要求轻些，简洁些，装饰少些，不要啰唆。

近来设计水平大提高，大兴调研有大作用，技术上改进也很多。

看来一方面可谈谈，一方面设计人员可到各地看看，院内自滑隋绪颇浓，"技术高、架子大"。

"面向生产、面向小组、面向现场"是我对一些高级工程师的口号。

S：

1. 建筑艺术的领域，我们不介绍，"西方"将介绍，目前，设计人、群众、领导都不满。不介绍，不领导，将把"新"看成"洋"。

2. 中心问题解决"为社会主义服务，为无产阶级、劳动人民服务"。须反映无产阶级、无产阶级气概、社会主义的精神面貌，反过来又起宣传鼓舞作用，为建设社会主义而奋斗。使建筑同其他艺术一同，起为社会主义建设服务的作用，这可鼓舞设计人员创作。

3. 方向明确了，鼓励多样化形式，只要能达到上述目的。这样做可能也出些毛病，但是小毛病。应相信群众、方向清楚明确了，不致出大毛病。

4. 当前具体做法：

a. 号召大家在建筑艺术方面起来进行社会主义革命——革封建思想及资本主义思想的命，达到艺术为革命为政治服务的目的，明确反映什么，宣传什么。

b. 找这具体东西树立样板、组织大家去看、让设计人讲。选样板注意 4 点：

（1）革命化。

（2）现代化，"庄严，美丽的，现代化的"。

（3）民族化。

（4）群众化。

Y：

56 年上海艺术座谈，思想上统一了一下。

58 年十大工程在实践中集中反映了一下，水平提高一步。

今领导人的看法有所改变，因外国走多了，认为我们做法，水平不够高，客观形势要求我们艺术水平提高一步。

T：

文艺为新时代服务——马列的时代，无产阶级专政时代，革命的时代。

问题在：功能上易解决，形式上怎样，也有个与普及的关系，但现在不能距离太远，要一步步提高。

创造应鼓励，但须服务于政治方向。

150 人

专家 40%

青年 40%

领导同志 20%

展览会：

带些"样板"的图，加说明。

长安街会议 64. 4. 11

问题：公司与办公楼分合？

小组：

1. 充分发言，是全国的大事。

2. 重点——在规划上。

3. 简报——将各组发言印发。

4. 时间——2：30 至 6：00。

W：

兴奋、有世界意义，应表现我们社会主义建设，社会主义伟大时代。终：庄严、美丽、现代化，怎样反映？

● 庄严，在形象上应表达出来，街不直能否将东西单之间拉直？而不在天安门转折。

● 街上建筑的轮廓线不齐，是否可定一条高度的红线？

● 每个建筑的体量与其间的空档，约 100：35，是否太大？如后面未布置好，从街上可望见（上海闵行用花墙挡）。建筑比例都是短短的，似应拉长一些。每个部内容可能有改变，应留伸缩余地。

● 天安门广场，主张收一收，可严整一些。

Zh：

东西单拉直有条件。共同方案以南长街、南池子为转点。

L：

过去搞得分散，这次搞一条街，有必要，也体现□[1]，表达国家伟大，要表现思想，技术上很重要。

怎样表达庄严？庄严是重要的，但以过分强调中轴线，活泼性不够。

空地太大，从用地上看不够节约，后面也会看见。作为首都干道，中间部分应拉长些。

退不退或凹入红线问题，完全不退入不好，退太多也不好，不必要。

同意 2 高点，认为还不够，再多几个也可以。轮廓线不必太齐，东西很长，多几个也可以，否则太死板。

庄严是要，但要有活泼性，勿太强调中轴线，几个方案似一个人做出，未能做到大胆创作，变化要多，庄严不一定要对称。

街景形象变化多了，就更丰富多彩，色彩也重要，多变化。

天安门广场，主张收口，不能说只是聚会广场，说不让汽车进去说不通。

同意二桥，不同意三桥，铺路面也不必要。

路灯花灯光亮不够，很密而不亮，不能小看这小问题，国外用水银灯，又轻巧又亮。

---

1 此字无法辨认。——林洙注

绿化也重要。

摆否工厂问题，也可摆。

可摆些大公寓、集体住宅，不一定都摆办公楼。

Y：

政治意义大，既要严整又要活泼。中间严正，两头活泼，好，如两旁都是高大严正大楼，会冲淡天安门，北京饭店以东，电报楼以西可多放些住宅商店橱窗，否则冷清了。有橱窗可表现我们成就，生活日善，能陪衬使天安门更重要，中轴线太多，冲淡了天安门轴线。

天安门上看，主要不是看东西长安街，更重要的是南北轴线，所以应更庄严，一直到永定门的轴线，应重视，不应收，轮廓线不要每个建筑都有起伏，现在看，每个都像单独的，空当不可太大，三四层楼，树可填当，楼高则填不上，看过去就乱。

X：

有共同风格，庄严、美丽、现代化的精神贯彻的结果。

要完整、统一、紧凑一些，庄重、活泼，可贯彻三八作风，明快、活泼方面还可推敲推敲。

政法、外交二楼体量大，压倒了大会堂、国家博物馆。

新华门前希望空一段绿化，不致使街"断了"。音乐休止一拍一节不等于音乐断了。绿地以西房子就尽量紧凑些。现方案房子长短都差不多，空当也太匀，长短上可有些变化，勿太强调每一房子的轴线，免各自为政。

广场可收一些，不可太收，二城楼加一处理连起，很好。

灯，费电，不亮。

B：

这次有计划、有准备，很周到，准备工作很细，每个方案有许多优点。

整个规划以天安门广场为中心，是规划重点，广场六大建筑只完成其二，六大建筑中应有宾主，使分明，整条街高度一般不过 30m ～ 40m 是对的，政法、外交体量大，歪歪扭扭多了些，将东西向拉长，加多了东西晒，少年宫、剧院太高，又大，是否必要？喧宾夺主。

同意收一点，收太多不好。

同意二桥，二桥位置也应收一下，更靠拢城楼。

轮廓线的看法：老北京也有其天际线，如北海塔、佛塔、景山亭等。但一般城市面貌是平的，没有尖东西，我们已搞了不少尖的，值得研究，同意搞得平些。但有高低、长短，长短不要单纯根据形式要求，应有一定限度，间距不要太宽，但仍有宽窄。路南北应有差别，路北可长些，间距窄些，路南可成团，间距放宽些，但也不宜太宽。

同意东西单二高楼，不取对称的，东单国际航站可做得轻巧，但西单就较难做，以高楼办公是否合适？办公楼与百货公司分开好些。

南小街科技馆的处理，问题在从东站引上长街。看设计方案是广场放了一些，使南小街收一下。

灯：也有同样意见，有时有些泡不亮。

总之同意分段，西东两头活泼些。

不同段应有些变化。

从南长、南池折，看来中南海围墙是歪的。

T：

三原则正确。

庄严：是国内、国际政治中心，意义大，规划必须表达出这气氛。

美丽：社会主义建设和生活繁荣形象应以富有感染力的形象表现出来。

现代化：表现自力更生下的高度技术水平。是三位一体，方案中基本上说明这问题，特别是艺术布局方面：

1—整体性，2—连续性，3—节奏感，都有一定程度表现出来，但也有些问题，如：广场，是很大中心问题，在面上是大问题，有放的，有收的，同意过了广场就应收，完全开放的形象，气魄很大，但关不住气。无限放大不一定显出气魄大（云鹤：泄气了），同意二桥收一些，二城楼连成一体，很好，复一下古。

雕　梁　画　柱

连续性问题：包括新华门对面如何处理问题，要气连而不一定形式上的连，建筑物断而气不断，所以新华门对面是重要处理问题，徐中提空出做绿化，我与他有相同看法，对面高楼把新华门对比成小玩具，不好，但忽然很低下来，只应天安门如此，应类似新华门，高房退入 70m ～ 80m，应在这条街上有进有出的考虑其高低。

东西单方案有新有旧，相差很多，有些旧的笨重，表现现代化不够。

S：

长安街应从整体性上考虑，首先要统一、要有节奏感，但统一与变化统一起来。

1. 主次分明、重点突出、街长、重点不止一个，在建筑形式、规模、布置上应表现这一点，但又不应过分突出，致损统一、整体性。

2. 街长，应成组、分段地处理，但又不宜太零散，这次方案看来，就分散零散，不宜只表现个体建筑。

3. 高低应有变化，但不可乱。

4. 应严肃，但作为社会主义大道，应有生活气息，不一定全摆办公楼。

规划布置上也如此，大楼间可摆些小花园小建筑，可休息。

5. 应与现状相结合，如天安门广场附近不宜太活泼，西单百货楼不宜太敦厚。

6. 应体现技术成就，装配化。

7. 应有基调，有变化。

天安门广场

是政治性广场，处理应严肃，不是交通广场，不应做过境交通。

应收口，广场完整性更能体现出来。

广场应以天安门、大会堂、博物馆为中心。

政法、外交二楼不可太大，二城楼应连起，使广场更完整。

Y：

广场建研院将广场一收，很有道理，不同意三桥，城楼连起有理。

碑独单、共案大片绿化不好。

建筑院将大会堂博物馆更烘托出来了。

规划局几个塔顶值得研究，圆顶尤非中国东西。

双桥过了河后如何处理应研究。

长街上房子摆法问题：

方巾巷的部大楼，什么部？

人大旁剧院，不相称。规划上有些房拆了，如煤炭部，是否可不拆。

百货公司不同意清华方的，并内办公不舒服，上面太重，不一定厚重才庄严。

小组召集人碰头会。4.14

T:

要将各种对立观点各自阐明清楚。

专题讨论是必要的。

许多人尚未发言，要启发大家畅言。鼓励大家多说说，然后将专题组织起来。

Y:

各小组各自归纳出题目。

T:

征求意见可否延长一两天。

Zh:

小组漫谈，大组分专题讨论。

小组以半天归纳专题。

Y:

大会发言最好有几个比较集中的意见。

雕　梁　画　柱

T：

1. 会期延长，初步考虑至周末。

2. 小组会加一天。

3. 记录：断章取义，不准确的请原谅，无经验，水平低。

4. 大会：

主持人梁杨赵沈，轮流。

专题不泛论，由小组推荐专题。

召集人先拟草案。

但小组也不限定漫谈。

大会讨论也勿太严肃，要轻松愉快，畅所欲言。是学术性会议，应毫无顾虑，也不一定准备宣读长篇大论。

5. 新方案

是一种发言方式，交北京设计人考虑，但执笔人要作为方案提出也可以。

6. 意见集中问题

最好能集中，但不强求。但应有大致的方向性的东西，每次大会后，召集人碰头，集中一下，可能再成为一个新的发言。

主要目的在各种观点都把道理讲出来。

7. 生活：

是招待所，有不适处请提，勿客气。

医疗室是366。

8. 照相：

每单位送一份，规划共同方案。

同意大家自己照，借灯，在一定时间内照。

专题：明天上午12：00交出题目。

小组（自己迟到）1964. 4. 14 下午

Zh：

几片琉璃不能说就是民族化，民族化应在现代化基础上出发，但如何做，没有具体建议。

Sh：

分段问题：全街 35km，长安街是其中 7km，是否还要分段处理。

增加生活气氛问题，东西单环路及前门外已有商业建筑，在长安街是否还需要？政治性街应严肃些。

天安门广场在二路交点上，目前从天安门考虑多，从前门外、永定门考虑少，如从整体看，则前门外桥头如何处理，关闭式是否会切断。

桥的问题：桥多则方便，但现实情况是：公共交通是否穿过广场，如不穿过，隔场步行太远。如三桥，须拆，其中不少为建筑及大量民房，路不易开。

路开宽了，距离就显得近了。因此，建筑物应长些？短些？

T：

布置及气氛问题：不必截然分段，应有过渡。

由前门外至广场也要逐渐放大，有过渡。

W：

长安街应放些有生活气氛的建筑。

估计 5 万至 10 万人办公，可放些食堂。

广场应以人大会堂、博物馆为主体来布置。

再加的建筑应从属于二者，收一收可得此效果。

可搞些高层，二十余层在世界上多得很，我们也完全有条件做。

以百货公司为台基，上立高层不好，应以百货公司为主题，两面可入，且须退红线，要单独，出入口要多，将高楼突出些，与东侧办公楼相连。

S（？）：

雕 梁 画 柱

广场应收。

河若放宽、改动，工程太大，拆房太多。

邮局楼可利用。

广场中松林，目前对广场起收的作用，但从城外来，则起阻碍作用。

L：

建筑群的风格——主次分明……都同意，但 7km 要否分段？S 似说不必分，个人以为，7km 不短，不必要如共案那样都是庄严的，走路需一个多小时，都是庄严的，气氛不大好，只需广场六建筑是庄严的，以东以西应活泼些，个个都四平八稳不大好，过去就是犯这毛病，不能打破这框框，死板。

民族形式：主要从经济、适用出发，强调功能，在这基础上搞民族式，不要搞皮毛装饰。

摆什么建筑：难谈，办公楼太多不好，清华摆六个部不好，摆多少，摆什么，应有的放矢，应加热闹气氛不要过于严肃。

歌剧院在人大会堂旁，中轴不可太长，体形要与人大会堂相称，不可大，少年宫亦如此。

专题初拟 4.14 晚

第一组：

街的转折点、红线。

街分段，生活气氛，放什么建筑。

东西单高楼要否？

广场

a.收、放、略收。

b. 二城楼：存、拆；分，连。

c. 政法、外交：体量、高低。

d. 放什么建筑？大小高低。

e. 邮局存、拆（与收相关）。

f. 二桥三桥。

g. 集会、交通。

h. 绿化。

方巾巷口收、放。

新华门对面。

建筑的民族形式问题。

地下铁道，过街人行道。

灯问题。

西单高楼不同意以公司为碑座。合起来不好，主张放在北面，不必过高，不必100m，80m已够，同意吴景祥将高楼位置突出来。

方巾巷是否可今年不搞，多研究一下。

有些方案拆得太多也不好，应考虑一些仍可使用或改建的房子。

进行建设要一步步走，不可太快。

W：

这次未提地下铁道，应考虑，是最便宜交通工具，深埋有国防意义。其入口有二种：露天的，由大楼进去的。

B：

折线：主要问题在使天安门轴线与长安街某一段成正角，也不必很长，如长街、池子一段就够。全街已基本上是直的，如有微曲，还可显得活跃。

剧院：在广场也好，广场夜间不够热闹，在东在西问题不大。

雕 梁 画 柱

城楼：不一定用廊子连，最多用栏杆即可。箭楼粗糙，如其栏杆，可改造一下。其屋顶可换上琉璃瓦。

二桥要靠拢一些，二路到人大会堂前来两个折，可更紧凑。

庄严、美丽、现代化，应按不同建筑，区别对待。庄严、美丽也应与现代化结合起来，如仍有柱廊，柱头柱脚可简化。其他建筑更需在民族化、现代化结合时，力求其现代化。

西单：高楼应孤立，百货公司以一角与之相连。不同意300m全连起来。

Y：

广场实际是纪念性广场，不仅是集会广场，本身有其庄严性，二路二桥较好，不应收，是空间感觉问题，到二楼，空间感已变，其两侧已收，如再收就不好，广场的现在问题是尺度问题，有些小建筑，如碑栏杆等可衬托出来。

摆剧院不好，应摆图书馆及自然博物馆，则比较严肃。

现代化问题：应体现在使用上适合今日生活；技术上现代化，还应有创造性。如李双双、朝阳沟，不用花脸白鼻子，同意梁所谈。要简洁、朴素、明朗、愉快。

建筑性质问题：三个服务是指整个首都，不必在长安街上全体现出来，建什么？我们要庄严，不一定严肃，外宾来主要看生活，所以长安街应多一些公共性建筑，百货公司旁一大排办公楼，不很好。

Zh：（吉林建设厅）

同意吴先生，现代交通问题应考虑。

有人怕拆建量太大，是现实的，但目前先勿考虑拆，能否组织进去，应考虑。

摆商业是否有人愿意来？因原已有传统商业区。

S：

面貌问题：本人较新些，但在长安街是否必如工业院所做？纤、大玻璃、黄瓦檐，应考虑现有建筑，如人大会堂、民族宫、邮电楼、博物馆、北京饭店，应考虑，所以不应太轻太新，现代化主要在材料、结构上。

功能上摆些部有必要，但也不必如工业院那样轻。不要使街成建筑博览会。应使基调一致。

X：（河北设计院）

应摆些公共性较强的，应分段，生活气氛重些。

煤炭部、纺织部，也可做些方案不拆。外表可改好些。该拆的必须拆，如邮局，但长安街上有些可考虑尽量保存：

东西单有一些方案是平交，同意工业院方案，简单的立交，人行也应想办法，地下铁站应考虑。

街景问题：共案排建筑排得很有问题，一块实、一块虚，韵律简调、不紧凑、松，没甚组织。

W：

关于市政工程：

交通问题：重要路口将来必立交，暂不处理，须考虑将来。

管子在两边各七排，但其安排，在重要路口，其位置、深度、规划与市政方面应共同考虑。将来还有地下铁、过街等等。

停车场问题：如西单百货公司，如何考虑？不应在长安街转入。

长安街上，应考虑适用、美观，更应重经济，是否需这多办公楼，一个部还有附属建筑，须调查研究，看何部可只需 2 万 m^2 而不需许多附属单位。

街上 7km，六大建筑庄严些，其他可轻松些。应便利外来人在这街上走走。长安街上，厕所、吃都不便，所以应更关心群众，使更多人到长街广场上来。

经济方面：少拆些，多建些。

桥，赞成二桥。

不盖剧场，可盖科技馆、图书馆、博物馆之类。应以天安门、人大会堂、博物馆为主，其他从属，两头可活泼些。

雕 梁 画 柱

西单高楼，技术上无问题。

工厂也可摆。

B：

周说平均造价 300 元，住宅、办公可低些。

公共建筑稍高些，武汉歌剧院 170 元 /m^2，如长安剧院 200 元 /m^2 也可了。总之，如多掌握一下，可将造价降低些，因而可在别处多建些，为长街改建创造条件。增加些住宅，可以降低造价。

1969 年是否搞完，如不，可集中力量先搞广场，从长远看，邮局不必保留（S 共案是拆一建四，□□[1] 红线内则拆一建三）。

I：

方案有无全面调研、做出分年施工计划？几个方案都可研究。如二十周年形成广场，拆房最多。所以应调研，做出施工方案。

300 元 /m^2 可下降，但看是否包括拆、迁等等问题。

绿化，现在像树林，将来应使开阔通透一些。

立交，同意王局长意见，应考虑。

T：建筑风格问题

有空间处理及造型两方面来表现民族形式。如有隐与现的问题，由隐到现是中国艺术一特征，广场应用隐现手法，不要一览无遗。

造型方面，有两方面，一从形式上，二从味道上，形似与神似的问题，神似是上策，搞现代化就须考虑神似。

西单：

a. 高层、低层？

1　此二字无法辨认。——林洙注

b. 在南在北？

c. 公司与商业办公，分、合？

d. 与四部办公楼关系。、

e. 板式、塔式。

经济问题：用地、拆房、新建房搬家问题，分年施工方案。

房屋、形状、排列、节奏。

街两头把门问题。

第二组：

广场长街的群众生活问题（雷生元）

现实性与经济性（李运华）

1. 摆什么房子的问题。

2. 东西单布置问题。

3. 广场。

交通二路曲直、收否、桥数。

邮局拆否问题。

二侧摆什么？

4. 长街

宽度整个120m？两块板？

立交，平交？

灯。

路的问题整条街的高低、封口等布置。

方巾巷口

整条街如何体现社会主义的方向问题。

何时建成？

雕 梁 画 柱

第三组：

与一、二组差不多。

街后面的坊怎样做？也牵涉用地问题，及几条南北大街宽度问题。

前门大街改建后放什么？

标准高低问题。

西单，多要高，少数不要太高，等一等。

街定线问题。

广场规划。

收放、交通、布局。

放什么建筑？

广场安排什么？长街放什么？

建筑物大小高低色彩。

街的政治意义、标准、经济问题。

建筑风格。

绿化、照明（灯）。

规划应成街？成团？

西单及方巾巷应深入讨论。

S：

1—下午再交交锋。

2—大会题目概括些。

a—广场南部的处理，及周围建筑的安排。

b—长街的道路定线问题。

c—长街两侧安排什么建筑？

d—建筑形式和风格。

e—西单一组的规划设计问题。

f—方巾巷一组的规划设计。

3—明天大会先开一天看看。

要求少重复小组上发言，望能更引申深入一些。简单扼要抓紧时间，明确论点、道理讲透。

勿前松后紧。

大会发言 64.4.16

Ch：

天安门规划，意义重大，影响深远，规划质量好坏，关系极大，是四化样板，也应是勤俭建国传家宝的精神传之后代，所以必须有高度整体性，思想性、艺术性。

1—布局 2. 内容 3. 尺度 4. 风格

1. 布局：

（a）规模应体现勤俭建国方针：提出 24 字——充分利用，节约用地，尽少拆迁，紧凑布局，分期实现，留有余地。

利用——邮局、煤、纺等部。

节地——绿化多了些。绿化之内可摆些建筑，许多路太宽。

拆迁——城河不必改道，房子一拆，200 元 /m²，建 300/m²。可少拆些。

（b）主调：应有主题，主题之外应注意其从属性，主题是天安门、人大会堂、博物馆，已定了调子，问题在围绕主题做文章、调子要低，使主题突出、鲜明、响亮。

这些方案的问题：建筑群应小些，方案中的群都是一个单体，庞大，压倒人大，应强调天安门主轴，建筑物、建筑群、干道二旁，都有轴线，零乱。

（c）轮廓线：为了突出天安门，应注意整体性、连续性，可以北京饭店、邮电楼为准高

雕梁画柱

度。建、复二门处高些。共案轮廓琐碎，似有些偶然性、乱。

从属性也应与独立性结合，整体性与特殊性结合。

2. 内容：

应最好地组织人民的生活，不应全是办公楼，可搞些公共建筑、商业性、服务性建筑，人民团体、住宅。

内容应多样化，内容丰富，形式就多样化，街景也活泼了。街性质就更大众化，从实际需要，全市一盘棋，可靠的经济资料出发，张庙吃了亏。

政治性与生活结合，严肃与丰富结合。

3. 尺度：

一般以人的尺度为出发点，无小即无大，不见小则不见大，须有对比，所以主题要突出，尺度（在长街上）易放难取，致压倒主题，失去平衡，混淆主次，因而降低了思想性。

因此也主张广场南面封起，可显得广场大，三部曲很好。

河不改道，一桥。

4. 风格：

规划、布局、建筑群、建筑、色彩、一木一石都有风格问题，过去做的总是复古，有没有做到推陈出新？

电报大楼、民族饭店，有点味儿，现在的危险在抄外国杂志的很多，没有出息。我们总要走出自己一条路来，这是民族自豪感的问题，应有志气、骨气，新材料、结构出来，我们应做出自己的东西，日本人就做到了。主要在何为"新"，应是符合于我技术条件、民族传统、多快好省的新，不是为新而新，我看就是以现代化实事求是，架子竖起来，体形就定了，在这上面加工、重点的，适可而止，老翻新的道路我不再走了。

长街应轻巧、简洁、大方，应让人看我赞成什么、反对什么。

多从材料面（texture）、色彩考虑，所以在大众化前提下，现代化与民族化结合。

西单：

有点杂烩，下商场上办公不好。可分开，与电报大楼差不多同高。

方巾巷：车站对面千万勿摆大建筑物。

方巾巷不必那么宽。

Zh：

规划：方案不够大胆，仍有框框束缚。

副轴线太多，有损整体性，说故宫也有多副轴线，不同意，因是帝王的。

广场南部：

已有一桥，加以改造或改宽，即可解决问题，说不再强调南北轴，不同意。

可建较严肃的建筑，剧院可放在欧美同学会地点。

东西单应立交。

街两侧放什么？只谈如何组织，南低北高不好，应基本上一样，但南多些空隙。

两头预留些地做居住建筑，高层或塔式。

工业院，建研院方案较活泼。

应尽量减少东西面，并避免形成周边式。

风格问题：

赞成现代化，但不抄西方，也不是不许看看外国杂志。好东西可吸收。

民族形式怎样解说，是否就是一点琉璃顶？不过，除部分装饰外，不一定不是方向，民族风格主要是内容。

一般高度似电报大楼，平天际线，勿太多突出，路面插入些低建筑。

西单：同意高楼，要特高，以代表 60 年代技术水平。

Y：

天安门轴线本已形成，广场是全国性的。

长安街共有三广场（东西单），分为四段。

南边可建房多些、北少些。

雕 梁 画 柱

二城楼已在轴线上、客观存在。

所以（1）广场已是纪念性广场，是中心，规划应有主调，勿夺主。

从体量上，要较矮、胖，不可过大，外交、政法都超过人大，破坏天安门主调。

色彩上，天安门鲜明，其他宜淡雅些。

装饰上，天安门附近华丽丰富，其他简洁些。

外形上，天安门庄严，其他活泼轻巧。

（2）已分四段。

不一定拉直。

四段中房屋可有区别，东西单间 4km，其以东以西可活泼些，4km 间不必太轻巧，庄严些，东西单之间风格要较一致，使统一协调，这些方案中，每个单体都突出，不协调。

所以东西单高楼应放在靠外一边。

东单以东西单以西，路可窄些。

（3）中段大部分是红墙，所以南边建得多，北边少，因而街暗，所以南边房不可太长可缩短些，且不可太高，风格应一致一些。

（4）正阳门与天安门已形成一个空间。

（三）大庆之行 64.5.21[1]

5：30 自清华行，眉送行。

6：35 北京站开，两节包车，李书华、赵以炳、廖山涛同室，季方总领队，第三组长钟惠澜未来，临时被派为第三组长，在要求下，得徐楚波为副组长，工作人员刘庆森、刘毓兰、统战部乔连升为副领队之一，9：00 开组长会，原来还有参事室及全总的参观团，参事

1　1964 年 5 月 21 日启程，梁思成随团赴大庆考察，至 1964 年 6 月 1 日返回北京。笔记中有 132 页均为石油生产的技术问题，故略去。与技术人员、工人座谈记录共 43 页，也略去，仅保留了一页梁思成先生的感想及两幅速写。——林洙注

室鲁自成，全总彭思明领队，三队由季为总领队。

21：46 到沈阳。

翌日 5.22

12：36 到齐齐哈尔，仍如 61 年，到湖滨饭店小息，开了小组会，组员互相介绍，2：30 乘车一览市容，回到车站登车，地委孙书记、张专员、何市长等迎送。

15：05 自齐市开，18：15 到达目的地。

两天来看到的一切令人无比振奋，革命干劲与科学精神相结合突出地体现出来。总路线的精神每一个字都在此看到，生产方面"四严"在处处表现出来。

如果挑缺点，主要在"土建"方面。

1. 道路太坏，影响运输效率和车辆寿命，费油（虽然油在这里是用之不竭的）。

2. 房屋太坏，特别是屋顶，薄，不御寒，易漏，还可利用油料拌制夯土墙。

水上油井

3. 环境卫生不好，除一般不好外，烧油冒烟是大问题。最好能设计一种简便实用价廉的烧油炉，可用沥青铺室内地面。

干打垒

（四）出国 65.6.28[1]

7：40 由京起飞。

10：00 Irkutsk 到。

11：30 飞。

3：00 到 Omsk。

4：10 从 Omsk 飞。

7：00 到莫。

8：30 到大使馆，住，当时时间 3：30。

由 Omsk 起飞后不久，小吐，在莫大使馆住 318 室。

1　出席巴黎国际建筑师协会大会。——林洙注

6.29

上午在莫使馆。

下午 17 : 00 起飞。

20 : 15 巴黎时间到。

宋之光参赞、李嘉昭在机场接，住 Hotel Astor。

305 杨梁

404 殷

401 徐林

201 韩王

6.30

昨夜一夜不眠，晨出冷汗。

休息一整天。

杨出席执委会。

梁发言时可集中，其他宜分散，可多了解些。

拟访华的建筑师将招待我们。

7.2 代表会

7.3

1967 大会城市规划为主题（提 Gocor 报告）。

1969 大会、A（？）代表报告。

秘鲁代表：1968 convention。

主席，在秘加一个会不现实。

下午秘书长解释执委会决议不接受对土耳其的临时提名，罗代表为之争辩。

会后往 ST. Gobaim 玻璃厂招待会，老板有办法，杯酒碟点心，请得全世界建筑师做义务广告员。

回来在 St. toile 下车转地下，走了冤枉路。

7.4 星期日

韩、徐、殷、王、林、陆等往 Fontain bleau。杨梁在旅馆，写信。往 B. A 看展览图悬挂情况，吃了闭门羹。

国旗做得不对，未能入门要求改正，与杨同在拉丁区漫步，在 ST Gerain 大街旁小坐饭 Coffee，甚冷。

下午睡到 5:30。

6:30 到使馆，大使便餐。

9:00 回到旅馆。

今日甚冷，伤风流涕。

7.5 星一　Mathew 的学生

10:30 大会开幕式，午餐遇 Robertson 夫妇。

15:30 学生作业展览开幕，法国文化部建筑司司长来参观，向他作了简介。

7.5 开幕式后遇此人

A. BEER

A. Aevwe d，Eylaulow PARIS K. Paris P01 34 30

(economic structure)

晚文物博物馆 (Musee des) 理事会招待 (21:30—23:30)，时间这样晚，已精疲力竭，未参加，仅杨一人去。

7.6　分组会开始　星二

上午9：00参加A组，会后向主席报名明天发言，才了解到被排在C组，时间是当天下午。

Mathew约午餐，吃后匆匆回旅馆取发言稿，15：30到会场，发言，掌声尚热烈，会后有人来谈，表示赞同。

一部分人参观"西南区"。

晚是建筑师个人请客时间，Calsalt请杨，至深夜1：40才回，颇为之着急。

7.7 星三

上午看电影。

下午休息。

晚歌剧院看舞，"改革"得很不是味。

7.8 星日

上午看电影。

16：40到Tuileine Gandim看Falle "World Reaign Pecade"展览，已在收拆。遇F.本人，纠缠多时。

18：30与韩、陆到市府招待会，遇巴西学生二人，谈想上中国。被英国人拉着录音。

讲话。遇Canada人表示赞同我发言。

杨及其他人因看错日程，未出席招待会。

雕　梁　画　柱

7. 9 星五

上午看电影，午餐后回旅馆小息。

15：30 闭幕式，司马参赞也参加。

---

7. 10 星六

下午杨、殷归迟，徐、林往学生展览会再看，有无可取之"经"。

来 Paris 已是第十一天了。

这次出来，深深感到身体远不如前几年了。即使前年在古、墨、巴，体力似还可以。这次出来，巴黎天气之冷，远出预料之外，尽其所有而穿之，还是大大的伤风，一周来涕流不止，鼻子都 Xin 破了，好在没有发烧病倒。

这次大会的各种安排，更加重了我体力之窘境，招待会总是晚 6：00，9：00 两个相接，至半夜才完，会场尽是楼梯，非上即下。加之以没有人招待引路、语言不通，走了无数冤枉路，因此整天在疲倦状态中，幸而及时"总结"出了上下楼梯是疲倦的主因，尽可能避免上下，好了一些，但由街面至会场共约百余级步，总是躲不了的。

这次考验是吃了鸭子了，应明确这是最后一次出国任务了。

昨天大会虽已结束，但还有一周参观时间，若从我自己想，真想什么都不看就回家，但许多人初次出国，怎能不让他们看看？归心似箭，度日如年。眉，还是家里在你身边最好，回去总结后，希望能一起到什么地方休息十天，若能上烟台就最理想了。

这次到法国，没有一人会法语，是最大错误之一，以后出国代表团必须考虑语言及带翻译的问题。

到法国，本来应该吃得好，但在旅馆，每晨 Croisant 已吃厌，午晚公司菜。

7. 11 星日

上午游 Louore 泻，疲甚。

午独回旅馆，睡了整下午。

杨、韩等七人游览市容。

7. 12 星一

在旅馆改房间。

401 改 119 徐、林

305　304 杨、梁

201　205 韩、王

404　216 殷、陆

晨到大使馆，取请帖，在使馆得陆电话，始知旅行社未早通知旅馆，房间已定出，交涉后迁他室，亦只能住二天。

Dumontet 来谈。

星二，C. S. TB. 9：00 起程。

18：30 29 Bl. Edgar Quinet V. AU。

星三，国庆。

星四，9：00 Labouiddlt（8：30 起程）。

7. 13

上午参观 C. S. T. B.。

抗火试验室。

雕　梁　画　柱

7. 14 星三

法国国庆日。

上午由 Hotel Astor 迁至 Hotel Bedford。就在 Medalame 背后，价较廉，但较 Astor 好许多。

下午乘使馆车游 Versailles，卅余年前看着很好，今天则如辛稼轩所说：老来始觉古人书，读来全无是处。

上午星四 7. 15

Labourdette office。

Sarcelles 图及模型。

马赛港口、车站已组群模型。

800 床位的老病院，6 单位，单层，小分组，使勿觉人那么多。

参观 Sarcelles，很大片住宅区，很好。

晚在大使馆举行酒会招待法国建筑师，发四十余帖，虽大雨，到约 40 余人。

---

7. 16

讨论。

1. 经过情况——几个阶段。

2. 几个方面。

a. 北京执委会问题。

b. 宣传的方针政策的效果反映。

c. 改选结果。

d. 大会中主要言论。

e. 听到的各种反映。

f. 参观的收获。

3. 体会与建议。

a. 语言。

b. 国际建协、向右转。

c. 我学会应如何向左拉？所以学会应有明确的方针任务，长期打算，不应一次会对付一次，这次回后应即开始准备下次会。

下午买东西，只能到贱价店，买些毫无需要的东西。

星期日 7.18

由巴黎飞莫斯科。

上午五时三刻，司马文森、唐宏钧到旅馆接，并送往机场。

7：50 起飞，10：00 到华沙。

10：45 起飞，12：45 到莫斯科（14：45）。

20 日、24 日机票都无望，因和大在 Helsinki 开完会，大批亚洲各国代表在此候机东返，我国代表尚有二十余人在此。使馆同志说，明日星一，再上旅行社看看，若得一二座位，也可先走一二人。否则不如星四火车回去，看来凶多吉少，准备坐火车吧。

离开巴黎，回到莫我使馆，深有在家之感。

五时就吃晚饭，六时半看电影，竟是 1961 年国庆纪录片！

甚冷，最高 15°，最低 11°。

晚写信给洙，但自己带回抑托人带尚未知。

在莫斯科。

上午，杨、韩等6人漫步列宁山，下午，同游农展馆（今改称苏建设成就展览馆），看了宇宙飞船及火箭。18∶00返使馆，知22日可行。

晚读矛盾论，张雪玲亦到。

星二 7.20

在莫斯科。

上午杨韩等6人游 Kcemlin，我独在使馆休息，读矛盾论，芬大使张勃川亦在此。

甚冷，晚听广播，李宗仁回国。

星三 7.21

在莫斯科。

上下午皆漫谈建筑学问题。

由 Msk 起飞回国。

上午漫谈建筑材料施工问题。

下午睡至三时一刻起，收拾行装准备回京。

参考文献

1. 梁思成 . 梁思成全集第四卷 [M]. 北京；中国建筑工业出版社，2001.

2. 梁思成 . 梁思成全集第五卷 [M]. 北京；中国建筑工业出版社，2001.

3. 梁思成 . 梁思成全集第十卷 [M]. 北京；中国建筑工业出版社，2001.

4. 梁思成 . 梁 [M]. 北京；中国青年出版社，2013.

5. 梁思成 . 梁思成图说西方建筑 [M]. 北京；外语教学与研究出版社，2014.